Computer Vision Technology in Electric Power System

电力视觉技术

赵振兵　翟永杰　张　珂　孔英会
赵文清　戚银城　聂礼强　　　　著

中国电力出版社

CHINA ELECTRIC POWER PRESS

内 容 提 要

本书系统地研究电力视觉技术，力求在电力系统、计算机视觉和人工智能等领域之间建立桥梁，并解决发输变电等环节中所遇到的视觉问题。本书结合作者学术成果和工程实践案例，以解决工程问题为主线，主要阐述计算机视觉和人工智能在电力系统中的应用，主要内容包括计算机视觉相关技术、深度卷积神经网络模型、发电设备视觉检测、输电线路视觉处理和变电站视觉检测等。本书的研究工作为基于计算机视觉与人工智能的电力设备运维和检修提供技术支撑。

本书可作为电力系统相关工程技术人员的参考书和培训教材，也可作为高等院校相关专业师生的参考教材。

图书在版编目（CIP）数据

电力视觉技术 / 赵振兵等著 . —北京：中国电力出版社，2020.12
ISBN 978-7-5123-4959-9

Ⅰ . ①电… Ⅱ . ①赵… Ⅲ . ①计算机视觉–应用–电力系统 Ⅳ . ①TM769

中国版本图书馆 CIP 数据核字（2020）第 053690 号

出版发行：中国电力出版社
地　　址：北京市东城区北京站西街 19 号（邮政编码 100005）
网　　址：http://www.cepp.sgcc.com.cn
责任编辑：张富梅
责任校对：黄　蓓　常燕昆
装帧设计：张俊霞
责任印制：吴　迪

印　　刷：北京雁林吉兆印刷有限公司
版　　次：2020 年 12 月第一版
印　　次：2020 年 12 月北京第一次印刷
开　　本：787 毫米×1092 毫米　16 开本
印　　张：16
字　　数：361 千字
定　　价：49.80 元

序

电力视觉技术是计算机视觉在电力系统中的应用技术，是电力人工智能的重要组成部分。该书的研究基于计算机视觉与人工智能的电力视觉处理方法。

电力系统作为国家的重要基础设施，其安全、稳定运行关系国计民生和社会经济的可持续发展，对其各环节部件缺陷的智能检测已成为系统安全、稳定运行的必要条件。工作人员通过人工、直升机、无人机、机器人等常态化的巡检方式，获取的图像数量日益增多。目前，在图像识别、语音识别、自然语言处理，乃至无人驾驶等领域，计算机视觉与人工智能技术都取得了突破性进展。本书把计算机视觉与人工智能技术应用到电力系统的发电设备、输电线路和变电站等环节的目标及其缺陷的视觉处理中。

目前，电力视觉技术相关的学术成果分散且初步，并无专著对此进行系统、深入的阐述，所以该书的出版非常有必要。其主旨是解决电力视觉处理中所遇到的问题，并结合作者学术成果和工程实践案例，对基于计算机视觉与人工智能的电力视觉处理方法进行系统研究和描述，在电力系统、计算机视觉和人工智能等领域之间建立桥梁。

该书极具特色，人工智能尤其是深度学习在电力领域的研究应用是必然趋势，随着国家电网公司建设"具有中国特色国际领先的能源互联网"目标和南方电网公司"透明电网"的建设开展，本书将逐渐发挥其越来越重要的价值。

前　言

发电设备、输电线路和变电站是电力系统的重要组成部分，其运行维护和检修尤为重要。随着我国电力系统中"智能电网""透明电网"建设的发展，大量视觉传感器在电力系统中得到了广泛应用，为了准确获取反映电力设备运行状态的视觉信息，必须对其图像进行智能处理。

计算机视觉和人工智能的理论及方法发展迅速，已经在医学、制造、零售、遥感、军事、公共安全和自动驾驶等领域获得了广泛应用。由于电力行业的特殊性，因此不能把现有计算机视觉和人工智能技术直接应用到发电设备、输电线路和变电站中，本书充分考虑电气设备及其环境的特性，兼顾计算机视觉和人工智能技术的新发展，以解决具体工程问题为主线，提出"电力视觉"概念，并对其进行深入的探索和研究，旨在为基于计算机视觉与人工智能的电气设备运维和检修提供技术支撑，同时也希望对于计算机视觉和人工智能技术的行业应用拓展有所推进。

本书作者长期从事计算机视觉和人工智能应用的科研工作，在相关研究成果的基础上撰写了本书。全书共7章，第1章提出"电力视觉"概念和论述计算机视觉技术在发输变电中的研究进展和应用分析；第2章简述计算机视觉相关技术，主要包括特征表达与分类器、分割、识别、检测和跟踪等；第3章探讨深度卷积神经网络模型，主要包括深度卷积神经网络基础、图像分类模型和目标检测模型等；第4章研究发电设备视觉检测，主要包括发电设备基础知识和计算机视觉在火力发电、太阳能发电和风力发电的应用场景分析；第5章研究输电线路视觉处理，主要包括输电线路基础知识，输电线路视觉处理系统，绝缘子视觉处理，导地线、金具、螺栓、异物的视觉检测和关键部件的同时分割等；第6章研究变电站视觉检测，主要包括变电站基础知识、变电站视觉检测系统、变电站设备图像配准与融合、变电站环境视觉检测等；第7章是对全书的总结，并对电力视觉技术进行展望。其中，第4～6章是本书的主体，针对具体问题给出解决方案，所以相关章节有丰富的现场图像处理算例。

本书作者为赵振兵、翟永杰、张珂、孔英会、赵文清、戚银城和聂礼强。参加本书相关技术研究、程序实现、部分内容编辑与校验等工作的人员还有刘鑫月、张薇、张海明、郭玉荣、冯晓晗、程海燕、刘宁、蔡银萍、徐磊、徐国智、郑永濠、王磊（2014 级）、许磊磊、张蕾、范晓晴、赵令令、王磊（2015 级）、崔雅萍、李胜利、杜丽群、邢博为、齐鸿雨、江爱雪、金超熊、王维维、李冰、伍洋、王迪、张木柳、李海森、陈瑞、刘业鹏、李延旭、张帅、马英栋、刘凯、代嘉菱、孟凡越、赵蓓等。本书是靠集体力量撰写完成的，同时还得到了单位领导、老师和同事们的大力帮助，在此一并致谢！此外，本书还参考、引用了一些著作、论文和网上的相关资料，未能完全逐一标注，对他们的相关工作表示敬意并致谢！

本书受到国家自然科学基金项目（61871182、61773160、61401154）、北京市自然科学基金项目（4192055）、河北省自然科学基金项目（F2016502101、F2017502016）、模式识别国家重点实验室开放课题基金项目（201900051）和中央高校基本科研业务费专项资金项目（2018MS095、2018MS094）等的支持，在此对国家自然科学基金委员会、北京市自然科学基金委员会、河北省自然科学基金委员会、模式识别国家重点实验室和华北电力大学表示衷心的感谢。另外，本书相关研究成果已获得 2019 年度河北省科学技术进步一等奖。

由于本书涉及多学科的交叉，而限于作者时间和水平，对于发展迅速的计算机视觉和人工智能技术应用不可能逐一深入钻研，书中难免存在一些疏漏和不足之处，敬请广大读者批评指正。

作　者

2020 年 3 月

目 录

第1章

电力视觉技术发展概况

1.1 "电力视觉"概念的提出

目前，我国电力系统建设中，发输变电环节的智能化建设是其重要内容，对电网安全运行至关重要。随着大量视觉传感器在发输变电中的广泛应用，为了有效、准确地获得设备的状态特征信息，进而完成有效运检，必须利用计算机视觉和人工智能技术对图像进行处理。所以深入研究基于计算机视觉与人工智能的电力设备视觉处理技术将使得电力系统更加安全、可靠。

计算机视觉技术就是"赋予机器自然视觉能力"的学科，其核心问题是研究如何对输入的图像信息进行组织，对物体和场景进行识别，进而对图像内容给予解释。计算机视觉技术横跨感知智能与认知智能。由于其广泛应用和巨大潜力，计算机视觉技术成为最热的人工智能子领域之一。可以说，计算机视觉和人工智能的蓬勃发展已为电力领域视觉问题的解决提供了理论和技术基础。

近几年，发输变电环节已有相当数量的视觉获取和处理系统[1-5]，如视觉传感器、视频在线监测系统、可见光摄像机、在线式红外热成像仪以及利用便携式图像检测仪器进行带电检测的巡视系统等。但目前这些系统需要运行人员长期监视或操控，受人为因素影响较大，智能化程度不高；另外，这些系统都获取了大量图像信息，若对这些海量视频数据采用工作人员主观判读而不利用自动视觉分析功能，则易发生严重的漏判或误判，难以准确发现设备存在的安全隐患。

基于此，本书提出"电力视觉"概念。所谓电力视觉，是一种利用机器学习、模式识别、数字图像处理等技术并结合电力专业领域知识解决电力系统各环节中视觉问题的电力人工智能技术。电力人工智能是人工智能的相关理论、技术和方法，与电力系统的物理规律、技术与知识融合创新形成的专用人工智能。

电力视觉技术研究计算机视觉技术在电力行业中的创新与应用，涉及发输变配用各个环节，面向新一代电力系统发展的需求。其以输配电设备的空中飞行平台巡线、发电设备移动平台检测、变电设备的固定视频监控、输配线路和变电站的卫星遥感监测等所产生的海量多源图像视频大数据为数据源，基于人工智能技术，有机协调数据驱动和模型驱动，并结合逻辑、先验和知识，研究巡检图像视频的处理、分析和理解的方法，并研究相关实际系统等，实现电力设备视觉缺陷智能检测，保障电网安全运行。

电力视觉技术具体的研究内容主要有图像获取、预处理、目标分割、目标检测、故障分析与解释、图像数据库与知识库构建等，如图1-1所示。

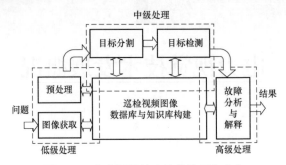

图1-1 电力视觉技术具体的研究内容

对于电力视觉技术研究，目前虽然有大量相关文献报道，但很多是在实验室环境下进行的，具有很大的局限性，研究中普遍存在以下难点问题：图像视频背景复杂性，存在多干扰因素（光照、遮挡、尺度和旋转等）和相对运动随机性，相似目标难判别，缺陷（形状、颜色、纹理或其他属性）极其不规则、难表达，没有充分利用电力部件语义、电力部件间关系。另外，目前电力视觉技术中最常用的深度学习模型也只专注直观感知类问题。电力视觉技术的研究，尤其对于小样本、小尺度缺陷的检测在理论和应用上还远远不够。

电力视觉技术的应用研究，目前主要集中在电力巡检和监控影像的目标识别与缺陷检测等，但由于电网设备及其缺陷的种类繁多、数量庞大，尚未达到满足生产需求的精度与效率。

因此，必须充分考虑电力设备及其运行环境图像的特点，对电力视觉技术进行更深入的探索和研究，才能支撑电力系统的安全智能化发展。

1.2 计算机视觉技术在发输变电中的研究进展和应用分析

由于文献[6]已相对完整地描述了基于浅层特征（传统方法）的图像处理技术及其在电力系统应用的研究进展，本节主要介绍基于深度学习的视觉处理技术（尤其是视觉检测技术）在发输变电中的研究进展和应用分析。

1.2.1 基于深度学习的视觉检测现状

目标检测作为计算机视觉的一个长期、基本和具有挑战性的任务，是近几十年来一直备受关注的热点。目标检测的目的是确定某张给定图中是否存在给定类别（比如人、车辆、建筑）的目标实例，返回每个目标实例的空间位置和覆盖范围（比如返回一个边界框）。作为图像理解和计算机视觉的基础，目标检测构成了解决更复杂及更高层次的视觉任务的基础，如场景理解、目标跟踪、事件检测和活动识别。目标检测在众多领域都有广泛的应用，包括机器人视觉、消费电子、公共安全、自动驾驶、人机交互、基于内容的图像检索、智能视频监控和增强现实等。在过去20年中，目标检测的进展大致经历了两个历史时期[7]，如图 1-2 所示。

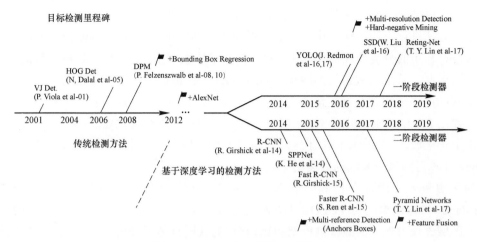

图 1-2　近 20 年目标检测的进展

目标检测可以分为特定实例的检测和特定类别的检测两种类型。第一种类型是检测特定目标,而第二种类型是检测不同的预定义目标类别。纵观历史,对目标检测领域的关注早期集中在检测单个类别或少数特定类别。与此相反,在过去的几年中,已经开始朝着建立通用目标检测系统的方向发展。

随着互联网发展和大数据时代的到来,具有强大逻辑抽象能力和特征提取能力的深度学习,在目标检测等任务中的表现十分突出,从经验驱动特征到数据驱动特征,增加了对样本的表示方法,检测对象也更为丰富,因此在计算机视觉领域内受到更广泛的欢迎。基于深度学习的目标检测算法有深度学习分类算法和深度学习回归算法两类。

2006 年,"深度学习"概念被首次提出,采用更多层的神经网络构建 Autoencoder 实现自监督与有监督结合的训练方式[8]。2012 年,基于深度卷积神经网络(Deep Convolutional Neural Network,DCNN)[9]构建的 AlexNet[10]首次应用于 ImageNet[11]图像识别大赛,掀起了第三次人工智能研究的浪潮。深度卷积神经网络是一种针对二维图像处理的深度人工神经网络,提取的图像特征具有很强的辨别力与鲁棒性,又由于局部感知、参数共享等模型特点,有效地降低了算法的环境要求,目前在基于深度学习的视觉检测中被广泛应用。

2013 年,文献[12]采用 AlexNet 的网络结构,通过对图像局部区域回归和构建多尺度的方法,将 DCNN 首次应用于目标检测任务。同年,R-CNN[13]被提出,借鉴滑动窗口的思想,利用 SVM[14]对卷积神经网络提取的深度特征进行分类,是基于区域建议方法与深度卷积神经网络相结合的目标检测基础框架。针对 R-CNN 的效率问题,何恺明等人提出 SPP-Net[15],将原本需要进行 2000 次的区域 CNN 特征提取过程压缩到一次完成,并通过 Spatial pyramid pooling 层的处理使不同区域特征能够映射到固定大小,消除了大量的重复计算,很大程度地提高了检测效率。Spatial pyramid pooling 层能够将不同大小的区域特征通过 max pooling 的方式提取为固定大小的特征,而使得网络能够适应任何大小的图片。在 SPP-Net 的基础上,Fast R-CNN[16]提出了 RoI-Pooling 对动态区域大小进行归一化,并且用 Softmax 替换 SVM 对区域进行分类和基于 Regression 的位置回归,并将他们的损失进行求和,构建多任务学习模型。为了更进一步地提高模型的性能,Faster R-CNN[17]针对区域建议方法进行设计,利用共享深度卷积神经网络构建 Region Proposal Network,对候选区域进行初步的分类处理,且不引入额外的网络体积增量,成为目前目标检测的主流检测模型。至此,基于区域建议的两级(Two-Stage)目标检测基本框架较为成功地建立,以将更深的网络应用到目标检测中为出发点,R-FCN[18]的构建是基于全卷积的目标检测网络,提出 Position Sensitive Score Map,对区域的特征进行优化处理,将感兴趣的区域分为多个子区域,分别计算每个子区域在每个类别上的得分,最后利用得分图进行投票和 Softmax 计算得到每个区域的分类结果。

为了更进一步地提升检测的效率,文献[19]针对检测模型的速度问题,提出单级(One-stage)目标检测框架 YOLO,从输入到输出仅进行一次边界框的回归与区域的分类。与基于区域建议方法的两级检测框架相比,它们的共同点是都采用深度卷积神经网络提取图像的视觉特征,而区别在于 YOLO 没有目标区域建议机制,仅在网络的尾部利用固定区域的深度特征对目标位置进行回归与类别置信度计算。为了解决 YOLO 对区域的相对模糊处理带来的准确率瓶颈,SSD[20]将 Anchor 机制引入模型,同时采用特征融合与多尺度预测方法构建了一个速度与准确率更高的端到端 One-stage 检测框架。YOLOv2[21]针对 YOLO 的网络结构进行优化设计,利用残差网络结构、多尺度训练、特征融合、基于 K-means 的先验框生成等方法,改善了相对简略的约束框处理带来的低召回率和样本不平衡问题,同时对优化模型的深度特征提取能力,在公共数据集 COCO[22]与 Pascal VOC 2012[23]上获得了比上一代更快速、准确率更高的性能表现。随着基础模型研究的发展,YOLOv3[24]利用 53 层的 DarkNet−53 作为主干网络,并构建特征金字塔,同时利用多尺度预测和更多尺度的先验框生成,进一步提高了检测的准确率。而多分类的 Softmax 函数被替换为 Logistic 函数则令 YOLOv3 能够执行目标的多标签检测。One-Stage 的目标检测框架相对于 Two-Stage 速度更快,由于模型直观简练,成为现代工程应用中目标检测任务首要考虑的模型之一。

基于深度学习的目标检测是一种数据驱动的智能学习型算法,能够自动学习到有效定位和分类的深度特征,但符合条件的高质量有监督数据总是有限的,特别是自然场景中获取的数据都呈现出长尾分布,比如缺陷数据。为了能够在有限的数据下提高检测的性能,数据增广是一个能够有效提高有限数据下模型检测能力的外部方法。传统的数据增广方法有几何变换、噪声扰动、颜色变换、对比度扰动、灰度增强与亮度变化等,将数据通过一些较为规则的映射来扩充数据集的规模,从而使得模型的泛化能力得到一定程度的提高。这些通用的数据增广方法的局限性在于对数据的增强是不考虑内容本身的一种整体数值分布变化。在对不同的数据集进行数据增强的时候,没有结合已有数据的先验数据特征进行数据增强。即这些方法增加的变化是一种针对图像整体而言的变化,而针对图像中的语义目标所对应的二维视觉表征而言,并没有实际的类目标样本被扩充。

Ian Goodfellow 等人提出 Generative Adversarial Network(GAN)[25],第一次将深度学习应用于图像生成当中。GAN 构建模型对已有数据进行学习,利用生成器对目标数据进行生成，并使用鉴别器对生成数据真假度进行评估，在生成器与鉴别器对抗的训练过程中，使得生成器能够生成与训练数据相似的目标样本。由于卷积神经网络对于计算机视觉的有效性，Alec Radford 等人构建 Deep Convolutional GAN[26]，将其应用于图像生成中。BigGAN[27]通过对生成器进行正交正则化改进，大大提高了生成器的生成图像质量，将 GAN 的应用能力再次提高。Nvidia 提出 StyleGAN[28]，以风格迁移为任务核心构建生成对抗网络，在人脸生成上取得了当时最好的效果，在保证语义目标高质量生成的基础上对目标所处的环境也能够达到良好的变换效果。通过基于深度学习方法进行有效的图像增广，能够在数据有限以及样本不平衡的不理想情况下，提高检测模型的有效性。

在目标检测用于提取深度特征的主干网络选择上，网络的深度不是决定模型性能表现的唯一因素，目标检测网络中会同时考虑网络深度、模型复杂度、任务难度以及计算能力的限制等，通过综合考虑进行主干网络的选择。常用主干网络如 Vgg－16[29]、ResNet[30]、YOLOv3 的 DarkNet、InceptionNet 和 Inception-ResNet[31]等。

1.2.2　计算机视觉技术在发输变电中的研究进展

目前，基于深度学习的视觉检测技术在发输变电中已有初步应用。

在发电环节中，针对光伏电池组件被局部遮荫而引起的热斑故障现象，车曦[32]使用 YCbCr 颜色空间模型对红外热图的亮度进行分离操作，利用光伏电池单元运行状态编码实现热斑故障检测功能。通过结合深度卷积神经网络 AlexNet 和传统机器学习，显著提高了对电力设备的平均识别准确率。王宪保[33]提出一种基于深度学习的太阳能电池片表面缺陷检测方法，该方法建立深度信念网络，取得训练样本到无缺陷模板之间的映射关系，实现测试样本的缺陷检测。

在输电环节中，目前的研究主要集中在杆塔、绝缘子、金具等的检测上。文献[34]设计了基于机载多传感器的自动巡检系统，通过可见光相机、红外热像仪对输电线路中的杆塔目标和绝缘子进行自动检测；同时，结合定位系统获取的差分经纬度和海拔等信息以及电子罗盘获取的飞行航向角、俯仰角、翻滚角等姿态信息，对拍摄系统进行实时位置修正，实现拍摄过程的自动跟踪，有效提高了巡检的作业效率。文献[35]基于航拍输电线路图像进行检测，首先利用小波变换进行图像去噪，然后通过边缘检测定位到杆塔目标区域，最后通过灰度直方图构建杆塔不良状态判别模型以完成检测，但是该方法泛化能力较差。文献[36]通过无人机获取电力杆塔图像，利用多种杆塔的三维模型对杆塔图像进行匹配，但基于模板匹配的检测算法在杆塔类型与所处环境的双重变化下鲁棒性较差。文献[37]基于机载激光扫描设备获取的输电线路激光点云数据，提出了一种基于二维格网多维特征分析的输电杆塔自动定位方法，首先进行噪声滤波和规则化预处理，然后计算点云图像的高差、坡度、密度特征，最后利用所得特征对杆塔进行定位，具有较高的有效性与稳定性。文献[38]基于输电线路的无人机巡检图像，利用滑动窗口思想，通过对每一个窗口提取 HOG 特征训练 SVM 分类器，从而实现杆塔的判别。文献[39]基于输电线路航拍图像，对航拍图像中的绝缘子、塔材、防震锤和背景进行检测。笔者构建 5 层卷积神经网络，将航拍图像分成不同粒度的网格，对每个网格区域进行分类训练，最终将统一类型的相邻网格对应原图区域进行整体掩码，从而完成多类部件的检测。文献[40]通过构建深度卷积神经网络，获取多个层次的导线特征，将非导线目标背景完整地切除，实现输电线路的有效分割。文献[41]利用 Faster R-CNN 构建航拍图像中的绝缘子及其缺陷检测模型，绝缘子检测的准确率为 94%，掉串缺陷的检测准确率达到了 92%。对于同一任务，文献[42]将不同检测模型与不同的骨干网络进行对比实验，构建更优良的深度模型，进一步提升了深度学习在绝缘子检测任务上的性能表现。文献[43]构建输电线路智能监控系统，检测现场监控图像中鸟类对输电线路的入侵，对于结构简单、背景单一的低压输电线路获得了较为理想的效果。文献[44]首先提取颜色特征对航拍图像进行预处理，然后通过训练 Faster R-CNN 得到自动锈蚀检测深度模型。该方法对分辨率较低或近距离的拍摄图像有一定的实用性。文献[45]基于无人机获取输电线路航拍图像，基于 Fast R-CNN 对航拍图像中的绝缘子、金具、悬垂线夹、塔材等进行检测，通过 VGG16 与 ResNet-101 构建多个目标检测模型完成多类部件检测。螺栓作为输电线路中广泛存在的紧固件，因相对尺度较小，在复杂庞大的输电线路网络中受限于观测分辨率与观测距离，在光学卫星图像、激光雷达探测中进行状态检测较为困难，而基于固定监控摄像头的视觉信息有较大的空间局限性。为评估不良螺栓缺陷对输电线路运行稳定与安全的影响，对输电线路中的螺栓目标检测问题需要提升视觉巡检的精细化程度。目前，直升机、无人机巡检在输电线路上获取的视觉信息具有更大的空间自由度，随着可见光传感器技术的发展，这些巡检方式能够对输电线路进行更精细化的感知，也使得基于飞行器航拍图像的螺栓缺陷自动检测成为可能。

在变电环节，陈旭[46]针对变电站中指针式仪表研究了一种基于 SIFT+HOUGH 特征的指针式仪表设备的自动读数方法。臧晓春[47]分析变电站内断路器、TA、电容式电压互感器和隔离开关几类关键设备的结构、故障类型和红外热像图特征，实现设备故障的识别。欧家祥等人[48]结合已有的 Mask R-CNN 方法，构建 Mask LSTM-CNN 模型，解决了已有方法中存在的变电设备部件在被遮挡的情况下识别率较低的问题，极大地改善了部件识别的精度。李军锋等人[49,50]提出了一种结合深度学习和随机森林的图像识别方法，可以较为有效地识别变压器、断路器等电力设备。

1.2.3　计算机视觉技术在发输变电中的应用分析

基于深度学习的视觉检测是新一代电力系统发展和成功的一个必要技术。首先，新能源的不确定性给电力系统带来了许多挑战，深度学习是一个潜在的强大工具，可以提高检测和预测精度。此外，深度视觉检测可以为灵活的资源管理提供有效的解决方案，比如电网中相关的视频检测、图片检测等，可以有效地解决电网中人工难以解决的故障和困难，极大地提高智能电网的发展水平。

基于深度学习的视觉检测的特点是可以提高图像检测和分析的效率，减少人工成本，具有良好的可行性，已逐步在发输变电等环节应用。目前，关于输电线路环节的研究较多，而在发电和变电环节的研究相对较少。以下简要分析基于深度学习的视觉检测技术在发输变电等环节的应用场景，具体描述如图 1-3 所示。

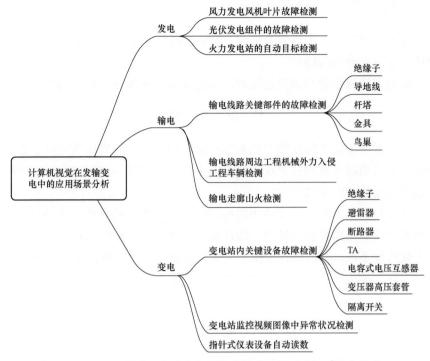

图 1-3　基于深度学习的视觉检测技术在发输变电中的应用场景描述

　　发电厂作为获取电力能源的主要来源，对新一代电力系统建设极其重要。一些发电机组所处环境较差，并且经常处于无人值守状态，如风电、光伏发电等传统的检测只能判断故障是否发生，具有很大的局限性。因此在发电场景下，深度视觉检测技术可用于风力发电的风机叶片故障检测，太阳能发电的光伏发电组件的故障检测，以及对火力发电站的自动目标检测。

　　输电线路是电网的重要组成部分，为全国各地输送电能起着重要作用。在输电场景下，深度视觉检测技术可用于输电线路周边工程机械外力入侵工程车辆检测，山火检测输电线路关键部件的定位与故障检测，例如绝缘子、输电线路、电线杆塔、金具和鸟巢等。深度视觉检测技术目前可应用在输电中的场景非常广泛，有利于为输电线路检修和维护人员提供重要的参考依据。

　　在变电站方面，随着变电站"无人值守"的进一步落实，电力系统监控逐渐网络化、平台化，对智能视频分析技术的要求也越来越高。在变电场景下，深度视觉检测技术可用于变电站监控视频图像中异常状况监测，指针式仪表设备自动读数，变电站内绝缘子串、避雷器、断路器、TA、电容式电压互感器、变压器高压套管和隔离开关等几类关键设备的故障识别。将深度视觉检测技术应用到变电中的场景十分广泛且必要。

　　基于深度学习的视觉检测技术在新一代电力系统中的应用前景非常广泛，必然能够弥补现有电力设备故障检测和图像视频分析的不足，为电力系统的检测和维护提供更高效和便捷的方案。但是，由于电力系统的特殊性以及图像复杂的特点，直接将深度模型应用在电力部件的检测中仍存在较大问题，所以仍需深入研究以下几方面：

　　（1）深入研究现有深度视觉检测，削弱深度视觉检测模型泛化能力弱等不足对应用的影响。

（2）构建大数据量的电力设备数据集，在标注时尽量避免样本数量少、各类样本不平衡、正负样本比例失衡等问题。

（3）突破电力领域专业知识表达瓶颈，用语义知识解决仅靠视觉判别的不足。

本 章 小 结

前面首先对近年来基于深度学习的视觉检测在国内外的研究现状进行了总结，之后综述了基于深度学习的视觉检测技术在发输变电中的研究进展，最后分析了基于深度学习的视觉检测技术在发输变电中的应用。

尽管目前计算机技术在发输变电中的应用已有一定数量的研究成果，但是已有方法大多数都忽略电力设备图像视频的特点，具有很大的局限性，易受工作人员的主观影响，其技术的智能化程度不高，而且现有工作大多数针对某一具体应用，目前还没有系统性、全面性的研究工作，所以为了满足新一代电力系统建设的要求，必须深入研究和探索电力视觉技术。

本 章 参 考 文 献

[1] 刘思言, 王博, 高昆仑, 等. 基于 R-FCN 的航拍巡检图像目标检测方法[J]. 电力系统自动化, 2019, 43（13）: 162−168.

[2] 翟永杰, 王迪, 赵振兵, 等. 基于空域形态一致性特征的绝缘子串定位方法[J]. 中国电机工程学报, 2017, 37（5）: 1568−1577.

[3] Zhao Z, Xu G, Qi Y, et al. An intelligent on-line inspection and warning system based on infrared image for transformer bushings [J]. Recent Advances in Electrical & Electronic Engineering, 2016, 9（1）: 53−62.

[4] 赵振兵, 齐鸿雨, 聂礼强. 基于深度学习的输电线路视觉检测方法研究综述 [J]. 广东电力, 2019, 32（9）: 11−23.

[5] 赵振兵, 崔雅萍. 基于深度学习的输电线路关键部件视觉检测方法的研究进展 [J]. 电力科学与工程, 2018, 34（3）: 1−6.

[6] 赵振兵, 孔英会, 戚银城, 等. 面向智能输变电的图像处理技术 [M]. 北京: 中国电力出版社, 2014.

[7] Zou Z, Shi Z, Guo Y, et al. Object detection in 20 years: A survey. arXiv preprint arXiv: 1905.05055v1, 2019.

[8] 刘建伟, 刘媛, 罗雄麟. 深度学习研究进展 [J]. 计算机应用研究, 2014, 31（7）: 1921−1930.

[9] Krizhevsky A, Sutskever I, Hinton G E. Imagenet classification with deep convolutional neural networks [C]. Advances in Neural Information Processing Systems, 2012: 1097−1105.

[10] Deng J, Dong W, Socher R, et al. Imagenet: A large-scale hierarchical image database [C]. IEEE Conference on Computer Vision and Pattern Recognition, 2009: 248−255.

[11] LeCun Y, Bottou L, Bengio Y, et al. Gradient-based learning applied to document recognition [J]. Proceedings of the IEEE, 1998, 86（11）: 2278−2324.

[12] Szegedy C, Toshev A, Erhan D. Deep neural networks for object detection [C]. Advances in Neural

Information Processing Systems，2013: 2553－2561.

［13］ Girshick R，Donahue J，Darrell T，et al. Rich feature hierarchies for accurate object detection and semantic segmentation ［C］. Proceedings of the IEEE Conference on Computer Vision and Pattern Recognition，2014: 580－587.

［14］ Bennett K P，Campbell C. Support vector machines: hype or hallelujah? ［J］. ACM Sigkdd Explorations Newsletter，2000，2（2）：1－13.

［15］ He K，Zhang X，Ren S，et al. Spatial pyramid pooling in deep convolutional networks for visual recognition ［J］. IEEE Transactions on Pattern Analysis and Machine Intelligence，2015，37（9）：1904－1916.

［16］ Girshick R. Fast R-CNN ［C］. Proceedings of the IEEE International Conference on Computer Vision，2015: 1440－1448.

［17］ Ren S，He K，Girshick R，et al. Faster R-CNN: Towards real-time object detection with region proposal networks ［C］. Advances in Neural Information Processing Systems，2015: 91－99.

［18］ Dai J，Li Y，He K，et al. R-FCN: Object detection via region-based fully convolutional networks ［C］. Advances in Neural Information Processing Systems，2016: 379－387.

［19］ Redmon J，Divvala S，Girshick R，et al. You only look once: Unified，real-time object detection ［C］. Proceedings of the IEEE Conference on Computer Vision and Pattern Recognition，2016: 779－788.

［20］ Liu W，Anguelov D，Erhan D，et al. SSD: Single shot multibox detector ［C］. European Conference on Computer Vision，2016: 21－37.

［21］ Redmon J，Farhadi A. YOLO9000: Better，faster，stronger ［C］. Proceedings of the IEEE Conference on Computer Vision and Pattern Recognition，2017: 7263－7271.

［22］ Chen X，Fang H，Lin T Y，et al. Microsoft COCO captions: Data collection and evaluation server. arXiv preprint arXiv: 1504.00325，2015.

［23］ Everingham M，Van Gool L，Williams C K I，et al. The pascal visual object classes（voc）challenge ［J］. International Journal of Computer Vision，2010，88（2）：303－338.

［24］ Redmon J，Farhadi A. Yolov3: An incremental improvement. arXiv preprint arXiv: 1804.02767，2018.

［25］ Goodfellow I，Pouget-Abadie J，Mirza M，et al. Generative adversarial nets ［C］. Advances in Neural Information Processing Systems，2014: 2672－2680.

［26］ Radford A，Metz L，Chintala S. Unsupervised representation learning with deep convolutional generative adversarial networks. arXiv preprint arXiv: 1511.06434，2015.

［27］ Brock A，Donahue J，Simonyan K. Large scale GAN training for high fidelity natural image synthesis. arXiv preprint arXiv: 1809.11096，2018.

［28］ Karras T，Laine S，Aila T. A style-based generator architecture for generative adversarial networks ［C］. Proceedings of the IEEE Conference on Computer Vision and Pattern Recognition，2019: 4401－4410.

［29］ Simonyan K，Zisserman A. Very deep convolutional networks for large-scale image recognition. arXiv preprint arXiv: 1409.1556，2014.

［30］ He K，Zhang X，Ren S，et al. Deep residual learning for image recognition［C］. Proceedings of the IEEE Conference on Computer Vision and Pattern Recognition，2016: 770－778.

［31］ Szegedy C，Ioffe S，Vanhoucke V，et al. Inception-v4，inception-resnet and the impact of residual connections on learning ［C］. Thirty-First AAAI Conference on Artificial Intelligence，2017：4278 – 4284.

［32］ 车曦. 基于红外图像识别的光伏组件热斑故障检测方法研究 ［D］. 重庆: 重庆大学，2015.

［33］ 王宪保，李洁，姚明海，等. 基于深度学习的太阳能电池片表面缺陷检测方法 ［J］. 模式识别与人工智能，2014，27（6）：517 – 523.

［34］ 李雄刚，蒙华伟，廖建东. 基于多传感器的杆塔自动巡检系统 ［J］. 自动化技术与应用，2018，37（12）：127 – 132.

［35］ 赵君，赵书涛，胡滨. 基于图像技术的输电线路杆塔状态识别 ［C］. 中国高等学校电力系统及其自动化专业学术年会，2009: 49 – 54.

［36］ 韩冰，尚方. 面向无人机输电线路巡检的电力杆塔检测框架模型 ［J］. 浙江电力，2016，35（4）：6 – 11.

［37］ 彭向阳，宋爽，钱金菊，等. 无人机激光扫描作业杆塔位置提取算法 ［J］. 电网技术，2017（11）：283 – 290.

［38］ 王孝余，李丹丹，张立颖. 一种基于监督学习的输电线监测中杆塔的检测方法 ［J］. 东北电力技术，2017，38（11）：12 – 14.

［39］ 周筑博，高佼，张巍，等. 基于深度卷积神经网络的输电线路可见光图像目标检测 ［J］. 液晶与显示，2018，33（04）：60 – 68.

［40］ Zhang H，Yang W，Yu H，et al. Detecting power lines in UAV images with convolutional features and structured constraints ［J］. Remote Sensing，2019，11（11）：1342.

［41］ Liu X，Jiang H，Chen J，et al. Insulator detection in aerial images based on faster regions with convolutional neural network［C］. IEEE 14th International Conference on Control and Automation，2018: 1082 – 1086.

［42］ Han J，Yang Z，Zhang Q，et al. A method of insulator faults detection in aerial images for high-voltage transmission lines inspection ［J］. Applied Sciences，2019，9（10）：2009.

［43］ 李程启，林颖，秦佳峰，等. 基于深度学习的输电线路危险源智能监控系统 ［J］. 南通大学学报(自然科学版)，2018，17（1）：10 – 14,49.

［44］ 李辉，钟平，戴玉静，等. 基于深度学习的输电线路锈蚀检测方法的研究［J］. 电子测量技术，2018，41（22）：60 – 65.

［45］ Lan M，Zhang Y，Zhang L，et al. Defect detection from UAV images based on region-based CNNs ［C］. IEEE International Conference on Data Mining Workshops，2018: 385 – 390.

［46］ 陈旭. 基于深度学习的变电设备图像特征提取 ［D］. 南京: 南京邮电大学，2018.

［47］ 臧晓春. 一种基于图像处理和神经网络的变电站关键设备红外检测方法 ［D］. 广州: 华南理工大学，2018.

［48］ 欧家祥，史文彬，张俊玮，等. 基于深度学习的高效电力部件识别 ［J］. 电力大数据，2018，21（09）：6 – 13.

［49］ 李军锋，王钦若，李敏. 结合深度学习和随机森林的电力设备图像识别 ［J］. 高电压技术，2017，43（11）：3705 – 3711.

［50］ 李军锋. 基于深度学习的电力设备图像识别及应用研究 ［D］. 广州: 广东工业大学，2018.

第2章
计算机视觉相关技术

计算机视觉是利用计算机模仿人类视觉系统的科学,使计算机拥有类似人类提取、处理、理解和分析图像以及图像序列的能力。计算机视觉具有速度快、信息量大、功能多的特点。主要包括以下五个子方向:① 计算成像学。探索人眼结构、相机成像原理及其延伸应用的科学。② 图像理解。通过用计算机系统解释图像,实现类似人类视觉系统理解外部世界的科学。目前,高层图像理解算法已逐渐广泛应用于人工智能系统,如刷脸支付、智慧安防、图像搜索等。③ 三维视觉。研究如何通过视觉获取三维信息(三维重建),以及如何理解所获取的三维信息的科学,分为单目图像重建、多目图像重建和深度图像重建等。④ 动态视觉。分析视频或图像序列,模拟人处理时序图像的科学。可以定义为寻找图像元素,如像素、区域、物体在时序上的对应,以及提取其语义信息的问题。⑤ 视频编/解码。通过特定的压缩技术,将视频流进行压缩。视频流传输中最为重要的编/解码标准有国际电信联盟的 H.261、H.263、H.264、H.265、M-JPEG 和 MPEG 系列标准。

电力视觉是计算机视觉技术在电力行业的应用,特征表达与分类、分割、识别、检测和跟踪等技术是其基本的任务。

2.1 特征表达与分类

图像的特征表达与分类是计算机视觉任务中的一个基本模块,是物体或场景识别、由多个图像求解 3D 结构、立体显示和运动跟踪等功能的基础。早期的图像特征表达具有多重属性,以便于与不同的对象或场景相匹配。但对于图像的缩放和旋转,这些特征属性是不变的,使得特征表达在空间和频域内都有良好的局部化特性,减少了被遮挡、杂波或噪声干扰的可能性,因此典型图像中需要高效的算法提取大量的特征,从而保证特征属性的不变性。此外,这些特征具有很强的独立性,单个特征能够与大型的特征数据库正确匹配,为目标和场景识别提供依据。成本较高的操作只适用于初始位置的测试,因此,研究人员通过采用级联滤波方法提取特征,此时的成本是最小的。以下是生成图像特征集的主要阶段:

(1)尺度空间极值检测。计算的第一阶段是在所有尺度和图像位置上进行全局搜索。然后通过使用高斯分布函数来识别在不同尺度和位置上的潜在兴趣点,进行有效的表达。

（2）关键点定位。在每个候选区域，建立一个详细的模型来确定位置和尺度。关键点根据是否具有稳定性来选择。

（3）方向分配。基于局部图像像素，为每个关键点分配一个或多个定位方向。所有将要进行的操作都是针对图像数据执行的，经过相应的转换，从而保证了图像特征的不变性。

（4）关键点表示器。在每个关键点周围区域，选定一个尺度，测量局部梯度，然后将局部梯度通过模型处理得到它的表示，这个表示可以显示水平方向的局部失真状态和光线的变化情况[1]。特征生成框架如图 2-1 所示。

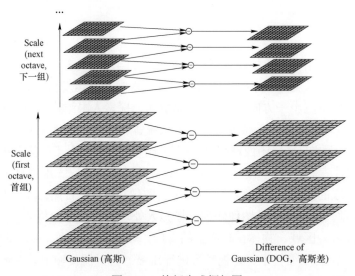

图 2-1　特征生成框架图

如图 2-1 所示，将初始图像利用高斯算法反复卷积生成不同比例的高斯特征图序列，然后将相邻的高斯特征图相减生成右侧的高斯差图。与此同时，高斯特征图序列经过池化，得到向下采样 2 倍的高斯图像，重复生成高斯差图。最后，生成更深层的特征集。

特征表达在很多领域中被广泛地应用，比如生物学中基于特征表达选择出有价值的信息，从而实现基因数据的分类。对基因进行特征表达，然后实现数据分类，这是生物信息学中的一项重要的癌症诊断技术，受到了高度重视。由于基因数量多，样本数量少，因此基于邻域粗糙数据集的特征提取是提高基因表达、数据分类的关键步骤。然而，特征集的一些定量措施在邻域粗糙数据集中可能不适用，许多基于 evaluation 函数的特征选择方法基数较大、预测精度较低。2019 年，研究人员提出了特征选择的一种新的方法，在节点邻域的粗糙数据集上，采用基于邻域熵的基因表达方式，对不确定的癌症基因数据进行分类。首先，对基于邻域熵的不确定度进行测量，用于处理邻域的不确定度和噪声。然后，为了进一步提高特征表示能力，又定义了邻域可信度和邻域覆盖度，并将其引入到决策邻域熵中。此外，对于已经得到的信息进行推理和总结，从而得到它们的一些性质和关系，这将有助于理解特征信息内容的本质和邻域的不确定性。最后，采用 Fisher 模型初步剔除无关的基因，大大降低了计算的复杂度。上述计算过程是一种具有低计算复杂度的启发式特征表示算法，进而利用基因数据表达，来提高肿瘤分类的准确率。实验在 Brain_Tumor2、Colon、Lung、Prostate 等 10 个基因数据集上进行，结果如图 2-2 所示。纵坐标表示的是

10 种基因分类的准确率，横坐标表示的是基因的数量，结果证明该算法的改进确实是有效的，其中 Lung、SRBCT、Leukemia 三种基因数据集的分类准确率高达 90%以上，DLDCL 基因数据集的分类准确率在 90%上下波动，并且在基因数目的选择和分类方面优于其他相关的方法，特别是当基因的数量增加时，Leukemia1 基因数据集和 Brain_Tumor2 基因数据集分类的准确率整体上也有了明显的提高[2]。

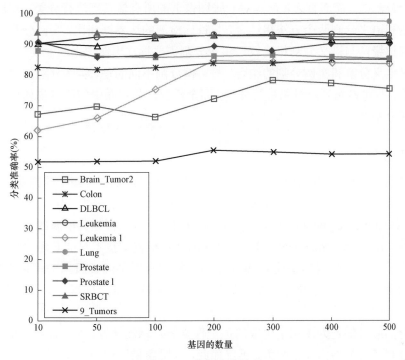

图 2-2　基因分类结果

　　不管是早期还是最近几年，特征表达方法都是以提取特征为目的从而进行分类，分类就需要特征分类器或特征分类方法。特征分类器或特征分类方法是一种以特征子空间作为判别准则的监督分类方法。众所周知，在自然界里同一类事物往往具有相同或相近的一些属性，它们反映着"物以类聚"这一普适性规律。该规律已被当作模式识别领域内分类算法性能高低的重要理论依据。根据物以类聚的规律，假定在特征空间中同一类训练集的所有样本共享着同一个训练子空间（Training subspace），因为这些训练子空间为整个特征空间的子集，它们也称为特征子空间（Feature subspace）。为了重建这些特征子空间，一个简单的方法就是利用现有训练样本的一些低维几何流形（也称特征流形，如直线、平面、曲面、超平面等）的组合进行模拟。在此过程中，特征流形往往能够近似地再现现有训练样本的一些变化或反映它们可能运动的轨迹，它们代表了大量的"虚拟"训练样本。也就是说，特征子空间充分地利用了现有训练集提供的潜在训练信息，从而使得原始训练集的"表达容量"迅速扩大。在得到各类特征子空间的基础上，特征分类器可以非常直观地对一个待分类样本进行分类，即将其划分到距离其最近的一个特征子空间所在的类。综上所述，特征分类方法包括两个关键步骤：① 构建各个类别的特征子空间；② 计算待测样本与各个特征子空间之间的距离（简称特征子空间距离，Feature subspace distance，FSdist）[3]。

2.2 分　　割

图像分割包括语义分割、实例分割和全景分割三方面。一般来说，语义分割是针对整张图像进行分割的，简而言之，就是对一张图像上的所有像素点进行分类。实例分割就是将目标检测和语义分割两个方法相结合，与目标检测的边界框相比，实例分割可精确地检测到物体的边缘，与语义分割相比较，实例分割需要标注出图像上同一物体的不同个体。全景分割是语义分割和实例分割的结合，与实例分割不同的是，实例分割只对图像中的对象进行检测，并对检测到的对象进行分割，而全景分割是对图中的所有物体包括背景都要进行检测和分割。

2.2.1　语义分割

语义分割是一种典型的计算机视觉问题，将一些原始数据（如平面图像）作为输入，并提取出图像上感兴趣的区域。很多学术研究人员称"语义分割"为"全像素语义分割"（full-pixel semantic segmentation），其中图像中的每个像素根据其所属的类别分配类别身份证标识号（Identity Document，ID）。早期的计算机视觉技术只能发现边缘（线条和曲线）或渐变等元素，但没有完全按照人类感知的方式提供像素级别的图像理解，然而，语义分割将属于同一目标的部分像素聚集在一起来解决这个问题，从而扩展了其应用领域。

语义分割的目的是为图像中生成的每个像素分类标注标签。实验证明，卷积神经网络处理语义分割任务的能力非常强大，不仅如此，深层卷积神经网络在提取局部特征和利用局部区域进行预测方面取得了显著成效。但从深度学习的角度来看，它缺乏利用全局上下文信息的能力，不能直接进行模拟预测。因此，简单的前馈卷积神经网络不再是处理语义分割任务的完美模型。2018 年，研究人员提出了处理语义分割任务的新模型——CRFs（Con－ditional Random Fields，条件随机场）模型，它成功地结合了 CNN（Convolutional Neural Networks，卷积神经网络）的有效性来提取特征，并且具有强大的泛化能力。CRFs（Conditional Random Fields）模型可以更大范围地进行卷积，还可以在图形处理器（Graphics Processing Unit，GPU）上高效地训练，在反向传播的过程中，还可以训练 ConvCRF（Convolutional Conditional Random Fields）的所有参数。ConvCRF 中的推理任务可在小于 10ms 的范围内进行，与 FullCRFs（Fully Connected Conditional Random Fields，全连接条件随机场）相比，速度加快了两个数量级，这将对未来的研究非常有益。ConvCRFs 是对 FullCRFs 的条件独立性假设的补充模型。条件独立性假设，是指假设两个像素分别标号为 i、j，并且分布是条件独立的，如果 Manhattan 距离 $d(i, j) > k$，则称超参数 k 为滤波器大小。这种具有局部性性质的假设是非常有力的，它意味着对距离超过 k 的所有像素，pairwise potential 为 0。有力和有效的假设是机器学习建模的动力，这一假设使得 ConvCRF 模型的理论基础非常扎实，前景可观[4]。

另外，还有研究人员针对语义分割任务提出了其他模型——ContextNet。语义分割提供了详细的像素级图像分类,特别适用于自动驾驶车辆和驾驶员辅助领域,然而这些应用,如:道路边界和障碍物探测等,通常对精确度要求很高。当前的系统可以产生高度精确的分割结果,但往往以计算效率为代价。ContextNet 模型解决了自动驾驶任务的复杂性语义分割问题,可以进行实时处理,内存效率较高。近年来,DNN（Deep Neural Network）逐渐成为语义图像分割的首选方法,采用最先进的分类体系结构,并使用 FCN（Fully Convolutional Network,全卷积网络）或编码解码技术进一步提高分割性能。这方面出现了很多新模型,例如,DeepLab 使用了更多层的网络来提取复杂抽象的特征,从而提高了精确度;PSPNet（Pyramid Scene Parsing Network,金字塔场景解析网络）聚合来自多个像素级的上下文信息,是最精确的 DNN[5]。

2.2.2　实例分割

实例分割旨在识别每个像素的语义类,并将每个像素与对象的物理实例关联起来,与语义分割形成了明显的对比。在街道场景中,实例分割尤其具有挑战性,在这个场景中,对象的规模可能会发生很大的变化。此外,还存在的问题是对象的外观受到局部闭塞、推动、强度恢复和运动模糊的影响。这一任务的解决将极大地促进计算机视觉任务中的对象转换任务,以及自动驾驶汽车的场景理解和跟踪的发展。针对这一任务,研究人员提出了 Deep Watershed Transform（深度分水岭变换）方法,该方法将 classical watershed transform（经典分水岭变换）中的直觉知识和现代深度学习相结合,以产生图像的能量图,重新预测对象实例。然后,在一个单一的能量级别上执行一次切割,直接产生与对象实例相对应的部分。在具有挑战性的城市景观实例级分割任务上,该模型产生了最佳的效果[6]。

除此之外,其他研究人员针对实例分割提出了不同的模型。研究人员提出了一种用于实例分割的递归模型,该模型顺序地生成图像中每个对象的编码对及类别概率,可端到端训练,它的输出不需要后处理步骤,在理论基础上比依赖对象建议框的方法更简单。此模型的学习遵循连续生成对象序列的模式。如图 2-3 所示,将原始图像的 RGB（红 R、绿 G、蓝 B 三色）图像序列输入到实例分割的递归模型中,用不同的激活函数对 RGB 图像序列编码,然后递归解码器对编码结果进行学习,从而得到图像分割结果。在不同的情境下,这一模型获得了压倒性的优势[7]。

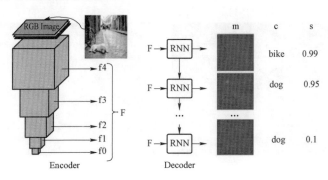

图 2-3　实例分割递归模型

2.2.3 全景分割

全景分割统一了语义分割（为每个像素指定一个类标签）和实例分割（检测像素并对每个对象分配实例）这两个典型的任务。全景分割的任务要求产生丰富、完整和连贯的场景分割，它是朝着现实世界的视觉系统迈出的重要一步。虽然计算机视觉早期的工作涉及相关的图像/场景解析任务，但可能由于缺乏适当的度量标准或相关的识别挑战，这些任务目前并不流行。针对这一点，研究人员提出了一种新的全景质量（Panoptic Quality，PQ）度量，它以可解释和统一的方式捕获所有类别的性能，在三个现有数据集上对全景分割（Panoptic Segmentation，PS）的人和机器进行了严格地研究，揭示了关于这项任务的有趣见解。全景分割是在更统一的视角下进行图像分割，也是在计算机视觉领域中探索的新分割任务。

全景分割任务的计算过程包含两步：① 分割匹配；② 计算每一个匹配的 PQ。如图 2-4 所示，图像分割涉及三方面，它们之间存在密切的联系，其中图 2-4（a）为原始图像。语义分割的研究内容通常被描述为一项语义分段的任务，如图 2-4（b）所示，由于目标像素是无定形和不可数的，因此语义分割任务将类标签分配给图像中的每个像素，包括背景像素，如天空和居民楼。相反，实例分割研究的事物通常被表述为目标检测或分割实例的任务，这里的目标是检测每个对象并分别用边界框或分割掩码来描述，不包含检测对象车辆、行人以外的其他事物，如图 2-4（c）所示。对于这两个视觉分割任务，虽然数据集、细节和度量似乎是相互关联的，其实差别很大[8]。而全景分割就是将这两个计算机视觉任务结合以得到更丰富、更有趣的图像信息，如图 2-4（d）所示。

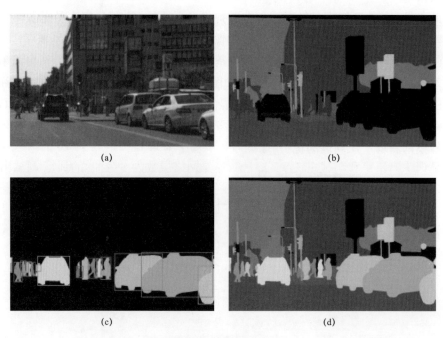

(a)　　　　　　　　　　　　　　　(b)

(c)　　　　　　　　　　　　　　　(d)

图 2-4　图像分割

（a）原始图像；（b）语义分割；（c）实例分割；（d）全景分割

2.3　识　　别

图像识别技术是人工智能的一个重要领域。它是指对图像进行对象识别，以识别各种模式的目标。图像识别的发展经历了文字识别、数字图像处理与识别、物体识别三个阶段。文字识别的研究是从 1950 年开始的，一般是识别字母、数字和符号，从印刷文字识别到手写文字识别，应用都非常广泛。数字图像处理和识别的研究至今已有近 70 年的历史。数字图像与模拟图像相比，具有存储和传输方便、可压缩、传输过程中不易失真、处理方便等优势，这些都为图像识别技术的发展提供了强大的动力支持。物体识别主要是指对三维世界的客体及环境的感知和认识，属于高级计算机视觉范畴。它是以数字图像处理与识别为基础的结合人工智能、系统学等学科的研究方向，其研究成果被广泛应用在各行各业。现代图像识别技术的一个不足之处就是自适应性差，一旦目标图像被较强的噪声污染或是目标图像有较大的残缺会导致无法获得理想的结果。图像识别问题的数学本质属于模式空间到类别空间的映射问题。目前，在图像识别的发展中，主要有统计模式识别、结构模式识别、模糊模式识别三种识别方法。

随着深度学习技术的发展，图像识别技术的性能也日益提高，许多模型应运而生。

越深层次的神经网络越难以训练，2015 年，研究人员提出了一种残差网络框架以简化先前网络的复杂训练，他们将引用的网络层作为残差函数来学习，而不是学习未引用的函数，最终取得了丰富的实验结论，证明了这些残差网络更易于优化，并且可以显著增加深度、获得好的识别准确率。一般来讲，网络层次越深，训练误差也越大，测试误差也越大，在 ImageNet 数据集上，这一模型比 VGG（Visual Geometry Group）网络更深，但复杂度却比 VGG 网络小。残差网络的集合在 ImageNet 测试集上的误差为 3.57%，这一结果在 2015 年 ILSVRC（ImageNet Large Scale Visual Recognition Challenge）竞赛的识别任务中获得了当时的第一名。特征表示的深度对很多计算机视觉识别任务是非常重要的，该模型仅仅改进了特征表示的深度，在 COCO 数据集上准确率就提高[9]了 28%。如图 2-5 是基于 CIFAR-10 数据集大多数模型中网络层数与训练/测试出错率变化关系折线图，其中横坐标为迭代次数，计算机表达 10 的幂时一般是用 E 或 e，1e4 即为 10 的四次方。纵坐标分别是训练出错率和测试出错，深色折线是网络层数为 56 层时的训练/测试出错率变化情况，浅色折线是层数为 20 层时的训练/测试出错率情况。显而易见，可以得到两点信息：① 横向看，随着迭代次数的增加，训练/测试出错率整体降低，与网络层数无关；② 纵向看，在迭代次数相同的情况下，网络层数越大，训练/测试出错率越高。

2019 年，多标签图像识别方面有了新的突破。多标签图像识别是计算机视觉中的一项基本而实用的任务，其目的是预测图像中的一组目标。它可应用于许多领域，如医疗诊断识别、人员属性识别和零售结账识别等。与多分类图像分类器相比，由于多标签任务需要与图像的输出空间结合，所以更具挑战性。物体在物理世界通常是关联存在的，图像识别的一个关键问题是如何建立具有标签依赖关系的模型。由于多标签图像识别任务是

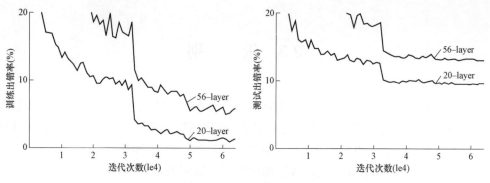

图 2−5　网络深度与训练、测试出错率变化关系折线图

预测图像中存在的一组对象标签，多个目标可能同时出现，所以通过标签依赖关系建立相应的模型来提高识别率。为了捕捉和探索这一重要的依赖关系，研究人员提出了一种基于图卷积网络（Graph Neural Networks）的多标签分类模型。该模型在目标标签上构建了一个有向图，其中每个节点标签都用文字嵌入来表示，而图卷积网络则将这个标签图映射到一组相互依赖的对象分类器中。然后将分类器应用于由另一个子网提取的图像，从而使整个网络可以进行端到端的训练。此外，研究人员提出了一个新的权重方案来创建一个更有效的网络结构，权重矩阵用来指导 GCN（Graph Neural Networks）中节点间的信息传播，基于两个多标签图像数据集的实验表明该模型明显优于其他的模型[10]。

　　如图 2−6 所示，在多标签图像识别中，在多个对象标签上构建了一个有向图来表示标签间的依赖关系。

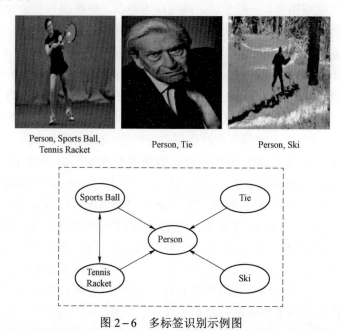

图 2−6　多标签识别示例图

2.4　检　　测

计算机视觉旨在识别和理解图像或者视频中的内容。目标检测是计算机视觉和数字图像处理的一个重要分支，广泛应用于无人驾驶中道路目标的检测、军事科技中目标的监控导航、医疗影响中病变位置的检测等领域[11, 12]。同时目标检测也是泛身份识别领域的一个基础性的算法，对后续的人脸识别、步态识别、人群计数、实例分割等任务起着至关重要的作用。目标检测实质上是对多目标进行定位，即在图像或者视频序列中定位出目标对象所在的位置并决定这些目标对象的所属类别，主要分为两个部分：① 判断多个目标物体的类别及其置信度；② 预测目标物体的位置，位置一般用边框（bounding box）标记。

目标检测的基础是特征，特征可以在一定程度上反映图像的内容，对图像进行抽象表示。传统目标检测一般基于滑动窗口扫描策略，主要包括区域选择、特征提取、分类器设计三个主要步骤，例如 SIFT（Scale-invariant Feature Transform）和 HOG（Histogram of Oriented Gradient）检测算法。这类算法复杂度高，模型泛化性差、特征提取效果差，因此逐渐被深度学习模型取代。

目前，主流的目标检测算法是基于深度学习模型的，大概可以分成两大类别：① 以 R-CNN[13]、Faster R-CNN[14]等为主的双阶段检测算法，该类算法需要先提取候选区域框，然后对候选区域的特征进行分类，定位目标的位置。② 单阶段检测方法，这类算法采用直接回归的方法，不需要候选区域，直接输出分类并回归结果。这类方法由于图像只需前馈网络一次，速度通常更快，可以达到实时。Redmon 等[15]提出 YOLO 算法，将输入图像划分成多个同样大小的网格，直接在每个网格上回归出相对应的目标边框与目标类别，其检测系统如图 2-7 所示。

SSD[16]模型为检测精确度相对更高的网络，SSD 在卷积特征后加了若干卷积层以减小特征空间大小，并通过综合多层卷积层的检测结果以检测不同大小的目标。SSD 的结构与图像金字塔类似，低层特征图分辨率高，拥有更详细的边缘信息，利于检测小目标，但是缺乏高层特征图所包含的语义信息。因此，基于这种缺陷，可以通过反卷积增大特征区域分辨率，更好地体现出目标的边缘信息，如图 2-8 所示。

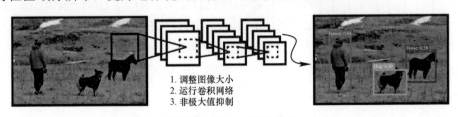

1. 调整图像大小
2. 运行卷积网络
3. 非极大值抑制

图 2-7　YOLO 检测系统

图 2-8 中利用反卷积操作增大特征层 conv4_3 分辨率，将现有 SSD 模型 conv4_3 的输出作为候选区域，按比例映射到通过反卷积增大分辨率后的特征图 deconv4_3 中，进而提取出可能存在目标的特征，之后将建议区域特征池化为 38×38 大小以便进行相应的卷

积检测，最后将 conv11_2 的输出特征图通过反卷积增大为 38×38，与改进后的 conv4_3 得出的特征图拼接融合成新的特征层 nconv4_3，以增强边缘信息。

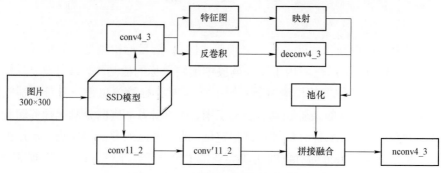

图 2-8　反卷积增大特征图分辨率

根据输入图像尺寸和特征图尺寸的关系，设置如下映射公式：

$$d'_{\mathrm{w}} = d_{\mathrm{w}} \frac{f_{\mathrm{w}}}{p_{\mathrm{w}}} \qquad (2-1)$$

$$d'_{\mathrm{h}} = d_{\mathrm{h}} \frac{f_{\mathrm{h}}}{p_{\mathrm{h}}} \qquad (2-2)$$

式中　d'_{w}、d'_{h}——分别代表建议区域在待映射特征图上的宽度和高度；

　　　d_{w}、d_{h}——分别代表输出建议区域的宽度和高度；

　　　f_{w}、f_{h}——分别代表待映射特征图的宽度和高度；

　　　p_{w}、p_{h}——分别代表输入图像的宽度和高度。

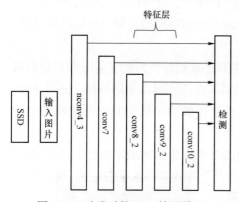

图 2-9　改进后的 SSD 检测模型

将 conv11_2 得到的特征图尺寸直接放大至 38×38，然后与上面改进后的 conv4_3 得到的特征图进行拼接融合。

将反卷积和特征融合后的特征图 nconv4_3 替换到固有的 SSD 检测模型中，形成新的多尺度检测，其检测结构如图 2-9 所示。

在 Linux 操作系统 Ubuntu16.04LT、intel（R）Core（TM）i7-8700 的 CPU、NVIDIA GeForce TX1080Ti GPU 的硬件环境下，选用 PASCAL VOC 数据集作为训练测试集对该模型进行验证，选 VOC2007+VOC2012 中的训练数据部分为训练集，在 VOC2007 测试数据集上做测试。实验结果见表 2-1。

表 2-1　　　　　　　　　VOC2007 测试数据集中目标的检测准确率

方法	Input resolution	mAP (%)	boat	buttle	chair	plant	tv	bird	bike	bus	car	table
SSD300	300×300	64.2	69.6	50.5	60.3	52.3	76.8	76	83.9	87	85.7	77
文献［16］模型	300×300	65.5	68.2	53.9	60.9	51.8	79.2	78.8	83.2	85.7	85.9	78.1

方法	Input resolution	mAP (%)	boat	buttle	chair	plant	tv	bird	bike	bus	car	table
SSD512	512×512	68.6	73	57.8	63.5	55.6	80	81.5	85.1	87.8	88.3	73.2
文献［16］模型	512×512	69.1	73.8	60.9	64.6	55.7	82.7	81.8	84.6	88.8	88.4	77.9

表 2-1 选取 VOC2007 数据集中部分目标做实验对比。可以看出，改进 SSD 后的算法检测一些较小的目标如 boat、buttle、chair、tv 和 bird，其检测平均准确率略有提升，说明反卷积的方法是有效的，而相对较大的目标检测准确率出现偶尔下降，这是因为改进后的模型将深层特征图 conv11_2 进行了融合，损失了部分大目标的特征信息。

小目标由于其自身尺度小、容易受噪声等影响的特点，不适合被大多数目标检测算法检测，小目标在浅层的特征缺乏足够的上下文信息和语义信息，导致其特征与背景难以区分，检测效果差。提升特征图分辨率、增强特征图语义信息是提升目标检测准确率的一个重要方向，同时也要注意检测速度，避免算法复杂导致网络结构复杂、特征信息冗余等问题。

2.5　跟　　踪

在计算机视觉的发展历程中目标跟踪技术一直处于举足轻重的地位，而目标跟踪技术应用最广泛的是视频监控方面。视频监控系统的核心是运动图像序列目标的自动识别和跟踪问题，可以根据背景是否相对固定，分为静态背景下运动目标的跟踪和动态背景下运动目标的跟踪。此外，随着深度学习的浪潮高涨，运动图像序列也成为了近年来理论和应用的研究热点，通过不断的研究与完善、更新走向了智能化发展的道路，慢慢地有了越来越好的实时性和鲁棒性，也更符合实际场景变化的需求。运动图像序列目标的跟踪和研究在各个领域都有不同程度的涉及，具有重大的理论价值和现实意义，同时研究前景也十分广阔。

早期的目标跟踪任务主要基于一些经典算法的改进或结合，比如帧间差分算法、光流算法等。其中，帧间差分算法适用于静态背景或者是背景移动非常缓慢的场景。视频到图像序列是一个可逆的过程，即视频可以分成若干个连续的图像序列，反之，不同的图像序列可以合成连续或者不连续的视频，两种状态的相互转化为研究提供了方便与可行性。由此可见，视频其实是由多个图像按一定顺序播放得到的。帧间差分算法是取出一张图像做背景，然后从它前后各取一张图像与中间图像相减得到一个数值，将这个数值取绝对值与一个特定的值做比较分析，差分值的绝对值大于或者等于这个特定值的区域被划出作为前景图像；反之，差分值的绝对值小于阈值的像素区域判定为静止状态，即背景图像，将背景图像和前景图像分别提取出来从而实现对运动目标的跟踪。由此可见，阈值选取的直接影响帧间差分算法的好坏。光流算法的原理中包含了较多高等数学和大学物理方面的知识，增加了理解的难度。光流是指将三维空间中的运动物体转化到二维平面图像上，其中，像素矩阵点运动的瞬时速度即像素点的灰度值随时间变化的状态。或者依据字面意思来说,光流是指平面图像上运动物体随时间增加发生的光线亮度的变化。二维平面上的所有前景运动物体都带有很多光流矢量箭头,它们组成了整个图像的光流矢量图,将初始图像的所有点都赋予光流矢量,光流矢量是由光流横矢量和光流纵矢量共同作用的结果,包含所有像素点的所有运动信息,由光流场通过一系列理想化的运算映射到运动场。

近年来随着跟踪技术的日益完善和深度学习的逐渐深入,跟踪算法和模型有了更好的实时性、鲁棒性。2018 年,研究人员提出了一种基于多目标跟踪的 C-DRL(collaborative deep reinforcement learning)方法,框架图如 2 - 10 所示。给定一段视频和第 t 帧图像上不同目标的检测结果,为每个对象建模一个 agent,并预测每个对象在后续帧序列上的位置,寻找出最优的跟踪结果,实现不同 agent 与环境的交互以此强化学习。最后,更新 agent,通过决策网络在第 $t + 1$ 帧输出跟踪结果。大多数目标跟踪方法采用检测跟踪策略,首先检测每个帧中的对象,然后通过不同的帧将它们关联起来。然而,这些方法的性能很大程度上依赖于检测结果,但是检测结果通常并不令人满意。在许多实际应用中,特别是在拥挤的场景中,为了解决这一问题,研究人员开发了一个深度预测决策网络,它可以通过深度网络强化学习,同时又能检测和预测统一网络下的对象。具体而言,将每个目标看作一个对象,通过预测网络对其进行跟踪,最后寻求最优的跟踪结果。该方法通过决策网络利用不同主体和环境的交互作用,给出了具有挑战性的 MOT 15 和 MOT 16 基准的实验结果,证明了其有效性[17]。

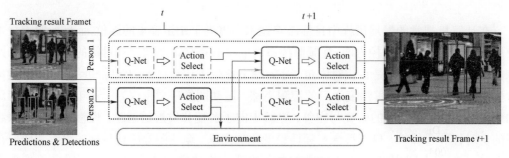

图 2 - 10 C-DRL 方法框架图

另外,研究人员基于多摄像机下的多目标识别提出了新的思路和方法。多目标多摄像机跟踪(Multi-Target Multi-Camera Tracking)通过从多个摄像机拍摄的视频中跟踪多个目标,从图像库中检索人的图像进行人员重新识别。研究人员使用卷积神经网络对多目标多摄像机跟踪和 Re-ID(Re-Identification)都学习到了很好的特征。为了降低计算复杂度,研究人员又将标准的分层推理和滑动时间窗口技术加入跟踪器中。部分人员跟踪结果如图 2 - 11 所示。该方法的主要优点有:① 运用 adaptive weighted triplet loss,既准确又稳定;② 采用了一种低成本的身份挖掘方案,有助于更好地学习特征图;③ 实验表明,经过该模型提取的特征在两种 MTMCT(Multi-Target Multi-Camera Tracking)上都产生了最佳效果,在 DukeMTMC 跟踪基准、Market - 1501 和 DukeMTMC-ReID 基准上取得的成绩都优于之前的技术[18]。

图 2-11　Duke MTMC 数据集上的跟踪示例

本 章 小 结

　　计算机视觉相关技术通过计算机模拟人的视觉功能,从客观事物的图像中提取信息进行处理并加以理解,最终用于实际检测、测量和控制。本章详细介绍了特征表达与分类器、分割、识别、检测和跟踪的概念,并进行了部分实例分析。目前,针对电力行业的计算机视觉技术仍处于发展阶段。尽管在日常生产中积累的数据体量巨大,但绝大部分均未进行有效的预处理和标注,无法被直接用于深度学习模型的训练。现阶段应该先进行关键目标样本的采集和样本库的建设,提高数据质量,完善数据标注,并在此基础上针对具体场景开展特定目标模型的训练,形成典型业务支撑功能,实现业务融合应用,逐步迭代完善技术、产品,支持计算机视觉技术在更多电力场景中的应用延伸。

本 章 参 考 文 献

[1] Lowe D G. Distinctive image features from scale-invariankeypoints [J]. International Journal of Computer Vision,2004,60(2):91-110.

[2] Sun L,Zhang X,Qian Y,et al. Feature selection using neighborhood entropy-based uncertainty measures for gene expression data classification [J]. Information Sciences,2019:18-41.

[3] 卿建军. 模式识别与智能系统 [D]. 上海:上海交通大学,2010.

[4] Teichmann M T T,Cipolla R. Convolutional CRFs for semantic segmentation [C]. 2018 IEEE Conference on Computer Vision and Pattern Recognition,2018.

[5] Poudel R P K,Bonde U,Liwicki S,et al. ContextNet: Exploring context and detail for semantic segmentation in real-time [C]. 2018 IEEE Conference on Computer Vision and Pattern Recognition,2018.

[6] Bai M,Urtasun R. Deep watershed transform for instance segmentation [C]. 2017 IEEE Conference on Computer Vision and Pattern Recognition,2017:2858-2866.

[7] Salvador A,Bellver M,Campos V,et al. Recurrent neural networks for semantic instance segmentation [C]. 2017 IEEE Conference on Computer Vision and Pattern Recognition,2017.

[8] Alexander K,He K,Girshick R,et al. Panoptic segmentation [C]. 2019 IEEE Conference on Computer

Vision and Pattern Recognition，2019: 9404－9413.

［9］ He K，Zhang X，Ren S，et al. Deep residual learning for image recognition［C］. 2015 IEEE Conference on Computer Vision and Pattern Recognition，2015: 770－778.

［10］ Chen Z，Wei X，Wang P，et al. Multi-label image recognition with graph convolutional networks ［C］. 2019 IEEE Conference on Computer Vision and Pattern Recognition，2019.

［11］ 姚群力，胡显，雷宏. 深度卷积神经网络在目标检测中的研究进展［J］. 计算机工程与应用，2018，54（17）：1－9.

［12］ 龙敏，佟越洋. 应用卷积神经网络的人脸活体检测算法研究［J］. 计算机科学与探索，2018，12（10）：1658－1670.

［13］ Girshick R，Donahue J，et al. Rich feature hierarchies for accurate object detection and semantic segmentation［C］. 2014 IEEE Conference on Computer Vision and Pattern Recognition，2014: 580－587.

［14］ Ren S，He K，Girshick R，et al. Faster R-CNN: Towards real-time object detection with region proposal networks ［J］. 2017 IEEE Transactions on Pattern Analysis and Machine Intelligence,2017,39（6）：1137－1149.

［15］ Redmon J，Divvala S，Girshick R，et al. You only look once: Unified，real-time object detection［C］. 2016 IEEE Conference on Computer Vision and Pattern Recognition，2016: 779－788.

［16］ Liu W，Anguelov D，Erhan D，et al. SSD: Single shot multibox detector［C］. 2016 European Conference on Computer Vision Springer International Publishing，2016: 21－37.

［17］ Ren L，Lu J，Wang Z，et al. Collaborative deep reinforcement learning for multi-object tracking［C］. 2018 European Conference on Computer Vision，2018: 586－602.

［18］ Ristani E，Tomasi C. Features for multi-target multi-camera tracking and re-identification［C］. 2018 IEEE Conference on Computer Vision and Pattern Recognition，2018: 6036－6046.

第**3**章

深度卷积神经网络模型

机器学习是实现人工智能的方法和手段，其专门研究计算机如何模拟或实现人类的学习行为，以获取新的知识和技能，重新组织已有的知识结构使之不断改善自身性能的方法。计算机视觉技术作为人工智能的一个研究方向，随着机器学习的发展而进步，尤其近 10 年来，以深度学习为代表的机器学习技术掀起了一场计算机视觉革命，也为电力视觉技术的发展提供了支撑。本章将针对典型的深度学习技术——深度卷积神经网络进行介绍，首先介绍深度卷积神经网络的基础知识，然后介绍典型的基于深度卷积神经网络的图像分类模型，最后阐述基于深度卷积神经网络的目标检测方法研究进展。

3.1 深度卷积神经网络基础

随着信息技术的不断发展，各类视频图像数据量急剧增长。在电力行业中，无人机、直升机输电线路巡检以及变电站视频监控系统的广泛使用，使得电力视频图像数量暴增，给数据的管理和存储造成了很大的难题；另外，如何利用这些视频图像数据，从大量视频图像数据中提取隐含的信息、并挖掘其潜在的价值具有非常重大的意义。

随着人工智能的发展，计算机视觉技术得到了越发广泛的应用。例如，视频监控中人脸识别和身份分析、医疗诊断中各种医学图像的分析与识别、细粒度视觉分类、指纹识别、场景识别等，计算机视觉技术逐渐渗透到人们的日常生活与应用中。然而传统的手动提取图像特征，再进行机器学习的计算机视觉方法无法满足这些应用的需求。从 2006 年开始，深度学习进入了人们的视野，尤其 2012 年 AlexNet 赢得 ImageNet 大规模视觉识别挑战赛的冠军之后，深度学习在计算机视觉、语音识别、自然语言处理、多媒体等领域都取得了瞩目的发展。深度学习与传统模式识别方法的最大不同在于，它具有从大数据中自动学习特征，而非采用手工设计的特征，而好的特征可以极大地提高模式识别系统的性能。在计算机视觉领域中，深度卷积神经网络成为了研究的热点，其在图像分类、目标检测和图像分割等计算机视觉任务中都起到了至关重要的作用。本节将对深度卷积神经网络的基础知识进行介绍。

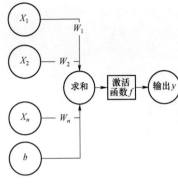

图 3-1 人工神经元结构

3.1.1　人工神经网络

人类的神经系统由几千亿个神经元组成，每个神经元的组成都包括树突、轴突、细胞体。人类每天接收无数的视觉、听觉信息等，这些信息的处理都是由神经系统来完成的，树突接收信息并将其传给细胞体，轴突接收信息将信息传出。人工神经网络模拟人的神经系统的结构和功能，是一种信息处理系统。

如图 3-1 所示为单个人工神经元的结构，该神经元有 n 个输入，分别为 X_1，X_2，$\cdots$，X_n，连接线上的值为每个输入的权重（weight），分别为 W_1，W_2，$\cdots$，W_n，激活函数（activation function）为 f，偏置项（bias）为 b，神经元的输出为

$$y = f\left(\sum W_i X_i + b\right) \tag{3-1}$$

人工神经网络是一种运算模型，它由大量的人工神经元（也称为节点）相互连接组成，每两个相互连接的神经元都代表对通过的信号加权值。前向神经网络为一种简单的人工神经网络模型，包括输入层、隐藏层和输出层。输入层有一层；输出层有一层；隐藏层有多层，每层都有数个节点，每层之间的节点没有连接，层与层之间节点的关系靠权重来衡量。前向神经网络也可称为全连接层，它的网络结构较单个神经元更复杂，但是输出仍然满足输入与权重相乘再过激活函数的关系。

人工神经网络的输出受很多方面的影响，如网络结构、输入 X、权重 W 和激活函数等。神经网络构建完成，其网络结构、激活函数就固定了，若要改变输出就要改变权重 W，因此，神经网络的训练过程就是不断优化参数 W 的过程。训练包括前向传播和反向传播两个过程。首先，构建神经网络并输入被训练的数据，神经网络计算输出结果，这就是前向传播；然后，计算输出结果和输入数据的真实标签之间的差值（即损失函数的值），网络根据这个差值来更新参数 W 的值，这是反向传播。神经网络的训练过程就是循环进行前向传播和反向传播，对每个神经元进行权重参数的调整、非线性关系的拟合，最终得到比较好的模型精度。

模型拟合程度的好坏与激活函数有很大的关系。神经网络激活函数的作用是对输入信号进行非线性计算，并将其输出传递给下一个节点。常见的激活函数有 Sigmoid 激活函数、Tanh 激活函数、ReLU 激活函数三种。Sigmoid 激活函数如图 3-2 所示，输入较大或较小时，函数的梯度很小，由于在反向传播算法中使用链式求导法则计算参数 W 的梯度，当模型使用 Sigmoid 激活函数时，容易产生梯度消失的问题。Tanh 激活函数与 Sigmoid 激活函数比较相似，如图 3-3、图 3-4 所示，输入较大或者较小时函数梯度较小，容易产生梯度消失的问题，不利于权重的更新。ReLU 激活函数有更多的优势：输入为正数时，梯度恒定，不会为零；计算速度快。但它也有致命的缺点：输入为负时，梯度完全消失，所以激活函数的使用需要根据实际需求来确定。

在反向传播中，损失函数（loss）很重要。常用的损失函数有均方误差损失函数（mean squared error_loss，mse_loss）、自定义损失函数和交叉熵损失函数（cross entropy）。在图

像分类中最常用的是交叉熵损失函数。在分类问题中，假设共有 n 种类别，分类器的输出就是输入分别被预测为这 n 个类别的概率，即输出 n 个概率。如式（3−2）所示，交叉熵描述的是两个概率分布之间的差，差越小，这两个概率越相近；差越大，两个概率之间差异越大。q 代表真实标签，p 代表预测值。

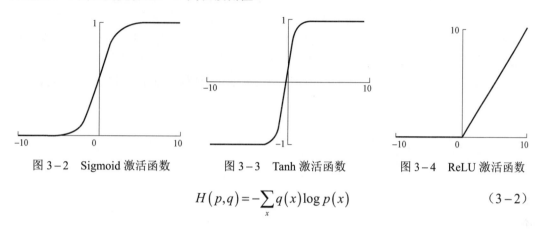

图 3−2　Sigmoid 激活函数　　　　图 3−3　Tanh 激活函数　　　　图 3−4　ReLU 激活函数

$$H(p,q) = -\sum_x q(x)\log p(x) \tag{3−2}$$

3.1.2　卷积神经网络

卷积神经网络（Convolutional Neural Networks，CNN）是人工神经网络的一种改进，增加了卷积层（Convolutional layer）和池化层（Pooling layer），卷积神经网络的训练过程与人工神经网络相同，包含前向传播和反向传播。下面详细介绍卷积层和池化层。

1. 卷积层

卷积神经网络是一种权值共享网络，相比于普通的神经网络，其模型复杂度降低，参数量大大减少，这得益于卷积的局部感受野（Receptive Field）和参数共享（Parameter Sharing）两个重要特征。

传统的神经网络每个输入神经元与输出神经元是全连接的，每个输入神经元和输出神经元之间由一个参数来描述。而卷积神经网络的卷积核滤波器尺寸远远小于输入大小，其连接是稀疏的。图像的局部像素联系比较紧密，相隔较远的像素相关性较弱，神经元没有必要对全局图像进行感知，只需要对局部图像进行感知，在高层将局部信息结合得到全局信息。使用卷积核处理一幅图像，检测到局部有意义的特征，与卷积核大小相同的空间上的连接范围称为感受野。卷积层的层数越高，感受野越大，感受野对应的原始图像区域越大。局部感受野大大减少了参数量。例如：若输入图像大小为 $1000×1000$，隐藏层神经元个数为 10^6，如果它们全连接，则有 $1000×1000×1\,000\,000 = 10^{12}$ 个连接，有 10^{12} 个参数；若卷积核大小为 $10×10$，那么局部感受野大小为 $10×10$，隐藏层的每个神经元只需和 $10×10$ 大小的区域相连接，共有 $10×10×1\,000\,000 = 10^8$ 个连接，即有 10^8 个参数。

由上可知，利用局部感受野大大减少了参数量，但数量仍然很庞大。每个神经元都连接 $10×10$ 大小的图像区域，故每个神经元都有 $10×10 = 100$ 个参数，若令每个神经元的参数都相同，即每个神经元都用同一个卷积核去卷积，那么仅只需要 100 个参数，这就是参数共享。但是一种卷积核只能提取一种特征，故卷积时使用多个卷积核，每个卷积核滤波器的参数不同，表示提取输入图像的不同特征。有几个卷积核，就能提取出几种特征，将这些特征排列起来，组成特征图（feature map）。局部感受野和参数共享大大减少了模型参数量，节省了内存空间的同时模型的性能也不会下降。

2. 池化层

池化层也称为下采样层，一般，池化对每个特征图操作，目的是减小特征图的大小。池化分为最大池化（Max Pooling）和平均池化（Average Pooling）两种。图3-5所示为最大池化，池化核大小为2×2，步长为2×2，通俗来讲最大池化操作是找到2×2池化核与某一深度特征图的重合部分，然后取重合区域最大值，得到下采样值。按步长移动池化核位置，得到输出特征图。平均池化的操作与最大池化类似，不同的是取重合区域像素点的平均值。

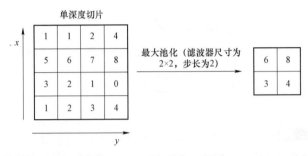

图3-5 最大池化示意图

3.1.3 深度卷积神经网络的优化

为了达到更好的性能，需增加卷积神经网络的层数。深度卷积神经网络的层数越深，需要学习的参数越多，网络越难优化。若没有良好的优化方法，会出现过拟合或者欠拟合问题。

1. 过拟合

过拟合即模型的泛化能力差，在训练集上拟合性好，但是在验证集上拟合性不好。通俗地说，就是模型对训练数据的学习太强了，模型能很好地识别训练集中的图像，非训练集的图像却识别不出。原因有二：① 训练集的数据太少；② 训练迭代次数太多。缓解过拟合的方法主要有以下四种：

（1）早停法。每次迭代结束后，计算验证集的错误率，如果错误率不再下降，则终止训练。这是一种及时止损的方法，继续训练也是浪费时间，因为模型的泛化能力不再提高。但只依据一次迭代后的错误率是不科学的，因为本次迭代之后的错误率有可能上升，也有可能下降。因此，可以依据10次、20次等多次迭代后的验证集错误率来判断是否终止训练。

（2）数据集扩增。这是减轻过拟合最直接、最有效的方法。没有质量好、数量多的数据，就无法训练出好的模型。可以从两方面进行数据集的扩增：① 从源头上增加数据，比如图像分类时，直接增加训练集的图像，但是此方法实行起来难度大，因为不知道增加多少数据；② 将原始数据做改动，从而获得更多的数据，比如将原始图片旋转、在原始数据中加噪声、截取原始数据的一部分等。

（3）正则化。正则化包括 L_0 正则化、L_1 正则化和 L_2 正则化，机器学习中常用的是 L_2

正则化。L_2 正则项起到使参数 W 变小加剧的效果，更小的参数 W 意味着模型的复杂度更低，从而模型对训练数据的拟合刚刚好，以提高模型的泛化能力。

（4）Drop out。Drop out 作为模型融合的一种，使神经元以一定的概率不工作，有效地降低了测试误差。给定一个输入，网络便采样出不同的结构，这些结构共享一套参数。由于一个神经元不依赖某些特定的神经元，Drop out 降低了神经元间复杂的共适性，增强了网络的鲁棒性。

2. 欠拟合

模型在训练集上拟合性不好，在验证集上拟合性好，这是欠拟合。究其原因，欠拟合就是模型对训练数据的学习还不够，特征学习不充分，表征能力差。可以通过下面的方法缓解欠拟合：

（1）添加其他的特征项。特征项不够就会导致欠拟合。特征项不够导致的欠拟合就可以通过添加特征项很好地解决。增加特征项的手段有组合、泛化、相关性等，这些手段在很多场景都适用。

（2）添加多项式特征。比如在一个线性模型里添加二次项或者三次项，这样就增强了模型的泛化能力。

3.2　基于深度卷积神经网络的图像分类模型

计算机视觉[1]的相关理论及技术的发展吸引了众多学术界和工业界科研工作者的目光，而图像分类任务[2]是计算机视觉领域中最重要的基础研究方向之一。近几年，深度卷积神经网络（DCNN）[3]以其优越的性能成为了计算机视觉领域研究的热点，不断地提高了图像分类任务的性能。LeCun 等[4]提出的 LeNet 模型诞生于 1994 年，是最早的卷积神经网络之一，它主要用来对手写数字图像进行分类，从此确立了卷积神经网络的现代结构；2012 年，Alex 在 ImageNet 大赛上提出了经典的 CNN 结构——AlexNet[5]，并取得了图像分类的突破性进展。之后，研究者们陆续提出很多更加有效的分类方法，Simonyan 等人[6]提出的 VGGnet 继承了 LeNet–5 和 AlexNet 的主要框架，在 AlexNet 的基础上进行了改进，它的主要贡献在于堆叠很小的卷积核（3×3），增加了网络深度，很大地提升了网络的效果；Szegedy 等人[7]提出的 GoogLeNet 通过堆叠 Inception-v1 模块，在深度只有 22 层的情况下，使参数量大大减少、网络性能更加优异；Ioffe 等人[8]提出的 Inception-v2 在 Inception-v1 的基础上增加了批量标准化（Batch Normalization，BN）层和卷积分解，缓解了梯度消失、减少了模型参数量；随后，Szegedy 等人[9]提出的 Inception-v3 在 Inception-v2 的基础上进行非对称卷积分解，进一步提升了网络性能；Szegedy 等人[10]提出的 Inception-v4 模块将 Inception-v3 结构与残差块结合，产生了良好的效果。随着网络的加深，深度卷积神经网络出现了退化问题，为了解决这个问题，He 等人[11]提出残差卷积神经网络（Residual Network，ResNet），其在网络中引入了残差块，添加了越层连接，缓解梯度消失的同时也提升了网络的图像分类性能；之后，研究者们提出了很多残差网络变体，He 等人[12]提出 Pre-ResNets，通过在网络中构造直接通道来传递数据，使得训练更简单，缓解梯度消失；Zagoruyko 等人[13]提出的宽残差网络（Wide Residual Network，WRN）在 ResNets 的基础上通过成倍增加卷积层中卷积核的个数增加了网络的宽度，使较浅网络的性能超越其同等深度的残差网络；Shen 等人[14]提出的加权残差网络（Weighted Residual Network，WResNet）从网络主干删除 ReLU，并使用加权残差函数创建一个直接路径；Huang 等[15]提出的随机深度残差网络（Stochastic Depth Residual Networks，SD-ResNets）通过在网络训练时随机跳过一些残差块，训练时间得以大幅度下降，过拟合和欠拟合问题得以改善，网络的分类性能显著提高；Singh 等人[16]提出一种新的随机训练方法 SwapOut，可以看作是 ResNet、Dropout ResNets 和 SD-ResNets 的集合；Targ 等人[17]提出的 Resnet in Resnet（RiR）是一个广义的残差结构，它将 ResNet 和标准的 CNN 组合在并行的残差和非残差流中；Zhang 等[18]提出的多级残差卷积神经网络（Residual Networks of Residual Networks，RoR）在 ResNet 的基础上逐级加入越层连接，使高层的信息向低层流动，进一步缓解了梯度消失，提升了网络的性能；Moniz 等人[19]提出的卷积式剩余存储网络（Convolutional Residual Memory Networks，CRMN）通过基于 WRN 的长期短期记忆机制来增强卷积残差网络的性能；Multi-Residual 网络（Multi-resnet）[20]通过增加残差块的残差映射数量来提高性能；Han 与 Yamada 等[21, 22]提出的 PyramidalNet 采用金字塔型结构逐步增加卷积核数，提高网络学习性能；Zhang 等[23]提出的 PyramidalRoR 在 RoR 基础上使通道数线性逐步增加，在某些数据集上取得了当时最好的分类效果；Xie 等人[24]提出的 ResNeXt 通过增大除深度和宽度以外的第三维——基数（cardinality）来提高网络的分类性能；Huang 等人[25]提出密集连接卷积神经网络（Densely Connected Convolutional Network，DenseNet），该网络的密集块中所有层都相互连接，改善了网络中的信息流和梯度，减少了参数量，并且使训练更容易；Chen 等人[26]提出双路径网络（Dual Path Networks，DPN），该网络将 ResNets 和 DenseNet 相结合，在图像分类、对象检测和语义分割等任务中取得了不错的效果；Yang 等人[27]提出 CliqueNet（Convolutional Neural Networks with Alternately Updated Clique，CliqueNet），其每个 Clique 块中的任意两层之间都包含前向和后向连接，这使得信息流最大化并实现了特征的精化。最近，越来越多的研究采用软注意力机制（Soft-Attention）提高大规模分类任务的性能。Wang 等人[28]提出残差注意网络（Residual Attention Network），该网络将极深卷积神经网络与注意力模块相结合，使用残差连接使得不同层的注意力模块可以得到充分学习，在图像分类任务中取得了更高的准确度与参数效率；Hu 等人[29]提出挤压激励网络（Squeeze-and-Excitation Networks，SENet），并取得 ImageNet 2017 竞赛图像分类任务的冠军，该网络通过简单的"挤压""激励"操作显式地建模了通道特征的相关性，从而提升有效特征的同时抑制了无效特征；受 SENet 启发，Woo 等人[30]提出卷积块注意模块（Convolutional Block Attention Module，CBAM），融合了通道维度和空间维度的注意力机制，在 ImageNet–1K、MS COCO 和 VOC 2007 数据集上取得了较好的效果；Wang 等人[31]提出非局部神经网络，从卷积操作的局限性（局部信息的卷积）出发，构建了用于捕获图像和视频长程依赖关系的非局部连接块（Non-local Block）；受软注意力机制启发，Zhang 等人[32]提出的多级特征重标定密集连接卷积神经网络（Multiple Feature Reweight DenseNet，MFR-DenseNet），将注意力机制融入 DenseNet 网络，实现了通道特征重标定与层间特征重标定，提升了分类效果；随后，Zhang 等人[33]

提 出 CAPR-DenseNet（ Channel-wise and Feature-points Reweights Densenet，CAPR-DenseNet），该网络通过自适应地校准通道特征响应和显式地建模特征点之间的相互依赖性提高了 DenseNet 的表达能力；Guo 等人[34]改进了 MFR-DenseNet 训练繁琐的缺点，提出了端到端双通道特征重标定密集连接卷积神经网络（End-to-end Dual Feature Reweight DenseNet，DFR-DenseNet），实现了端到端训练，减少了参数量，大大缩短了训练时间。

3.2.1　LeNet

LeNet 模型[4]是最早和最基础的卷积神经网络模型，主要用于手写数字识别。

LeNet－5 模型用来识别 MNIST 数据集中 0～9 十个手写数字。MNIST 数据集的训练集中包含 60 000 张图片，测试集中包含 10 000 张图片，每张图片均有 28×28 个像素点。

LeNet－5 中共有 7 层（不包含输入层）。如图 3－6 所示，LeNet－5 包含三个卷积层 C_i（$i=1,3,5$）、两个池化层 S_j（$j=2,4$）、两个全连接层。

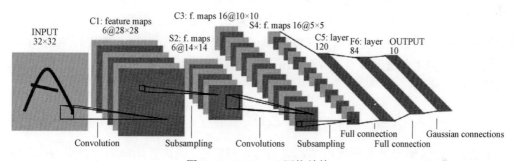

图 3－6　LeNet－5 网络结构

首先是输入层，输入图像大小为 32×32。

C1 层为卷积层，输入图像大小为 32×32，卷积核大小为 5×5，共有 6 种卷积核。图像通过这些卷积核得到 6 个大小为 28×28（32－5+1 = 28）的特征图。本层需要学习的参数个数为 156［(5×5+1) ×6 = 156］。

S2 层为池化层，其输入为 C1 层的输出。在本层中，池化核大小为 2×2，输出 6 个尺寸为 14×14 的特征图。池化过程：池化区域的四个数值先求和再乘系数并且加上一个偏置，再经过一个 Sigmoid 激活函数，最终得到的结果构成本层的输出特征图。本层待学习的参数为 12（2×6 = 12）个。

C3 层为卷积层。输入特征图大小为 14×14，卷积核大小为 5×5，卷积核种类为 16。故本层的输出为 16 个大小为 10×10（14－5+1＝10）的特征图。从 S2 层的 6 个特征图到 C3 层的 16 个特征图，通过对 S2 层的 6 个特征图的组合得到。一种组合方式如图 3－7 所示。其中，6 个特征图与 S2 层相连的 3 个特征图相连接，6 个特征图与 S2 层相连的 4 个特征图相连接，3 个特征图与 S2 层部分不相连的 4 个特征图相连接，最后一个特征图与 S2 层所有的特征图相连接。本层共有 1516[6×(3×5×5+1)+6×(4×5×5+1)+3×(4×5×5+1)+ 1×(6×5×5+1)=1516]个参数。

	0	1	2	3	4	5	6	7	8	9	10	11	12	13	14	15
0	X				X	X	X			X	X	X	X		X	X
1	X	X				X	X	X			X	X	X	X		X
2	X	X	X				X	X	X			X		X	X	X
3		X	X	X			X	X	X	X			X		X	X
4			X	X	X			X	X	X	X		X	X		X
5				X	X	X			X	X	X	X		X	X	X

图 3-7　S2-C3 层连接关系

S4 层为池化层，本层的池化方式与 S2 层相同，最终得到 16 个大小为 5×5 的特征图。待学习的参数个数为 32（16×2＝32）个。

C5 层为卷积层，卷积核大小仍为 5×5，卷积核的种类为 120。S4 层的输出为其输入。本层的输出为一个 120 维的向量。

F6 层为全连接层。本层的输入为一个 120 维的向量，输出有 84 个节点。本层可训练的参数个数为 10 164 [84×（120+1）＝10 164] 个。

最后一层为 OUTPUT 层（输出层），同样为全连接层，本层的输出节点有 10 个，分别对应 0~9 这 10 个数字。若节点 i 的输出值为 0，那么网络识别的结果为数字 i。每个输出类别都对应一个欧几里得单元（Euclidean Radial Basis Function，RBF），RBF 单元的输入为 F6 层的 84 个输出节点，假设 RBF 单元的输入为 "y_i"，输出为 "y"，则 RBF 单元的输出计算式为

$$y_i = \sum_j \left(x_i - w_{i,j}\right)^2 \tag{3-3}$$

y_i 的值由 $w_{i,j}$ 确定。y_i 越接近 0，表明输入越接近 i 的比特图编码，表明当前网络的输入为数字 i。该层有 840（84×10＝840）个参数。

LeNet-5 在 MNIST 数据集上进行训练和测试，达到的测试错误率为 0.8%。

LeNet-5 是一种非常高效的用于手写数字识别的卷积神经网络，当然它具有卷积神经网络的优点，即网络卷积层的参数较少，网络结构简单，这主要是由卷积层的局部连接和参数共享机制所决定的。

3.2.2　AlexNet

AlexNet 模型[5]由 Alex Krizhevsk 等人提出。

AlexNet 网络包含 5 个卷积层和 3 个全连接层，有些卷积层的输出连接着最大池化层，最后的输出层为一个 1000 类的 softmax 分类器。网络包含上下两部分，分别由一块 GPU 来运行。网络具体结构如图 3-8 所示。

第一个卷积层输入图像大小为 224×224×3，经过预处理，图像尺寸变为 227×227×3，输入图像被送入两片 GPU。在每片 GPU 中，输入图像经过 48 个大小为 11×11×3 的卷积核进行卷积操作，步长为 4，不进行零填充，生成特征图尺寸为 55×55×48，其中（227−11）/4+1＝55，之后经过 ReLU 激活层，特征图大小不变；接着是最大池化层，池化核大小为 3×3，步长为 2，池化后输出特征图大小为 27×27×48，其中（55−3）/2+1＝27，再经过

局部响应归一化（Local Response Normalization，LRN）层，特征图大小不变。两片 GPU 各生成一组大小为 27×27×48 的特征图。

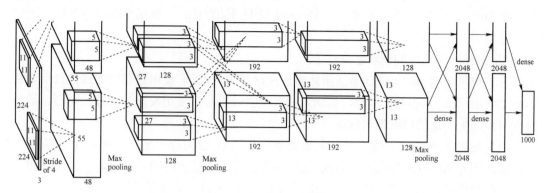

图 3－8　AlexNet 网络结构图

第二个卷积层的输入为两组大小 27×27×48 的特征图，两片 GPU 分别对两组特征图进行处理。在每片 GPU，输入特征图经过 128 个尺寸为 5×5×48 的卷积核进行卷积操作，步长为 1，特征图的左右上下各填充 2 个像素数据，生成大小为 27×27×128 [（27－5+2×2）/1+1＝27] 的特征图，之后经过 ReLU 层，特征图大小不变。接着是最大池化层，池化核大小为 3×3，步长为 2，输出特征图大小为 13×13×128，其中（27－3）/2+1＝13，经过 LRN 层，特征图大小不变。两片 GPU 各生成一组大小为 13×13×128 的特征图。

第三个卷积层的输入为两组大小 13×13×128 的特征图，将两组特征图合并后送入每片 GPU。在每片 GPU 中，输入特征图经过 192 个尺寸为 3×3×256 卷积核进行卷积操作，步长为 1，输入特征图的上下左右各填充 1 个像素数据，得到大小为 13×13×192 [（13－3+1×2）/1+1＝13] 的输出特征图，经过 ReLU 激活函数，输出特征图大小不变。两片 GPU 各生成一组大小为 13×13×192 的特征图。

第四个卷积层的输入为两组大小为 13×13×192 的特征图，两片 GPU 分别对两组特征图进行处理。在每片 GPU 中，输入特征图经过 192 个尺寸为 3×3×192 的卷积核进行卷积操作，步长为 1，特征图的左右上下各填充 1 个像素数据，生成大小为（13×13×192（13－3+1×2）/1+1）的特征图，之后经过 ReLU 层，特征图大小不变。两片 GPU 各生成一组大小为 13×13×192 的特征图。

第五个卷积层的输入为两组大小为 13×13×192 的特征图，两片 GPU 分别对两组特征图进行处理。在每片 GPU 中，输入特征图经过 128 个尺寸为 3×3×192 的卷积核进行卷积操作，步长为 1，特征图的左右上下各填充 1 个像素数据，生成大小为 13×13×128 [（13－3+1×1）/1+1＝13] 的特征图，之后经过 ReLU 层，特征图大小不变。接着是最大池化层，池化核大小 3×3，步长为 2，池化后输出特征图大小为 6×6×128 [（13－3）/2+1＝6]。两片 GPU 各生成一组大小为 6×6×128 的特征图。两个 GPU 中的数据合并，输出特征图大小为 6×6×256。

接下来为第一个全连接层，输入特征图大小 6×6×256，输出节点个数为 4096。然后为第二个全连接层，输入数据 4096 个，输出节点 4096 个。第三个全连接层输入为 4096 个数据，输出节点个数为 1000，完成图像的分类。

在 2012 年的 ImageNet 比赛中，AlexNet 以 15.3% 的 top-5 错误率获得分类任务的冠军，远超当时的亚军。

AlexNet 网络结构的创新之处在于：

（1）使用非饱和的 ReLU 激活函数缓解梯度消失问题。若使用饱和的非线性激活函数 Tanh 激活函数或 Sigmoid 函数，当输入较大或者较小时，使用反向传播算法更新参数的过程中会产生严重的梯度消失问题。

（2）使用 2 个 GPU 训练。由于训练数据庞大而 GPU 内存不足，同时 GPU 具有并行化特征，因此 AlexNet 使用 2 个 GPU 进行训练，完成了任务的同时也缩短了训练时间。

（3）使用局部响应归一化。AlexNet 使用局部响应归一化增强了模型的泛化性。

（4）使用重叠池化（Overlapping Pooling）。池化层可看作由间隔 s 像素的若干网格单元组成，池化操作可看做对以网格单元为中心、大小为 $z×z$ 的区域进行操作。若 $s<z$，池化操作称为重叠池化。重叠池化也可缓解过拟合问题。

另外，AlexNet 模型为了缓解过拟合问题，提出了两种基本的方法，如下：

（1）数据增强（Data Augmentation）。数据增强采用了两种方法，一种是图像剪裁和水平翻转；另一种是改变训练数据中 RGB 通道的强度。

（2）Dropout。Dropout 作为模型融合的一种，使神经元以一定的概率不工作，有效地降低了测试误差。给定一个输入，网络便采样出不同的结构，这些结构共享一套参数。由于一个神经元不依赖某些特定的神经元，Dropout 降低了神经元间复杂的共适性，增强了网络的鲁棒性。

3.2.3 VGGnet

VGGnet[6]继承了 LeNet-5 和 AlexNet 的主要框架，在 AlexNet 的基础上进行了改进。在之前的网络中，初始几层的卷积核的尺寸较大，VGGnet 的突出贡献在于堆叠很小的卷积核（3×3），增加网络深度，很大地提升了网络的效果。

VGGnet 包含 6 种模型，其中最常用的是 D 模型和 E 模型。如图 3-9 所示，每种模型拥有 5 组卷积，每组卷积包含两三个卷积层用来提取特征，每个卷积后为 ReLU 激活层，每组卷积后连接一个最大池化层来缩小特征图的尺寸。C 模型使用了 1×1 卷积，用来增加线性变换。除了 C 模型，其他模型均严格使用 3×3 卷积。

下面以 E 模型（VGGnet-19）为例，详细介绍网络结构。

第一部分有两个卷积层，一个最大池化层。两个卷积层的卷积核大小均为 3×3，卷积核种类均为 64，步长为 1，故两个卷积层的输出特征图尺寸均为 224×224×64。在最大池化层，池化核大小为 2×2，输出特征图尺寸为 112×112×64。

第二部分有两个卷积层，一个最大池化层。卷积核大小为 3×3，卷积核种类为 128。池化核大小为 2×2。卷积以及池化操作与第一部分相同，输出特征图尺寸为 56×56×128。

ConvNet Configuration					
A	A-LRN	B	C	D	E
11 weight layers	11 weight layers	13 weight layers	16 weight layers	16 weight layers	19 weight layers
input (224×224 RGB image)					
conv3-64	conv3-64 **LRN**	conv3-64 **conv3-64**	conv3-64 conv3-64	conv3-64 conv3-64	conv3-64 conv3-64
maxpool					
conv3-128	conv3-128	conv3-128 **conv3-128**	conv3-128 conv3-128	conv3-128 conv3-128	conv3-128 conv3-128
maxpool					
conv3-256 conv3-256	conv3-256 conv3-256	conv3-256 conv3-256	conv3-256 conv3-256 **conv1-256**	conv3-256 conv3-256 **conv3-256**	conv3-256 conv3-256 conv3-256 **conv3-256**
maxpool					
conv3-512 conv3-512	conv3-512 conv3-512	conv3-512 conv3-512	conv3-512 conv3-512 **conv1-512**	conv3-512 conv3-512 **conv3-512**	conv3-512 conv3-512 conv3-512 **conv3-512**
maxpool					
conv3-512 conv3-512	conv3-512 conv3-512	conv3-512 conv3-512	conv3-512 conv3-512 **conv1-512**	conv3-512 conv3-512 **conv3-512**	conv3-512 conv3-512 conv3-512 **conv3-512**
maxpool					
FC-4096					
FC-4096					
FC-1000					
soft-max					

图 3-9　VGGnet 网络结构图

第三部分有四个卷积层，一个最大池化层。卷积核大小为 3×3，卷积核种类为 256。卷积以及池化操作与第一部分相同，输出特征图尺寸为 28×28×256。

第四部分有四个卷积层，一个最大池化层。卷积核大小为 3×3，卷积核种类为 512。卷积以及池化操作与第一部分相同，输出特征图尺寸为 14×14×256。

第五部分有四个卷积层，一个最大池化层，卷积核大小为 3×3，卷积核种类为 512。卷积以及池化操作与第一部分相同，输出特征图尺寸为 7×7×512。

第六部分有三个全连接层，一个 softmax 分类器。前两个全连接层的节点个数为 4096，第三个全连接层的节点个数为 1000。第五部分的输出特征图经过三个全连接层，再经过 softmax 分类器输出概率。

VGGnet 的特点如下：

（1）采用 3×3 卷积核，减少了参数数量，可有效地进行训练和测试；两个 3×3 卷积层的效果相当于一个 5×5 卷积层，三个 3×3 卷积层的效果相当于一个 7×7 卷积层，堆叠 3×3 卷积层能增加有效感受野；堆叠多个 3×3 卷积层，可以增加网络深度，在分类任务上获得更好的性能。

（2）加入了 1×1 卷积，在不改变图像大小的情况下增加了线性变换。

（3）非线性操作全部使用 ReLU 激活函数。

（4）全部使用最大池化缩小图像。

（5）采用 Multi-Scale 方法进行数据增强、训练、测试，提高准确率。

（6）模型中去掉了 LRN 层，减少了内存消耗。

VGGnet 的五种网络模型 A、B、C、D、E 在单尺度测试集上进行实验，从模型 A 到模型 E，Top－1 和 Top－5 错误率都依次减小。A-LRN 的错误率大于 A 的错误率，因此在 B、C、D、E 模型中没有加入 LRN 层。E 模型的 Top－1 错误率达到了 25.5%，Top－5 错误率达到了 8.0%。

模型 B、C、D、E 在多尺度测试集上进行实验，从模型 B 到模型 E，Top－1 和 Top－5 错误率都依次减小。在 ImageNet 数据集上，E 模型的 Top－1 错误率达到了 24.8%，Top－5 错误率达到了 7.5%。

3.2.4 GoogLeNet

与 VGGnet 相比，GoogLeNet[7]深度有 22 层，但参数量大大减少，网络性能更加优越，这得益于其中的 Inception 模块。

一般来说，提升神经网络性能最直接的方法是增加网络的深度，但网络深度的加深意味着网络具有更多的参数，从而导致网络更易过拟合，同时对计算资源的需求将显著增加。解决这些问题的一个基本思路为用稀疏连接代替全连接，但实际上现有硬件是针对密集矩阵进行优化的，稀疏连接代替全连接并不会带来计算性能的提升。Google 团队提出的 Inception 网络结构是一种折中的方法，既具有网络结构的稀疏性，又能利用密集矩阵计算，很好地解决了上面的问题。Inception 网络结构经历了 Inception-v1、Inception-v2、Inception-v3、Inception-v4 等版本的发展，下面将逐一进行介绍。

1. Inception-v1

Inception 网络结构的思想是设计一个稀疏网络结构来提升网络的性能，同时又能保证计算资源的使用效率。最原始的 Inception 模块结构如图 3－10 所示。该结构中，每一层都包含 1×1 卷积层、3×3 卷积层、5×5 卷积层和最大池化层，输入特征图同时输入进行卷积操作或者池化操作，且每个卷积后均有 ReLU 层，得到四种大小相同的输出特征图，接着将这四种输出特征图在通道维度上相加得到该模块的输出。但是该模块的 5×5 卷积参数量大、计算量大，故在 3×3 卷积层、5×5 卷积层之前加入 1×1 卷积，最大池化之后加入 1×1 卷积，这就形成了 Inception-v1 模块，其结构如图 3－11 所示。

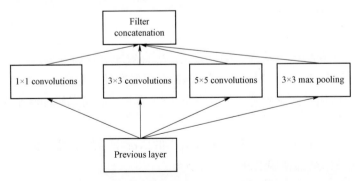

图 3－10　最原始的 Inception 模块结构

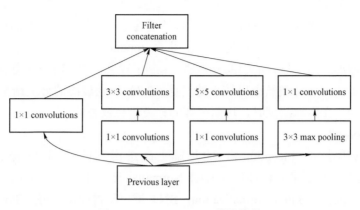

图 3－11　Inception-v1 模块结构

GoogLeNet 网络结构如图 3－12 所示。将 Inception-v1 模块堆叠形成 Inception-v1 网络结构，由于技术原因，仅在较高层使用 Inception-v1 模块，在低层仍使用传统的卷积方式。

类型	滤波器尺寸/步长	输出尺寸	深度	1×1	3×3降维	3×3	5×5降维	5×5	池化投影	参数量（KB）	输出滤波器（MB）
convolution	7×7/2	112×112×64	1							2.7	34
max pool	3×3/2	56×56×64	0								
convolution	3×3/1	56×56×192	2		64	192				112	360
max pool	3×3/2	28×28×192	0								
inception（3a）		28×28×256	2	64	96	128	16	32	32	159	128
inception（3b）		28×28×480	2	128	128	192	32	96	64	380	304
max pool	3×3/2	14×14×480	0								
inception（4a）		14×14×512	2	192	96	208	16	48	64	364	73
inception（4b）		14×14×512	2	160	112	224	24	64	64	437	88
inception（4c）		14×14×512	2	128	128	256	24	64	64	463	100
inception（4d）		14×14×528	2	112	144	288	32	64	64	580	119
inception（4e）		14×14×832	2	256	160	320	32	128	128	840	170
max pool	3×3/2	7×7×832	0								
inception（5a）		7×7×832	2	256	160	320	32	128	128	1072	54
inception（5b）		7×7×1024	2	384	192	384	48	128	128	1388	71
avg pool	7×7/1	1×1×1024	0								
dropout（40%）		1×1×1024	0								
linear		1×1×1000	1							1000	1
softmax		1×1×1000	0								

图 3－12　GoogLeNet 网络结构

GoogLeNet 的结构特点总结如下：

（1）采用模块化结构，便于增加和修改操作。

（2）采用平均池化（Average Pooling）代替全连接层，提高了模型的准确率。

（3）虽然删除了全连接层，但是仍然使用了 dropout。

（4）网络增加了两个额外的辅助分类器，抑制了梯度消失。辅助分类器是将中间某层的输出进行分类，并将分类结果以较小的权重（0.3）加到最终的分类结果中，这样相当于做了模型融合。在实际测试时，这两个辅助分类器会被去掉。

2. Inception-v2

Inception-v2[8]是在 Inception-v1 的基础上改进得到的。与 Inception-v1 相比，Inception-v2 主要增加了批量标准化（Batch Normalization，BN）层和卷积分解。

（1）批量标准化（Batch Normalization，BN）层。随机梯度下降（Stochastic Gradient Descent，SGD）是训练深度网络的一个高效方法，但它需要对网络的超参数（尤其是优化过程使用的学习率和参数初始值）进行精心的微调，每层的输入都要被前面层的参数影响，从而导致数据的分布总是发生变化，这称为内部协方差转移（Internal Covariate Shift）。很小的参数变化都会对后面的数据造成很大的扰动，并且模型参数的微小变化会随着网络的加深而放大，每一层输入分布的改变需要各层持续地去适应新的分布，这使训练过程变得复杂。BN 算法对每一层输入数据的分布都归一化为均值为 0、方差为 1 的分布，并设置了两个可学习的参数 γ 和 β，恢复了模型的表达能力。BN 算法通过将不固定的分布转化为固定的分布减少了内部协方差转移，加速了网络的训练；并且通过减少梯度对参数和初始值的依赖，增强了梯度在网络内部的流动，防止了梯度消失。

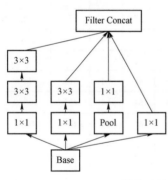

图 3-13　Inception-v2 模块结构

（2）卷积分解。受 VGGnet 的影响，Inception-v2 模块将 Inception-v1 模块中的 5×5 卷积分解为两个 3×3 卷积，减少了模型参数量。Inception-v2 模块结构如图 3-13 所示。

将 Inception-v2 模块堆叠形成 Inception-v2 网络结构，如图 3-14 所示。网络输入特征图大小为 224×224×3，第一层为卷积层，卷积结束后为最大池化层；第二层为卷积层，卷积层结束后为最大池化层；第三层为 Inception 层，包括三个 Inception-v2 模块；第四层为 Inception 层，包含五个 Inception-v2 模块；第五层为 Inception 层，包含两个 Inception-v2 模块；第六层是平均池化层。

3. Inception-v3

Inception-v3[9]在 Inception-v2 的基础上进一步进行卷积分解，将较大的卷积分解成非对称卷积，比如将 $n×n$ 卷积分解成两个一维卷积，$1×n$ 和 $n×1$。除此之外，Inception-v3 还采用了一些技巧优化了卷积层的设计，下面进行详细介绍。

（1）将较大的卷积分解为非对称卷积。一个 $n×n$ 卷积可以由 $1×n$ 卷积和 $n×1$ 卷积串联代替，这样极大地节省了计算资源，并且随着 n 的增大，计算资源的节省也会越多。实践发现，这种卷积分解在低层中效果不好，但在中等大小特征图中有着非常好的效果（特征图大小在 12~20）。非对称卷积分解后的 Inception 模块结构如图 3-15 所示。

类型	滤波器尺寸/步长	输出尺寸	深度	1×1	3×3 降维	3×3	double 3×3 降维	double 3×3	池化+投影
convolution*	7×7/2	112×112×64	1						
max pool	3×3/2	56×56×64	0						
convolution	3×3/1	56×56×192	1		64	192			
max pool	3×3/2	28×28×192	0						
inception（3a）		28×28×256	3	64	64	64	64	96	avg+32
inception（3b）		28×28×320	3	64	64	96	64	96	avg+64
inception（3c）	stride2	28×28×576	3	0	128	160	64	96	max+pass through
inception（4a）		14×14×576	3	224	64	96	96	128	avg+128
inception（4b）		14×14×576	3	192	96	128	96	128	avg+128
inception（4c）		14×14×576	3	160	128	160	128	160	avg+128
inception（4d）		14×14×576	3	96	128	192	160	192	avg+128
inception（4e）	stride2	14×14×1024	3	0	128	192	192	256	max+pass through
inception（5a）		7×7×1024	3	352	192	320	160	224	avg+128
inception（5b）		7×7×1024	3	352	192	320	192	224	max+128
avg pool	7×7/1	1×1×1024	0						

图 3-14 Inception-v2 网络结构

（2）采用并行模块减少特征图大小。传统上，卷积神经网络使用池化操作减少特征图的大小，为了避免表达瓶颈，往往在使用最大池化或平均池化之前扩展网络滤波器的激活维度。一种方式是先进行卷积操作再进行池化操作，然而这种方式计算开销会被卷积操作所主导；另一种方式是先进行池化操作再进行卷积操作，但是这种方式会减弱网络的表达能力。而采用并行的、步长均为 2 的卷积模块和池化模块既可以减少计算开销又能避免表达瓶颈，具体结构如图 3-16 所示，图 3-16（a）表达了具体的操作，图 3-16（b）的解决方法与图 3-16（a）相同，但需在特征图层面上进行理解。图 3-17 为增大特征图数

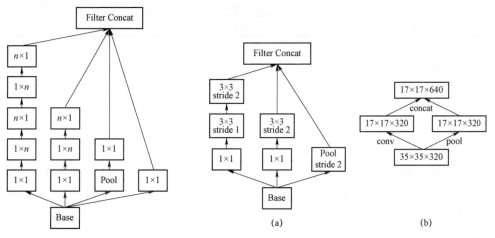

图 3-15 非对称卷积分解后的 Inception 模块结构　图 3-16 减小特征图大小时的 Inception 模块结构
（a）具体操作；（b）特征图层面上的具体操作

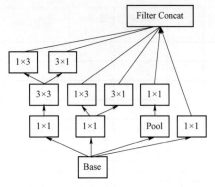

图 3-17 增大特征图数量的 Inception 模块结构

量的 Inception 模块。

（3）采用类别标签平滑正则化（Label Smoothing Regularization）。在采用预测的概率来拟合真实的概率时，对应于 ground-truth 类别标签的 log 值远远大于其他类别标签的 log 值才可行，但这样可能导致过拟合，也会削弱模型的适应能力。类别标签正则化相当于减少真实样本标签的类别在计算损失函数时的权重，最终起到抑制过拟合的作用。

Inception-v3 网络结构见表 3-1，加入了类别标签正则化（Label Smoothing Regularization）、将 7×7 卷积分解为一系列 3×3 卷积、在辅助分类器的全连接层中加入 BN。

表 3-1   Inception-v3 网络结构

类型	核大小/步长	输入尺寸［像素（mm）× 像素（mm）×像素（mm）］
conv	3×3/2	299×299×3
conv	3×3/1	149×149×32
conv padded	3×3/1	147×147×32
pool	3×3/2	147×147×64
conv	3×3/1	73×73×64
conv	3×3/2	71×71×80
conv	3×3/1	35×35×192
3×Inception	图 3-13	35×35×288
5×Inception	图 3-15	17×17×768
2×Inception	图 3-17	8×8×1280
pool	8×8	8×8×2048
linear	logits	1×1×2048
softmax	classifier	1×1×1000

4. Inception-v4

Inception-v4[10]是在 ResNet 基础上改进得到的，所以对 Inception-v4 的介绍放在第 3.2.5 节。

3.2.5 ResNet 家族

残差卷积神经网络（Residual Network，ResNet）模型[11]中引入了残差块的概念，其通过在不同层间引入跃层连接（shortcut connections），使得不同层次的特征可以互相传递，一定程度上抑制了梯度消失，在进一步加深网络的同时也大幅度提高了网络的分类性能。但是更深层的残差网络仍然存在非常严重的梯度消失问题，于是出现了很多 ResNet 的变体。ResNet 及其变体组成了 ResNet 家族。下面重点介绍 ResNet 及其部分变体。

1. ResNet

2015 年 ImageNet 比赛中，ResNet 获得分类任务冠军，ResNet 解决了深度网络优化问题，其网络深度达到了 152 层，甚至尝试了 1000 层。

一般来说，网络层数越深，网络进行特征提取的复杂度越大，但是随着网络层数的加深，准确率趋于饱和甚至下降，这是退化问题。为了解决这一问题，假设一个浅层网络的准确率已经达到饱和，使用恒等映射（Identity Mapping）给这个网络构建新层，这样就加深了网络的深度，从而确保了准确率。ResNet 不希望堆叠的层直接拟合所需的底层映射（Desired Underlying Mapping），而是让这些层拟合一个残差映射（Residual Mapping）。假设需要学习的底层映射为 $H(x)$，堆叠的非线性层需要拟合的映射为 $F(x)=H(x)-x$，则原来的底层映射转化为 $H(x)=F(x)+x$。假设优化残差映射比优化原始映射简单，则用堆叠的非线性层拟合残差映射比拟合原始映射更简单。

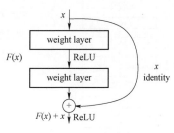

图 3 - 18 所示为构成残差网络的基本残差块，残差映射 $F(x)$ 由多个堆叠的非线性层实现，恒等映射由越层连接实现。残差模块有如图 3 - 19 所示两种形式，图（a）适用于 ResNet - 34，图（b）适用于 ResNet - 50/101/152。

图 3 - 18　残差块

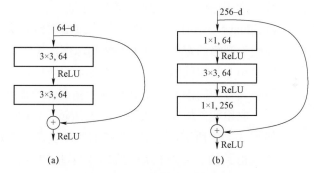

图 3 - 19　残差模块的两种形式
（a）适用于 ResNet - 34；（b）适用于 ResNet - 50/101/152

ResNet 由堆叠的残差块组成，下面以 34 层残差网络为例详细介绍残差网络的结构。如图 3 - 20 所示，ResNet - 34 包含 16 个残差块，卷积核个数为 64、128、256、512 的残差块分别有 3、4、6、3 个，每个残差块包含两个非线性层。输入特征图大小为 224×224×3，首先经过 64 个大小为 7×7 的卷积核进行卷积操作，步长为 2，随后经过最大池化操作，池化核大小为 3×3，步长为 2，输出特征图大小为 112×112×64。具体步骤：① 经过第一组残差块，输入特征图大小为 112×112×64，经过三个卷积核大小为 3×3、卷积核个数为 64 的残差块，输出大小为 56×56×64 的特征图；② 第二组残差块，输入特征图经过 4 个卷积核大小为 3×3、卷积核个数为 128 的残差块，输出大小为 28×28×128 的特征图；③ 第三组残差块，输入特征图经过 6 个卷积核大小为 3×3、卷积核个数为 256 的残差块，输出大小为 14×14×256 的特征图；④ 第四组残差块，输入特征图经过 3 个卷积核大小为 3×3、卷积核个数为 512 的残差块，输出大小为 7×7×512 的特征图；⑤ 经过平均池

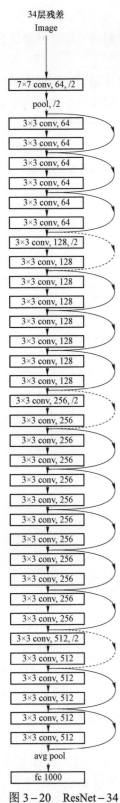

34层残差
Image

7×7 conv, 64, /2

pool, /2

3×3 conv, 64

3×3 conv, 64

3×3 conv, 64

3×3 conv, 64

3×3 conv, 64

3×3 conv, 64

3×3 conv, 128, /2

3×3 conv, 128

3×3 conv, 128

3×3 conv, 128

3×3 conv, 128

3×3 conv, 128

3×3 conv, 128

3×3 conv, 128

3×3 conv, 256, /2

3×3 conv, 256

3×3 conv, 256

3×3 conv, 256

3×3 conv, 256

3×3 conv, 256

3×3 conv, 256

3×3 conv, 256

3×3 conv, 256

3×3 conv, 256

3×3 conv, 256

3×3 conv, 256

3×3 conv, 512, /2

3×3 conv, 512

3×3 conv, 512

3×3 conv, 512

3×3 conv, 512

3×3 conv, 512

avg pool

fc 1000

图 3 - 20　ResNet - 34
残差网络结构

化层和全连接层，经过 softmax 分类器完成图像分类。

在 ImageNet 数据集上，6 个不同深度模型的融合达到了 3.57% 的 top - 5 错误率。

ResNet 的结构特点总结如下：

（1）引入残差块，缓解了梯度消失问题，提升了分类性能。

（2）卷积层主要采用 3×3 卷积核，如果网络具有相同数量的特征图输出，那么它们的卷积核个数也相同；如果特征图数量减半，那么卷积核数量就翻倍。

（3）输入输出维度相同时，直接采用恒等越层连接，如图 3 - 19 曲线所示。输入输出维度不同时，考虑以下两种方法：① 仍然使用恒等越层连接，在增加的维度上使用 0 来填充；② 使用 1×1 卷积实现。

2. WRN

在 ResNet 中，少量精确度的增加需要将网络层数加倍；另外，当网络较深，梯度流过网络时，存在严重的特征过渡重用问题，即在训练期间，一些残差块无法学习到有用的信息，只有少数残差块能够学习到有效的特征表达。宽残差网络（Wide Residual Networks，WRN）[12] 通过增加残差块中卷积核个数，增加残差网络的宽度，减少网络的深度，其性能远优于它们对应的模型和非常深的残差网络。例如，16 层 WRN 与 1000 层的残差网络具有相同的参数量和相同的精度，但训练速度要快几倍。

原始残差块结构如图 3 - 21 所示，WRN 的基础残差块结构如图 3 - 22 所示，WRN 的基础残差块是在原始残差块的基础上改进得到的，它成倍地增加了残差块中卷积核的个数。另外，WRN 在残差块的卷积层之间增加了 Dropout 层，抑制过拟合的同时也缓解了特征过渡重用问题，如图 3 - 23 所示。

WRN 具体结构如图 3 - 24 所示，网络的宽度由 k 决定。$k=1$ 时，该结构为原始残差网络结构；$k>1$ 时，为 WRN 网络结构。N 表示每组残差块的个数。

WRN 在 CIFAR - 10/100 数据集上进行图像分类实验，在没有使用 Dropout 的情况下，WRN - 28 - 10（28 层网络，$k=10$）在 CIFAR - 10、CIFAR - 100 上的错误率分别为 4.00% 和 19.25%，而 1001 层 ResNet 在 CIFAR10/100 上的错误率分别为 4.92% 和 22.71%。使用 Dropout 后，错误率分别为 3.89% 和 18.85%。

3. RoR

为了进一步提升 ResNet 的分类性能，Zhang 等[13] 假设如果残差映射容易学习，那么残差映射的残差映射更容易学习，其在原始残差网络的基础上逐级加入越层连接，构建了多级残差卷积神经网络（Residual Networks of Residual Networks，RoR），网络结构如图 3－25 所示。RoR 将原始残差块中的 $H(x)$ 也转化为残差映射，$F(x)$ 则为残差映射的残差映射，另外 RoR 通过加入多级越层连接，使得高层残差块向低层残差块传递信息，从而起到了抑制梯度消失的作用。

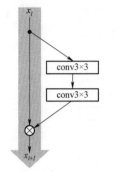 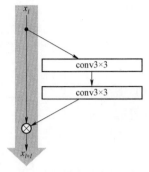 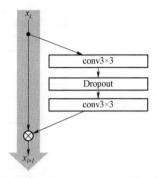

图 3－21　原始残差块结构　　图 3－22　WRN 基础残差块结构　　图 3－23　加入 Dropout 的残差块

组名称	输出尺寸	块类型=B（3，3）
conv1	32×32	$[3×3,\ 16]$
conv2	32×32	$\begin{bmatrix}3×3,\ 16×k\\3×3,\ 16×k\end{bmatrix}×N$
conv3	16×16	$\begin{bmatrix}3×3,\ 32×k\\3×3,\ 32×k\end{bmatrix}×N$
conv4	8×8	$\begin{bmatrix}3×3,\ 64×k\\3×3,\ 64×k\end{bmatrix}×N$
avg-pool	1×1	$[8×8]$

图 3－24　WRN 结构

　　图 3－25 是含有 L 个残差块的原始残差网络以及在其基础上构建的多级残差网络，其中图（a）为包含若干残差块的残差网络结构，每个残差块包含一个越层连接。图 3－25 中 16、32、64 为每个卷积的卷积核个数，也是输出特征图维度，conv 表示卷积层，avg pool 表示平均池化层，fc 表示全连接层，$F(x)$ 为残差映射，$F(x)+x$ 为原始底层映射；图（b）是具有三级越层连接的多级残差网络，除了原始残差网络残差块中的越层连接保留作为根越层连接以外，多级残差网络通过在残差块间逐级加入越层连接构建而成。

　　下面介绍 RoR 的具体构建。残差网络的卷积层通常分为三种，分别采用 16、32、64 个卷积核滤波器，$L/3$ 个包含相同滤波器的残差块形成一个残差块组，因此包含三个残差块组。首先，在所有残差块外面添加一个越层连接组成根级残差块；其次，在每个残差块组之上添加一个越层连接，这三个越层连接称为二级越层连接，构成二级残差块；最后，原始残差块中的越层连接称为末级越层连接，L 个原始的残差块被定义为末级残差块。令 m 表示越层连接级数，$m=1,2,3,\cdots$。当 $m=1$ 时，RoR 是没有其他级别越层连接的原始残差网络，即 ResNet；当 $m=2$ 时，RoR 具有根级越层连接和末级越层连接。在本书中，m 为 3，所以 RoR 具有根级、中级、末级，如图 3－26 所示，即 RoR－3。

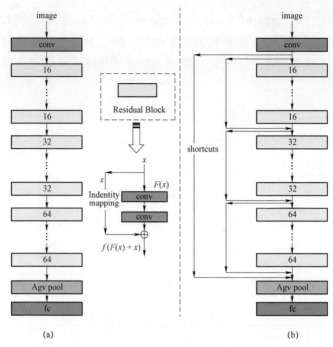

图 3－25　多级残差卷积神经网络结构

（a）残差卷积神经网络；（b）多级残差卷积神经网络

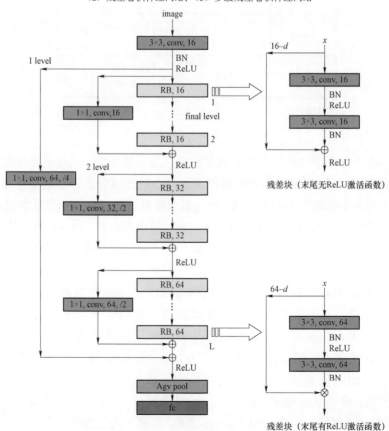

图 3－26　三级残差卷积神经网络

Pre-ResNet 通过在残差块中采用 BN-ReLU-conv 结构缓解梯度消失，WRN 基于 Pre-ResNet 网络通过增加更多的输出特征来实现性能提升，避免因为网络过深产生严重的梯度消失问题。RoR 架构也可在这两个残差网络的基础上构建，网络结构如图 3 - 27 所示，进一步提升了深度多级残差网络的分类性能。

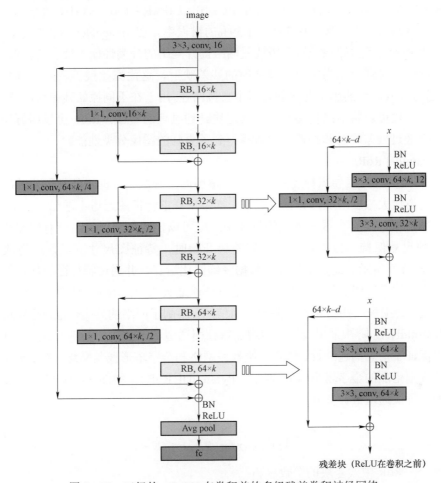

图 3 - 27　三级的、ReLU 在卷积前的多级残差卷积神经网络

Pre-RoR 和 RoR 基础结构相同，都是在残差块上逐级加入越层连接。不同的是 Pre-RoR 采用了不同的残差块结构，Pre-RoR 中的残差块去除了网络主干上的激活函数，在残差块间形成了一个不含非线性运算的通路，简化了网络的优化过程。原始 RoR 残差块中的激活函数在卷积层之后，如图 3 - 26 所示，采用 conv-BN-ReLU-conv-BN-ReLU 的结构，不利于残差映射的拟合。而 Pre-RoR 的残差块内部采用 BN-ReLU-conv-BN-ReLU-conv 的结构，如图 3 - 27 所示，可以更好地拟合残差映射，因此 Pre-RoR 可以更好地缓解梯度消失问题。

WRN 通过加宽网络来提高网络的性能，在相同参数数量级条件下，比只加深网络有更好的性能。如图 3 - 27 所示，在残差块中采用 $16 \times k$、$32 \times k$、$64 \times k$（$k > 1$）个卷积核代替原来的 16、32、64 个卷积核，增加残差块中提取到的特征维度来加宽网络，避免网络过深，缓解梯度消失问题。加宽后的网络用 RoR-WRN 表示。

为了进一步优化多级残差网络，采用随机深度（Stochastic Depth，SD）算法[11]防止网络过拟合。SD 算法是 Drop-path 的一种，该方法在训练时随机断开残差映射支路而不是越层连接，因为越层连接是信息的主要传递通路，断开它会产生不收敛的结果。

RoR−3−WRN58−4+SD 网络在 CIFAR−10、CIFAR−100、SVHN 数据集上进行训练和测试，分别得到 3.77%、19.73%、1.59%的错误率。在 ImageNet 数据集上，RoR−3 也取得了比 ResNet 更好的效果。多级残差网络提升网络的分类性能主要有两方面的原因：① RoR 将学习问题转化为学习残差映射的残差映射，这比原始残差映射更容易学习。② RoR 通过加入额外的越层连接创建多个直接路径，用于在不同原始残差块间传递信息，因此高层残差块可以将信息传递到低层残差块。通过信息传播，RoR 可以缓解梯度消失问题。RoR 通过残差映射和加速层间传播得到了更好的图像分类性能。

4. Pyramidal RoR

RoR 与大多数深层卷积神经网络架构都遵循同一种原则，即当特征图尺寸减小时，特征图的通道数大幅度增加，并且直到下一次下采样前特征图通道不增加。在 RoR 网络中，属于第 n 组的第 k 个残差单元的特征图维度可以描述如下：每组所有残差块中通道数和特征图尺寸保持一致，在下一组残差块开始时，特征图尺寸减半，通道数加倍，如图 3−28（a）所示。此设置保证了数据降维简化运算，并通过特征图的加倍增加了网络高级层中提取到高级属性的多样性。但是特征通道数的突然增加，使得网络中特征信息传递不连贯，会损失一些与预测相关的有用信息，限制了网络的分类性能。金字塔形残差网络（PyramidNet）[20,21]采用线性逐步增加特征图通道数的方式，保证了高级属性多样性的同时也保证了信息的连续性。结合多级残差网络和金字塔形残差网络，Zhang 等[22]提出了通道数逐渐增加的金字塔形 RoR 网络（Pyramidal RoR），如图 3−28（b）所示。线性逐步增加特征图通道数计算式为

$$D_n = \begin{cases} 16, & (n=1) \\ D_{n-1} + \alpha/n & (2 \leq n \leq N+1) \end{cases} \qquad (3-4)$$

式中 N ——RoR 中残差块的个数总和；

D_n ——第 n 个残差块输出的特征图通道数；

α/n ——通道数增长的步长。

Pyramidal RoR 的具体结构如图 3−28 所示，Pyramidal RoR 由 3 组相同个数的末级残差块堆积而成，三组残差块的输出特征图的通道数以线性云式逐渐增加。第一个残差块输入维度为 $D_1 = 16$ 通道，在下个残差块的第一个卷积层线性增加 $\alpha/3n$，即 $D_2 = 16 + \alpha/3n$，之后每个残差块增加 $\alpha/3n$ 个通道，直到最后一个残差块的输出通道数为 $D_{3n} = 16 + \alpha$。特征图大小在每一组的第一个残差块处减半，分别对应 32×32、16×16、8×8。

Pyramidal RoR 与 ResNet 的基本结构相似，都是由残差块作为基本结构堆积而成的。因此残差块作为 RoR 的基本单元，其结构直接决定了网络的图像分类性能。Pyramidal RoR 采用两种不同的残差块结构进行分类实验如图 3−29 所示，其中图 3−29（a）的 Pre-ResNets 所采用的残差块结构，相比于原始 ResNets 中的残差块，去除了主干网络上的残差块之间

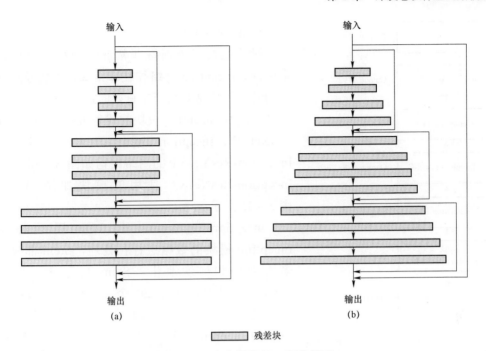

输入

输入

残差块

输出
(a)

输出
(b)

图 3-28　金字塔形 RoR 网络模型

（a）多级残差卷积神经网络；（b）金字塔多级残差卷积神经网络

的激活函数，产生恒等映射通道，更有利于信息传递。ReLU 作为激活函数为网络中提供了非线性，但是 ReLU 输出恒正，会滤除负值，因此 ReLU 放在卷积层之后滤除了负值，会使得之后残差块的输入均为正值，影响网络拟合效果，有损性能。BN 在网络中具有规范激活函数和加速收敛的作用，故设计了 BN-conv-BN-ReLU- conv-BN 结构，如图 3-29（b）所示。实验表明图 3-29（b）残差块对分类性能更有利。

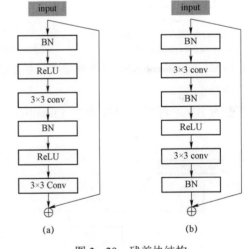

图 3-29　残差块结构

（a）残差块（激活函数在卷积之前）；（b）残差块（具有单个 ReLU 激活函数，加法前进行 BN 操作）

为了进一步优化 Pyramidal RoR，在训练时采用了 SD 算法来缓解过拟合和减少训练时间。

Pyramidal RoR 在 CIFAR-10、CIFAR-100、SVHN、Adience 数据集上都进行了图像分类实验。Pyramidal RoR（146 层，$\alpha = 270$）取得了当时分类模型在 CIFAR-10/100 上的最低分类错误率，分别为 2.96% 和 16.40%。采用 Pyramidal RoR（146 层，$\alpha = 270$）训练 SVHN，获得了分类错误率 1.59% 的优异结果。为了验证 Pyramidal RoR 的有效性和通用性，还进行了非受限条件下人脸图像年龄估计。在 Adience 数据集上进行了实验，且相比同等深度网络和相同参数量的网络，Pyramidal RoR-34 网络展现了更优的拟合能力。

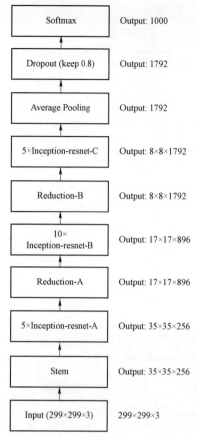

图 3-30 Inception-ResNet-v1 网络架构

其中图3-30的流程（从下到上）标注如下：

- Softmax　Output: 1000
- Dropout (keep 0.8)　Output: 1792
- Average Pooling　Output: 1792
- 5×Inception-resnet-C　Output: 8×8×1792
- Reduction-B　Output: 8×8×1792
- 10× Inception-resnet-B　Output: 17×17×896
- Reduction-A　Output: 17×17×896
- 5×Inception-resnet-A　Output: 35×35×256
- Stem　Output: 35×35×256
- Input (299×299×3)　299×299×3

5. Inception-v4

残差连接对于训练非常深的网络具有内在的重要性，Inception 网络往往非常深，将残差连接与 Inception 模块结合会产生良好的效果。Szegedy 等[10] 尝试了几种 Inception 模块的残差版本，如 Inception-ResNet-v1、Inception-ResNet-v2 结构。其中关于 Inception-ResNet-v1 的网络结构如图 3-30 所示。Inception-ResNet-v1 使用的模块如图 3-31～图 3-36 所示。

Inception-ResNet-v1 的 Stem 用于对进入 Inception 模块的数据进行预处理，Stem 部分包含多次卷积和一次池化。Stem 后包含三种残差 Inception 模块，共计 20 个。三种残差 Inception 模块之间的 Reduction 模块起到了池化的作用。与原始的 Inception 模块相比，每个残差 Inception 模块后面都有滤波器扩展层（没有激活函数的 1×1 卷积），用于在加法之前放大滤波器组的维数以匹配输入的深度；另外，残差 Inception 模块与非残差 Inception 模块之间的另一个技术差别是，残差 Inception 模块仅在传统层之上使用 BN 算法，而不是在求和之上，具有较大激活尺寸的层的内存占用了不成比例的 GPU 内存量，通过省略这些层之上的 BN，可以大幅度增加 Inception 模块的数量。

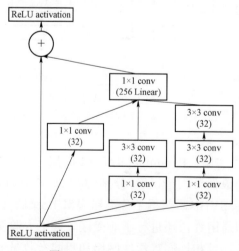

图 3-31　Inception-resnet-A

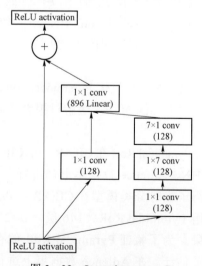

图 3-32　Inception-resnet-B

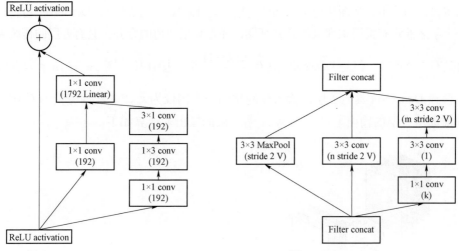

图 3 – 33　Inception-resnet-C

图 3 – 34　Reduction A

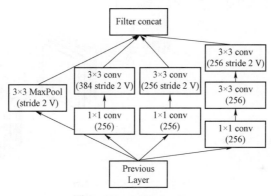

图 3 – 35　Reduction B

3.2.6　DenseNet 家族

为确保网络中各层之间的信息流最大化，Huang
等人[25]提出密集连接卷积神经网络（Densely Connected
Convolutional Network，DenseNet），在 DenseNet 的每
一个密集块（Dense Block，DB）中，每一层不仅与相
邻层连接，与其后面所有层都直接连接，这种连接方
式使得特征充分重用，并可有效缓解梯度消失问题。
最近，越来越多的研究采用软注意力机制（Soft-
Attention）提高大规模分类任务的性能，将 DenseNet
与 Soft-Attention 机制相结合，提出了一些 DenseNet 的
变体，如 MFR-DenseNet、DFR-DenseNet 等。下面着
重介绍 DenseNet 及其变体。

1. DenseNet

DenseNet 采用前馈方式将所有的层（具有相同输出
特征图大小）直接连接，每一层都从其前部所有层获得

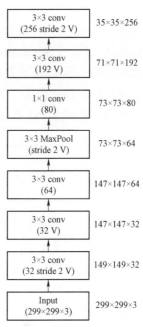

图 3 – 36　Inception-ResNet-v1 的 stem

输入并将自己的输出特征图传递给后面所有层。与 ResNet 不同的是，DenseNet 将特征图传递到一个层之前没有采用求和来组合特征图，而是采用通道的合并。具有 L 层的传统卷积神经网络具有 L 个连接，但是 DenseNet 具有 $\dfrac{L(L+1)}{2}$ 个直接连接。图 3-37 所示为五层的密集块。假设 DenseNet 具有 L 层，输入该网络的一个图像为 x_0，非线性变换为 $H_l(\bullet)$，第 l 层接收前面所有层的输出 $x_0, x_1, \cdots, x_{l-1}$，第 l 层的输出 x_l 计算如下

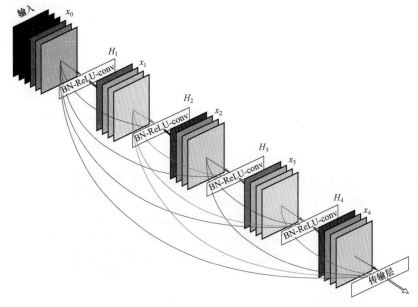

图 3-37　5 层的密集块

$$x_l = H\left(x_0, x_1, \cdots, x_{l-1}\right) \tag{3-5}$$

其中，$x_0, x_1, \cdots, x_{l-1}$ 是第 0 层，第 1 层，…，第 $l-1$ 层的输出特征图的合并，$H_l(\bullet)$ 是批量标准化（Batch Normalization），ReLU 激活函数，卷积（conv）三个连续操作的复合函数 BN-ReLU-conv。除了卷积层，卷积神经网络的一个重要组成部分是池化层（Pooling），它可以改变特征图的大小，为了便于在 DenseNet 架构中进行下采样，通常将网络划分为多个密集块，如图 3-38 所示，包含 1×1 卷积和 2×2 平均池化。

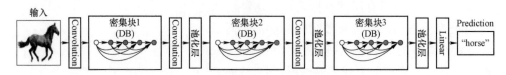

图 3-38　具有三个密集块的密集网络

$H_l(\bullet)$ 产生 k 个特征图，则第 l 层有 $k_0 + k(l-1)$ 个输入特征图，其中，k_0 是输入层的通道数，k 称为增长率。虽然每层仅产生 k 个特征图，但由于每层输入都是其前部卷积层输出的合并，通常具有更多的输入，因此可在每个 3×3 卷积层前引入 1×1 卷积层作为瓶颈层以减少网络的参数量。另外，可以在过渡层减少特征图数量，若一个密集块输出包含

m 个特征图，过渡层产生 θm 个输出特征图，其中 $0 < \theta \leq 1$ 称为压缩因子，$\theta=1$ 时，跨过渡层的特征图数量保持不变；$\theta < 1$ 时，输出特征图数量减少，密集网络称为 DenseNet-C；若同时采用瓶颈层和 $\theta < 1$ 的过渡层，密集网络称为 DenseNet-BC。

在 ImageNet 数据集上进行图像分类实验使用的是包含 4 个密集块的 DenseNet-BC，具体结构如图 3-39 所示。输入图像进入第一个密集块之前，先进行 7×7 卷积和 3×3 最大池化，在两个密集块之间采用 1×1 卷积和 2×2 平均池化作为过渡层，前三个网络的增长率为 32，161 层 DenseNet 增长率为 48。

DenseNet 网络减轻了梯度消失、加强了特征的传递、更有效地利用了特征、一定程度上减少了参数量。

层	输出尺寸	DenseNet-121（k=32）	DenseNet-169（k=32）	DenseNet-201（k=32）	DenseNet-161（k=48）
卷积	112×112	7×7 conv，stride 2			
池化	56×56	3×3 max pool，stride2			
密集块（1）	56×56	$\begin{pmatrix}1\times1\text{conv}\\3\times3\text{conv}\end{pmatrix}\times6$	$\begin{pmatrix}1\times1\text{conv}\\3\times3\text{conv}\end{pmatrix}\times6$	$\begin{pmatrix}1\times1\text{conv}\\3\times3\text{conv}\end{pmatrix}\times6$	$\begin{pmatrix}1\times1\text{conv}\\3\times3\text{conv}\end{pmatrix}\times6$
过渡层（1）	56×56	1×1 conv			
	28×28	2×2 average pool，stride2			
密集块（2）	28×28	$\begin{pmatrix}1\times1\text{conv}\\3\times3\text{conv}\end{pmatrix}\times12$	$\begin{pmatrix}1\times1\text{conv}\\3\times3\text{conv}\end{pmatrix}\times12$	$\begin{pmatrix}1\times1\text{conv}\\3\times3\text{conv}\end{pmatrix}\times12$	$\begin{pmatrix}1\times1\text{conv}\\3\times3\text{conv}\end{pmatrix}\times12$
过渡层（2）	28×28	1×1 conv			
	14×14	2×2 average pool，stride2			
密集块（3）	14×14	$\begin{pmatrix}1\times1\text{conv}\\3\times3\text{conv}\end{pmatrix}\times24$	$\begin{pmatrix}1\times1\text{conv}\\3\times3\text{conv}\end{pmatrix}\times32$	$\begin{pmatrix}1\times1\text{conv}\\3\times3\text{conv}\end{pmatrix}\times48$	$\begin{pmatrix}1\times1\text{conv}\\3\times3\text{conv}\end{pmatrix}\times36$
过渡层（3）	14×14	1×1 conv			
	7×7	2×2 average pool，stride2			
密集块（4）	7×7	$\begin{pmatrix}1\times1\text{conv}\\3\times3\text{conv}\end{pmatrix}\times16$	$\begin{pmatrix}1\times1\text{conv}\\3\times3\text{conv}\end{pmatrix}\times32$	$\begin{pmatrix}1\times1\text{conv}\\3\times3\text{conv}\end{pmatrix}\times32$	$\begin{pmatrix}1\times1\text{conv}\\3\times3\text{conv}\end{pmatrix}\times24$
分类层	1×1	7×7 global average pool			
		1000D fully-connected，softmax			

图 3-39　包含 4 个密集块的 DenseNet 结构

2. MFR-DenseNet

DenseNet 虽然增强了特征重用，缓解了梯度消失，但也有明显的缺点。首先，在每个密集块中，网络的每一层接收其前部所有卷积层的所有输出特征图，这个过程仅将输出特征图进行简单合并，没有充分考虑到不同通道特征之间的相关性；其次，DenseNet 中输入到每一层的不同层特征之间存在相关性，应该对层间特征相关性进行建模。针对以上两个缺点，Zhang 等人[32]提出了多级特征重标定密集连接卷积神经网络（Multiple Feature Reweight DenseNet，MFR-DenseNet）。该网络考虑了 DenseNet 网络通道特征相关性与层间特征相关性，并通过模型集成的方法实现了通道特征重标定与层间特征重标定的融合，并取得了较好的图像分类效果。

首先，为了解决 DenseNet 中每个卷积层的输入只是其前部卷积层输出特征图简单合并的问题，考虑到通道特征之间的相互依赖性，Zhang 等人在 DenseNet 的密集块中每个卷积层输出后加入挤压激励模块（Squeeze-and-Excitation Module，SEM）[29]，提出了通道特征重标定密集连接卷积神经网络（Channel Feature Reweight DenseNet，CFR-DenseNet），如图 3–40 所示。图 3–40 为 CFR-DenseNet 网络密集块中第 N 层的输入特征图完成通道特征重标定的过程图。每个卷积层通过训练的方式自动获取每个通道特征的重要程度，以提升有用的特征并抑制对当前任务无效的特征，该方法显式地建模了单个卷积层输出特征图的通道特征相关性。

如图 3–40 所示，在 SEM 中，每个卷积层的输出特征图首先经过挤压（$F_{sq}(\bullet)$）操作，顺着空间维度对特征图进行特征压缩，将每个通道的二维特征图变成一个实数，第 g 层第 k 个特征图 $X_{g,k}$ 的压缩过程用式（3–6）表示。接着激励（$F_{ex}(\bullet)$）操作由两个全连接层（FC）组成，为每个通道特征生成权重，激励过程可用式（3–7）表示，式中 $X''_{g,k}$ 是第 g 层第 k 个特征图的权重值，δ 表示 ReLU 函数，σ 表示 Sigmoid 函数。最后是重定位 $F_{Re}(\bullet)$ 操作，将输出的权重通过乘法赋权到每个通道特征上，见式（3–8），实现了通道维度上的特征重标定。

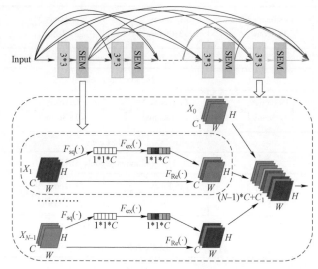

图 3–40　CFR-DenseNet 网络密集块中第 N 层的输入特征图完成
通道特征重标定的过程图

$$X'_{g,k} = F_{sq}(X_{g,k}) = \frac{1}{WH}\sum_{i=1}^{W}\sum_{j=1}^{H}X_{g,k}(i,j) \qquad (3-6)$$

$$
\begin{aligned}
(X''_{g,1}, X''_{g,2}, \cdots, X''_{g,C}) &\\
= F_{ex}(X'_{g,1}, X'_{g,2}, \cdots, X'_{g,C}) &\\
= \sigma(g(z,W)) &\\
= \sigma(W_2\delta(W_1)) &
\end{aligned}
\qquad (3-7)
$$

$$\widetilde{X_{g,k}} = F_{\text{Re}}(\bullet) = X_{g,k} \bullet X''_{g,k} \tag{3-8}$$

其次，DenseNet 中输入到每一层的不同层特征之间存在相关性，Zhang 等人在 DenseNet 网络的密集块中每个卷积层的输入前加入 DSEM（Double Squeeze-and-Excitation Module），对层间特征的相关性进行建模，提出了层间特征重标定密集连接卷积神经网络（Inter-Layer Feature Reweight DenseNet，ILFR-DenseNet），如图 3-41 所示，该图为 ILFR-DenseNet 网络密集块中第 N 层的输入特征图完成层间特征重标定的过程图。

如图 3-41 所示，在 DSEM 中，$1, \cdots, (N-1)$ 层的输出特征图首先分别进行第一次挤压激励操作（$F_{\text{sq}}(\bullet)$、$F_{\text{ex}}(\bullet)$），操作过程与通道特征重标定相同，生成每层输出通道特征的挤压值（$X'_{g,1}, X'_{g,2}, \cdots, X'_{g,C}$）和激励值（$X''_{g,1}, X''_{g,2}, \cdots, X''_{g,C}$）；然后进行第二次挤压（$F_{\text{mw}}(\bullet)$）操作，分别对每层挤压后的通道特征压缩值与"激励"后的通道特征权重值进行加权平均，将每层特征压缩为一个实数值，如式（3-9）所示，X'_g 表示第 g 层的压缩值，表征了每层特征图的全局分布；接着，对层压缩值进行"激励"（$F'_{\text{ex}}(\bullet)$）操作，获得各层特征的权重值，可用式（3-10）表示；最后，对各层特征进行赋权（$F'_{\text{Re}}(\bullet)$），如式（3-11）所示，实现了在特征层维度上的特征重标定。

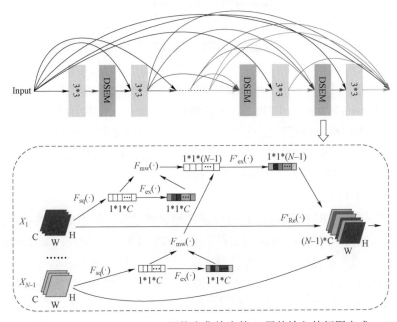

图 3-41　ILFR-DenseNet 网络密集块中第 N 层的输入特征图完成层间特征重标定的过程图

$$X'_g = F_{\text{mw}}\left(X'_{g,k}, X''_{g,k}\right) = \frac{\sum_{k=1}^{C}\left(X''_{g,k} \times X'_{g,k}\right)}{\sum_{k=1}^{C} X''_{g,k}} \tag{3-9}$$

$$\begin{aligned} &\left(X_1'', X_2'', \cdots, X_{N-1}''\right) \\ &= F_{ex}'\left(X_1', X_2', \cdots, X_{N-1}'\right) \\ &= \delta(W) \end{aligned} \qquad (3-10)$$

$$\widetilde{X_g}' = F_{Re}'(\bullet) = X_g \bullet X_g'' \qquad (3-11)$$

最后，使用融合学习方法将 CFR-DenseNet 与 ILFR-DenseNet 结合构建了 MFR-DenseNet，MFR-DenseNet 最大化了 CFR-DenseNet 和 ILFR-DenseNet 的优势。具体构建方案：① 构建 CFR-DenseNet 并训练；② 构建 ILFR-DenseNet，将 CFR-DenseNet 网络中挤压激励模块的激励层参数加载到 ILFR-DenseNet 网络对应层并固定，对 ILFR-DenseNet 网络进行训练；③ 在测试阶段，对 CFR-DenseNet 网络和 ILFR-DenseNet 网络的全连接层输出取平均并进行最终预测。

Zhang 等人使用 CFR-DenseNet、ILFR-DenseNet 和 MFR-DenseNet 在 CIFAR-10/100 数据集上进行了图像分类实验，其中 MFR-DenseNet-100 在 CIFAR-10 和 CIFAR-100 上的错误率分别为 3.57% 和 18.27%，比 DenseNet 的错误率更低，另外，MFR-DenseNet 的性能比 ResNet 以及一些 ResNet 的改进版本更优越，虽然 Pyramidal RoR+SD 等模型可以取得更小的错误率，但是这些模型具有更多的参数。

3. CAPR-DenseNet

DenseNet 增强了特征重用、缓解了梯度消失，但它没有考虑通道特征相关性和层间特征相关性，另外，在 DenseNet 中，卷积层只处理空间中的局部区域，不能捕获更远的特征点之间的依赖关系。为了进一步提高网络提取特征的能力，将特征点重标定模块（Feature-points Reweight Module，FPRM）添加到 CFR-DenseNet，构建了 CAPR-DenseNet[33]，CAPR-DenseNet 不仅可以进行特征点重新校准，还可以重新校准通道特征响应。

关于 SE 模块的具体介绍见第 3.2.6 节第二部分 MFR-DenseNet，通过加入 SE 模块，网络通过自动学习来获取通道特征的权重，根据权重强调有用的特征，抑制无用的特征。SE 模块如图 3-42（a）所示。

Zhang 等提出了 FPRM，其目标是通过显式地建模卷积特征点之间的相互依赖关系来提高网络的表达能力。与 Non-local 网络[31]相比，FPRM 有三大特点：① FPRM 计算每个特征点的相关性；② 在特征点相关性计算之前，不进行 1×1 卷积；③ 不使用残差连接。FPRM 的结构如图 3-42（b）所示，首先大小为 $H \times W \times C$ 输出特征图经过整形（reshape）操作，强制合并特征图的 H 和 W，得到三种特征矩阵 θ、γ 和 δ，它们的大小分别为 $HW \times C$、$C \times HW$ 和 $HW \times C$；接下来为矩阵相乘操作，θ 和 γ 相乘，用来学习特征点之间的相关性，相乘得到大小为 $HW \times HW$ 的矩阵 ψ，ψ 表示每个特征点与所有其他特征点之间的相关性，它计算一个位置上的响应，作为所有通道上特征的加权和；接着 ψ 经过 softmax 分类器，得到大小为 $HW \times HW$ 的矩阵 λ，λ 值的范围在 0 和 1 之间，代表着特征点的权重；最后，将 λ 与 δ 相乘再进行整形操作得到最终的输出。CAPR-DenseNet 结构如图 3-43 所示，在 DenseNet 的第二个密集块中，在最后一个 3×3 卷积层之后，在 SE 模块之前加入 FPRM，构成 CAPR-DenseNet。

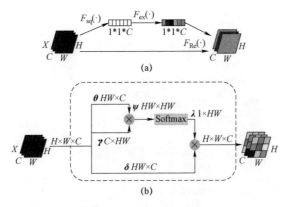

图 3－42　SEM 和 FPRM

（a）挤压激励模块；（b）特征点

CAPR-DenseNet－100 在 CIFAR－10/100 数据集上进行图像分类实验，得到的错误率分别为 3.86% 和 20.16%，CAPR-DenseNet 比 DenseNet 更有效，可以获得更高的性能；CAPR-DenseNet 在 CIFAR－10 数据集上，能够获得比 ResNet 及其变种更高的准确率。CAPR-DenseNet 通过建模通道特征之间，以及特征点之间的相关性大幅度提升了 DenseNet 的优化能力。

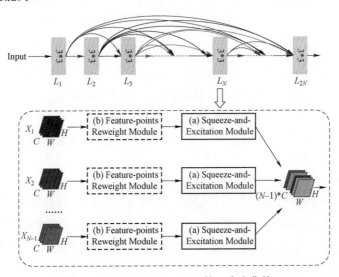

图 3－43　CAPR-DenseNet 的一个密集块

4. DFR-DenseNet

MFR-DenseNet 网络采用两个独立并行的网络实现图像分类，无法端到端训练。该网络的训练过程分多个阶段，模型需多次存取，过程繁琐，参数量大，计算量大，训练耗时长；在测试阶段，图像通过并联的两个模型得到最终预测结果，与单一的通道特征重标定或层间特征重标定网络相比，模型参数量加倍，测试耗时长，因而在实际应用中对设备的存储空间及计算性能要求高，限制了其应用。

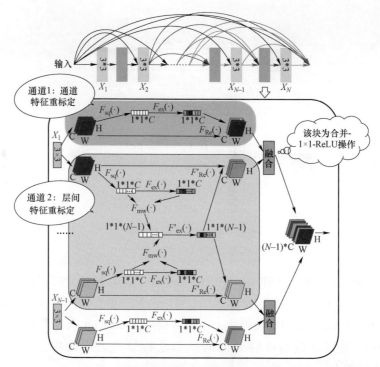

图 3-44　DFR-DenseNet 网络密集块中第 N 层的输入特征图同时实现通道特征重标定与
层间特征重标定的过程图

Guo 等人[34]针对 MFR-DenseNet 网络存在的问题，提出了一种可端到端训练的实现 DenseNet 网络通道特征重标定与层间特征重标定的网络——双通道特征重标定密集连接卷积神经网络（Dual Feature Reweight DenseNet，DFR-DenseNet）。首先，基于 DenseNet 网络通道特征重标定与层间特征重标定方法，构建了端到端双通道特征重标定密集连接卷积神经网络，该网络每个卷积层的输出特征图经过两个通道分别完成通道特征重标定和层间特征重标定；然后通过通道合并再降维的方法进行两种重标定后特征图的融合，同时实现了 DenseNet 网络的通道特征重标定与层间特征重标定。

DFR-DenseNet 网络密集块中第 N 层的输入特征图同时实现通道特征重标定与层间特征重标定的过程图，如图 3-44 所示。由图 3-44 可知，在 DFR-DenseNet 网络中，$(1,2,\cdots,N-1)$ 层每个卷积层的输出特征图经过通道 1，完成卷积层的通道特征重标定，得到通道特征重标定后的特征图 $(\widetilde{X_0},\widetilde{X_1},\cdots,\widetilde{X_{N-1}})$；同时，$(1,2,\cdots,N-1)$ 层每个卷积层的输出特征图经过通道 2，完成卷积层的层间特征重标定，得到层间特征重标定后的特征图 $(\widetilde{X_0'},\widetilde{X_1'},\cdots,\widetilde{X_{N-1}'})$。通道特征重标定与层间特征重标定方法延续 MFR-DenseNet 部分的基本过程，$(1,2,\cdots,N-1)$ 层每个卷积层将得到两种有相同通道数的特征图（$\widetilde{X_i}$ 与 $\widetilde{X_i'}$，其中，i 为 $1,2,\cdots,N-1$）。然后，对每个卷积层的两种特征图进行融合。融合过程如下：两种特征图在通道维度进行合并，即特征图 $\widetilde{X_i}$ 与 $\widetilde{X_i'}$ 进行通道合并，合并后每个卷积层的输出特征图数量将加倍，为确保输出特征图在重标定之后的通道数与重标定之前的通道数相同，对合并后的特征图进行 1×1 卷积操作实现通道的降维。为减少参数量，第一个通道（通道特征重标定）的激励操作（$F_{ex}(\bullet)$）与第二个通道（层间特征重标定）的第一

次激励操作（$F_{ex}(\cdot)$）共享参数。那么，输入第 N 层的特征图为

$$\left[X_0, H\left[\widetilde{X_1}, \widetilde{X_1}'\right],\ H\left[\widetilde{X_2}, \widetilde{X_2}'\right], \cdots,\ H\left[\widetilde{X_{N-1}}, \widetilde{X_{N-1}}'\right]\right] \qquad (3-12)$$

式中　$[\cdot]$——通道的合并（concat）；

　　　$H_l(\cdot)$——复合函数：1×1 卷积，ReLU 激活函数。DFR-DenseNet 网络通过对两类特征图合并再降维，同时保留了通道重定位与层间重定位对特征的影响，并避免了两种重定位间的相互影响。根据文献 [32] 的实验结论，本文所有实验均仅对每个密集块的最后一层做层间重标定。

为了验证 DFR-DenseNet 网络在不同图像分类数据集上的有效性和适应性，在图像分类数据集 CIFAR-10/100 和人脸年龄数据集 MORPH、Adience 上进行了实验，提高了图像分类准确率，并分析了模型的参数量、训练和测试时长，验证了 DFR-DenseNet 网络的实用性。与 DenseNet 网络相比，40 层和 64 层 DFR-DenseNet 网络在 CIFAR-10 数据集上参数量仅增加 1.87%，而错误率则分别降低了 12%、9.11%，在 CIFAR-100 数据集上，错误率分别降低了 5.56%、5.41%；121 层 DFR-DenseNet 网络，在 MORPH 数据集上，MAE 值降低了 7.33%，在 Adience 数据集上，年龄组估计准确率提高了 2%；与 MFR-DenseNet 网络相比，DFR-DenseNet 网络参数量减少了一半，测试耗时约缩短为 MFR-DenseNet 测试耗时的 61%。实验表明，端到端双通道特征重标定密集连接卷积神经网络能够增强网络的学习能力，提高图像分类的准确率，并对不同图像分类数据集具有一定的适应性、实用性。

3.2.7　基于深度学习的图像分类方法的性能对比

本书详细介绍的模型在 CIFAR-10/100 数据集和 ImageNet 数据集上的错误率见表 3-2。在 CIFAR-10/100 数据集上，Pyramidal RoR+SD 在所介绍模型中取得最好的性能，但其参数量巨大；DenseNet、RoR、MFR-DenseNet-100 也取得了较低的错误率，但它们的参数量仍然较大，CAPR-DenseNet-100 的错误率虽然高于 Pyramidal RoR+SD，但其参数量已有所下降，DFR-DenseNet 错误率稍高，但是该模型可端到端训练，参数量大大减少，训练时间大幅度缩短，尤其比 MFR-DenseNet 训练更容易，与其他主流网络相比可获得更具竞争力的结果，实用性、适应性更强。

表 3-2　　　　　　　　　不同模型在不同数据集上的错误率和参数量

错误率（%）（参数量）	CIFAR-10	CIFAR-100	ImageNet	
			top^{-1} 错误率	top^{-5} 错误率
LeNet	—	—	—	—
AlexNet	—	—	—	15.3
VGGnet	—	—	24.4	7.1
GoogLeNet	—	—	—	6.679
Inception-v2	—	—	20.1	4.9
Inception-v3	—	—	17.2	3.58

错误率（%）（参数量）	CIFAR－10	CIFAR－100	ImageNet	
			top^{-1}错误率	top^{-5}错误率
Inception-v4	—	—	16.5	3.1
ResNet	5.93（2.5M）	25.16（2.5M）	—	3.57
WRN	4.17（36.5M）	20.5（36.5M）	21.9（68.9M）	5.79（68.9M）
RoR	3.77（13.3M）	19.73（13.3M）	20.55	5.14
Pyramidal RoR+SD	2.96（38M）	16.4（38M）	—	—
DenseNet	3.74（27.2M）	19.25（27.2M）	20.85	5.3
MFR-DenseNet－100	3.57（14.2M）	18.27（14.2M）	—	—
CAPR-DenseNet－100	3.86（7.11M）	20.16（7.11M）	—	—
DFR-DenseNet	4.29（2.86M）	21.86（2.86M）	—	—

3.3　基于深度卷积神经网络的目标检测模型

3.3.1　基于区域建议的目标检测模型原理

1. R-CNN

由于卷积神经网络在图像分类任务上获得的突破性成就，以及 Selective Search 方法的优越性，Girshick R 等人[35]受到启发，把卷积神经网络首次应用到通用目标检测任务中，将 AlexNet 与 Selective Search 方法相结合，构建了 R-CNN（Regions with Convolutional Neural Network），奠定了基于卷积神经网络的目标检测方法的基本思路。R-CNN 的框架原理如图 3-45 所示。首先，通过 Selective Search 方法，从图像中获取可能包含目标在内的大量建议区域，这些区域经过尺寸归一化后，分别输入卷积神经网络。然后，卷积神经网络作为特征提取器，将会输出每一个区域的深度特征。最后，SVM（Support Vector Machines）[36]利用卷积神经网络输出的深度特征，对不同特征区域进行多目标分类。

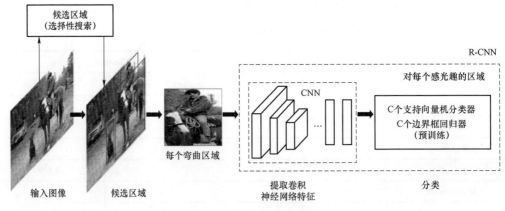

图 3-45　R-CNN 模型框架

在 R-CNN 工作过程中按任务的不同，可以清楚地划分为两个阶段：① 应用 Selective Search 的区域建议阶段；② 应用卷积神经网络与 SVM 对区域进行分类的阶段。

相比于通过多尺度滑动窗口对图像进行穷举获得建议区域的方式，Selective Search 方法提供了一种有效的区域过滤，它主要有以下三方面特点：

（1）多颜色空间的原始区域生成：RGB、灰度、HSV 及其变种。

（2）多种区域相似度计算方法：颜色相似度、纹理相似度、区域大小相似度、位置相似度。

（3）多阈值控制的层次化分割：阈值越大，分割的区域越少。

通过多颜色空间上的原始区域分割之后，得到第一层次的建议区域，然后利用多种相似度计算的综合结果，对第一层次的原始分割区域进行区域融合，得到更大尺度的建议区域。重复上述过程，直到第一层次的所有区域被融合为一个整体大区域，完成所有区域的选择，生成高质量的多尺度建议区域。因为 AlexNet 中全连接层的存在，为了保证任意尺度的建议区域能够正确地进行前向传播，每一个区域通过归一化转换为 227 像素 × 227 像素的固定大小。卷积神经网络的任务是学习到能够使得区域被正确分类和回归的视觉特征，以保证 SVM 分类器和 Bounding Box 回归器的有效性，检测结果如图 3 – 46 所示。

图 3 – 46　R-CNN 检测结果

2. Fast R-CNN

R-CNN 通过 Selective Search 方法获得建议区域，成功地将卷积神经网络应用到目标检测中，但这种方法存在以下问题：

（1）特征利用率低。对于每个建议区域，存在的重叠部分会被反复地输入卷积神经网络，多次重复进行特征提取，相当于 N 个建议区域的重叠部分都要经过 N 次分类与回归计算，限制了模型的效率。

（2）形变干扰。在卷积神经网络模型确定的情况下，为了保证网络的正常工作，模型输入层只允许固定大小的样本输入，使得需要对于不同大小的建议区域进行尺寸归一化，导致模型学习过程被形变干扰，丢失部分信息。

为了解决上述问题，Girshick R 等人[37]通过优化卷积神经网络结构，设计合理的 RoI Pooling（Region of Interest）归一化区域特征提取方法，构建出更快的 Fast R-CNN 目标检测模型。Fast R-CNN 模型框架如图 3－47 所示。

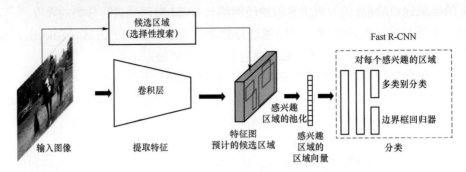

图 3－47　Fast R-CNN 模型框架

通过将输入图像直接输入卷积神经网络，一次性提取整张图像的深度视觉特征，然后在特征图上进行后续区域的处理，能够有效地避免建议区域重叠部分大量的重复卷积计算，提高模型检测速度。基于 Selective Search 方法的建议区域选择结果从 R-CNN 的归一化图像结果转换为区域坐标，描述出卷积神经网络输出的特征图上每一个区域对应的视觉特征，从而实现从处理区域图像到处理区域特征的转变。

RoI Pooling 是将不同尺度大小的目标区域特征统一为固定大小的一种映射机制，可以有效避免区域图像归一化对特征的影响，得到归一化的 RoI Region 向量。RoI Pooling 层基于 Pooling 方法，将区域特征划分为固定数量的局部特征区域，对每一个局部特征区域采用 pooling，从而得到固定大小后的区域特征，实现多尺度特征区域的归一化。

在 Fast R-CNN 中，对于区域的分类不再依赖于 SVM 分类器，而是由卷积神经网络完成，通过对归一化的区域特征进行多层映射，直接映射到每一类的得分和每一类的 Bounding Box 回归结果上，提高了网络的整体性。检测结果如图 3－48 所示。

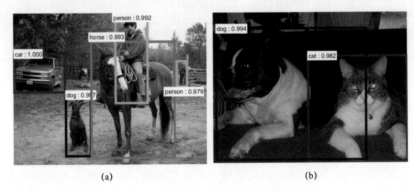

　　　　　　(a)　　　　　　　　　　　　　　　　　(b)

图 3－48　Fast R-CNN 检测结果
(a) 检测结果展示 1；(b) 检测结果展示 2

3. Faster R-CNN

基于 R-CNN 的目标检测大致分为两个阶段：① 获取建议区域；② 对建议区域进行分类判断和边框回归。Faster R-CNN[38]用卷积神经网络进行建议区域的选择，构建候选区域网络（Region Proposal Network，RPN）网络提取建议区域。Faster R-CNN 的模型框架如图 3－49 所示。上一代 R-CNN 的 Selective Search 方法被 RPN 替换。

RPN 的功能是利用主干卷积神经网络提取图像特征，基于 Anchor 机制来提取对应原图像中不同区域的深度特征，然后通过简单的分类和回归，实现对每一个区域建议过程。

Anchor 机制的功能是生成与 RPN 输入特征图分辨率有对应关系的大量矩形坐标，称为 Anchor box。这些坐标 k 个一组，与输入特征图上一个高维向量相对应，该高维向量在特征图上的位置称为 Anchor center。Anchor center 均匀分布在原始图像中，其对应不同尺度的 Anchor boxes 能够有效地覆盖整张图像。每一个 Anchor center 对应的高维向量被用于前景与背景的分类与 Anchor boxes 的回归过程中，从而更快速地得到更高质量的建议框。

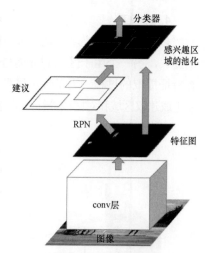

图 3－49　模型框架

最后 RPN 向 RoI Pooling 层输出有效建议区域的位置信息。整个过程如图 3 － 50 所示。

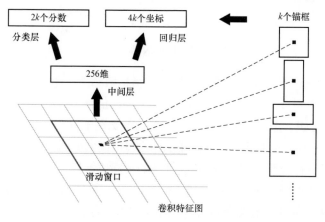

图 3 － 50　RPN 区域建议过程

在获得 RPN 的建议区域位置之后，RoI Pooling 按照位置信息，从特征图上将对应区域的区域特征进行截取，然后通过 Pooling 映射到固定大小，得到每一个区域的图像特征。利用这些区域特征，对区域进行目标的分类和坐标位置的修正回归，得到最终的检测结果，如图 3 － 51 所示。

(a)

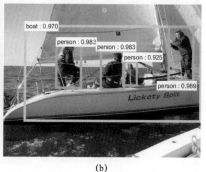

(b)

图 3 － 51　Faster-R-CNN 检测结果

4. R-FCN

以 RoI Pooling 为界,两个阶段的目标检测方法由以下两个子网络组成,一个用于建议区域的提取,另一个用于区域的分类与回归。也就是说,对于一个区域,两个网络都存在对其进行特征提取的过程。为了优化模型效率,R-FCN[39]将两个子网络进行整合,构建一个同时用于生成建议区域和对区域进行分类与回归的目标检测结构。R-FCN 的模型框架如图 3-52 所示。

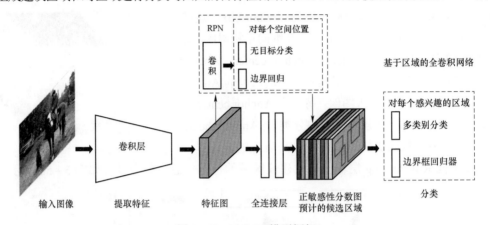

图 3-52 R-FCN 模型框架

分类问题具有平移不变性,而检测问题具有平移敏感性。考虑到该区别,R-FCN 在将全卷积神经网络引入到目标检测中的同时,提出 Position Sensitive Score Map(位置敏感得分图),对 RoI Pooling 进行替换。位置敏感得分图的意义在于将特征图进行细致的位置划分,不同的特征图负责一个矩形区域中不同位置的估计。不同的原始图像经过卷积网络得到的特征图映射到位置敏感得分图上,每一个建议区域的不同位置得分由位置敏感得分图中对应的部分特征值进行排序得到。通过这种方式,最终得到区域的特征,用于分类与回归计算。

通过全卷积神经网络与位置敏感得分图,R-FCN 有效地提高了目标检测的速度和准确率,检测结果如图 3-53 所示。

图 3-53 R-FCN 检测结果

3.3.2　基于回归的目标检测模型

1. YOLO

YOLO[40]将物体检测作为回归问题求解。基于一个单独的端对端网络，完成从原始图像的输入到物体位置和类别的输出。

从网络设计上，YOLO 与两阶段目标检测网络的区别如下：

（1）YOLO 训练和检测均是在一个单独的网络中进行的。YOLO 没有显式地求取 Region Proposal（建议区域）的过程。而 R-CNN 和 Fast R-CNN 采用独立于网络之外的选择性搜索方法求取建议区域，训练过程因此也是分成多个模块进行的。Faster R-CNN 使用 RPN 代替 Selective Search 方法，用深度特征进行建议区域的判别，得到更高质量的建议区域，将 RPN 集成到 Fast R-CNN 检测网络中，得到一个统一的检测网络。尽管 RPN 与 Fast R-CNN 共享卷积层，但是在模型训练过程中，需要反复训练 RPN 网络和 Fast R-CNN 网络。

（2）YOLO 将物体检测作为一个回归问题进行求解，输入图像经过一次推理，便能得到图像中所有物体的位置和其所属类别及相应的置信概率。而两阶段目标检测网络将检测结果分为对目标类别进行分类；对通过回归得到目标位置两部分求解。

YOLO 模型框架如图 3−54 所示。YOLO 检测网络包括 24 个卷积层和 2 个全连接层。其中，卷积层用来提取图像特征，全连接层用来预测图像位置和类别概率值。采用了多个下采样层，网络学到的物体特征并不精细，因此也会影响检测效果。YOLO 网络借鉴了 GoogleNet 分类网络结构，但并未使用 Inception Module，而是使用 1×1 卷积层和 3×3 卷积层简单替代。

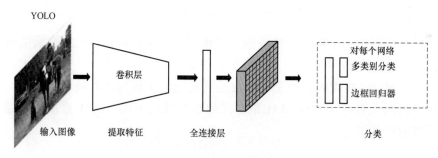

图 3−54　YOLO 模型框架

如图 3−55 所示，YOLO 将输入图像分成 $S×S$ 个格子，每个格子负责检测处于该格子内的物体，输出 bounding box（边框）和物体类别的概率信息，得到检测结果，如图 3−56 所示。

2. SSD

SSD[41]和 YOLO 都是采用一个 CNN 网络进行检测，但是 SSD 采用了多尺度的特征图，其模型框架如图 3−57 所示。SSD 核心设计理念总结如下：

（1）采用多尺度特征图检测方法。

（2）用卷积进行检测。

（3）设置先验框。

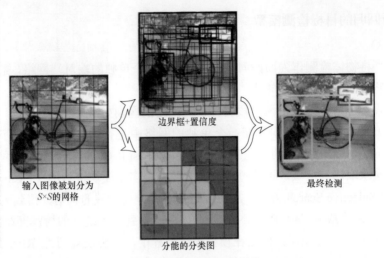

图 3-55 YOLO 网格划分

图 3-56 YOLO 检测结果

多尺度检测采用大小不同的特征图进行检测，因为卷积神经网络前面的特征图比较大，所以后面会逐渐采用较大步长的卷积或者 Pooling 来降低特征图的大小，这正如图 3-57 所示。这样做的好处是比较大的特征图用于检测相对较小的目标，而小的特征图用于检测大目标。与 YOLO 最后采用全连接层不同，SSD 直接采用卷积对不同的特征图进行检测。

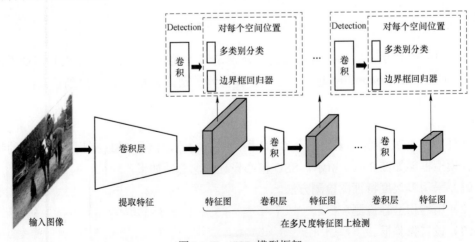

图 3-57 SSD 模型框架

在 YOLO 中，每个单元预测多个边界框，但都是相对这个单元本身的计算，而真实目标的形状是多变的，即 YOLO 需要在训练过程中自适应目标的形状。SSD 借鉴了 Faster R-CNN 中 Anchor 机制的思想，对每个单元设置尺度或者长宽比不同的先验框，预测的 Bounding Box 是以这些先验框为基准的，在一定程度上降低了训练的难度。一般情况下，每个单元会设置多个先验框，其尺度和长宽比存在差异。如图 3-58 所示，每个单元使用了 4 个不同的先验框，在模型的训练过程中，选择图片中相对最适合目标先验形状的先验框来进行训练。

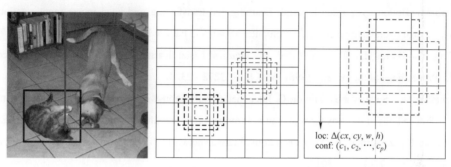

图 3-58　多尺度不同大小先验框的生成过程

通过这些方式构建的检测模型，将 YOLO 与 Faster R-CNN 的优点进行结合，能够在保证模型速度的情况下，提升位置回归的准确率和对小目标的检测能力，检测结果如图 3-59 所示。

图 3-59　SSD 检测结果

本 章 小 结

本章首先简述了深度学习的意义，随后介绍了深度卷积神经网络的大致结构；接着介绍了基于深度卷积神经网络的图像分类模型，其中包括 LeNet、AlexNet、VGGnet、GoogLeNet、ResNet 及其变体、DenseNet 及其变体；随后介绍了基于深度卷积神经网络的目标检测模型，其中包括基于区域建议的目标检测模型（R-CNN、Fast-R-CNN、Faster-R-CNN、R-FCN）和基于回归的目标检测模型（YOLO、SSD）。

本 章 参 考 文 献

［1］ Lecun Y，Bengio Y，Hinton G. Deep learning ［J］. Nature，2015，521（7553）：436 - 444.

［2］ Bengio Y，Simard P，Frasconi P. Learning long-term dependencies with gradient descent is difficult ［J］. IEEE Transactions on Neural Networks，1994，5（2）：157 - 166.

［3］ Oquab M，Bottou L，Laptev I，et al. Learning and transferring mid-level image representations using convolutional neural networks ［C］. Computer Vision and Pattern Recognition. IEEE，2014: 1717 - 1724.

［4］ LeCun Y，Bottou L，Bengio Y，et al. Gradient-based learning applied to document recognition ［J］. Proceedings of the IEEE，1998，86（11）：2278 - 2324.

［5］ Krizhevsky A，Sutskever I，Hinton G. Imagenet classification with deep convolutional neural networks ［C］. Proceedings of the Advances in Neural Information Processing Systems，2012: 1097 - 1105.

［6］ Simonyan K，Zisserman A. Very deep convolutional networks for large-scale image recognition. arXiv preprint arXiv: 1409.1556，2014.

［7］ Szegedy C，Liu W，Jia Y，et al. Going deeper with convolutions［C］. Proceedings of the IEEE Conference on Computer Vision and Pattern Recognition，Boston: IEEE Press，2015: 1 - 9.

［8］ Ioffe S，Szegedy C. Batch normalization: Accelerating deep network training by reducing internal covariate shift. arXiv preprint arXiv: 1502. 03167，2015.

［9］ Szegedy C，Vanhoucke V，Ioffe S，et al. Rethinking the inception architecture for computer vision ［C］. Proceedings of the IEEE Conference on Computer Vision and Pattern Recognition ，Las Vegas，NV，USA: IEEE Press，2016: 2818 - 2826.

［10］ Szededy C，Ioffe S，Vanhoucke V，et al. Inception-v4，Inception-ResNet and the impact of residual connections on learning ［C］. Proc AAAI，San Francisco，California，USA，2017: 4278 - 4284.

［11］ He K，Zhang X，Ren S. Deep residual learning for image recognition ［C］. Proceedings of the IEEE Conference on Computer Vision and Pattern Recognition，2016: 770 - 778.

［12］ He K，Zhang X，Ren S，et al. Identity mappings in deep residual networks ［C］. European Conference on Computer Vision. Springer International Publishing，2016: 630 - 645.

［13］ Zagoruyko S，Komodakis N. Wide residual networks. arXiv preprint arXiv: 1605.07146，2016.

［14］ Shen F，Gan R，Zeng G. Weighted residuals for very deep networks ［C］. Systems and Informatics 2016 3rd International Conference on，IEEE，2016: 936 - 941.

［15］ Huang G，Sun Y，Liu Z，et al. Deep networks with stochastic depth ［C］. European Conference on Computer Vision,Springer International Publishing，2016: 646 - 661.

［16］ Singh S，Hoiem D，Forsyth D. Swapout:Learning an ensemble of deep architectures ［C］.Advances in Neural Information Processing Systems，2016: 28 - 36.

［17］ Targ S，Almeida D，Lyman K. Resnet in Resnet: Generalizing residual architectures. arXiv preprint arXiv: 1603.08029，2016.

［18］ Zhang K，Sun M，Han X，et al. Residual networks of residual networks: multilevel residual networks

[J]. IEEE Transactions on Circuits & Systems for Video Technology，2018，28（6）：1303－1314.

[19] Moniz J，Pal C. Convolutional residual memory networks. arXiv preprint arXiv: 1606.05262，2016.

[20] Abdi M，Nahavandi S. Multi-Residual Networks: Improving the speed and accuracy of residual networks. arXiv preprint arXiv: 1609.05672，2016.

[21] Han D，Kim J，Kim J. Deep pyramidal residual networks［C］. Proceedings of the IEEE Conference on Computer Vision and Pattern Recognition，Honolulu，HI，USA，Jul. 2017: 6307－6315.

[22] Yamada Y，Iwamura M，Kise K. Deep pyramidal residual networks with separated stochastic depth. arXiv preprint arXiv: 1612.01230，2016.

[23] Zhang K，Guo L，Gao C，et al. Pyramidal RoR for image classification［J］. Cluster Computing，2019，22（2）：5115－5125.

[24] Xie S，Girshick R，Dollar P，et al. Aggregated residual transformations for deep neural networks［C］. Proceedings of the IEEE Conference on Computer Vision and Pattern Recognition，Honolulu，HI，USA，Jul. 2017: 5897－5995.

[25] Huang G，Liu Z，Maaten V D，et al. Densely connected convolutional networks［C］. Proceedings of the IEEE Conference on Computer Vision and Pattern Recognition，Honolulu，HI，USA，Jul. 2017: 2261－2269.

[26] Chen Y，Li J，Xiao H，et al. Dual path networks［C］. Proceedings of the Advances in Neural Information Processing Systems，Long Beach，CA，USA，2017: 4470－4478.

[27] Yang Y，Zhong Z，Shen T，et al. Convolutional neural networks with alternately updated clique［C］. Proceedings of the IEEE Conference on Computer Vision and Pattern Recognition，Salt Lake City，UT，USA，2018: 2413－2422.

[28] Wang F，Jiang M，Qian C，et al. Residual attention network for image classification［C］. Proceedings of the IEEE Conference on Computer Vision and Pattern Recognition，Honolulu，HI，USA，2017: 6450－6458.

[29] Hu J，Shen L，Albanie S，et al. Squeeze-and-Excitation networks［C］. Proceedings of the IEEE Conference on Computer Vision and Pattern Recognition，Salt Lake City，UT，USA，2018: 7132－7141.

[30] Woo S，Park J，Lee J Y，et al. CBAM: Convolutional block attention module［C］. Proceedings of the European Conference on Computer Vision，Munich，Germany，2018: 3－19.

[31] Wang X，Girshick R，Gupta A，et al. Non-local neural networks［C］. Proceedings of the IEEE Conference on Computer Vision and Pattern Recognition，Salt Lake City，UT，USA，2018: 7794－7803.

[32] Zhang K，Guo Y，Wang X，et al. Multiple feature reweight densenet for image classification［J］. IEEE Access，2019，7: 9872－9880.

[33] Zhang K，Guo Y，Wang X，et al. Channel-wise and feature-points reweights densenet for image classification［C］. IEEE International Conference on Image Processing，2019.

[34] 郭玉荣，张珂，王新胜，等. 端到端双通道特征重标定 DenseNet 图像分类方法［J］. 中国图像图形学报，2020，25（3）：486－497.

[35] Girshick R，Donahue J，Darrell T，et al. Rich feature hierarchies for accurate object detection and semantic segmentation［C］. Proceedings of the IEEE Conference on Computer Vision and Pattern Recognition，

2014: 580－587.

［36］ Bennett K P，Campbell C. Support vector machines: hype or hallelujah? ［J］. ACM Sigkdd Explorations Newsletter，2000，2（2）：1－13.

［37］ Girshick R. Fast R-CNN ［C］.Proceedings of the IEEE International Conference on Computer Vision，2015: 1440－1448.

［38］ Ren S，He K，Girshick R，et al. Faster R-CNN: Towards real-time object detection with region proposal networks ［C］. Advances in neural information processing systems，2015: 91－99.

［39］ Dai J，Li Y，He K，et al. R-FCN: Object detection via region-based fully convolutional networks ［C］. Advances in Neural Information Processing Systems，2016: 379－387.

［40］ Redmon J，Divvala S，Girshick R，et al. You only look once: Unified，real-time object detection ［C］. Proceedings of the IEEE Conference on Computer Vision and Pattern Recognition，2016: 779－788.

［41］ Liu W，Anguelov D，Erhan D，et al. SSD: Single shot multibox detector ［C］. European Conference on Computer Vision，Springer，Cham，2016: 21－37.

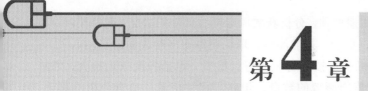

第**4**章

发电设备视觉检测

4.1 概　　述

发电设备的状态监测对于电力生产的安全性具有重要的作用。为了保持生产设备的原有性能，需要对发电设备进行状态监测。监测的方法主要包括日常巡检和在线监测两种基本形式。日常巡检主要采用人工定时巡视方式，检查设备的运行状况，适合对全厂设备整体的安全管理。在线监测采用计算机技术，根据安装在设备上的传感器采集的数据进行分析，主要用于对重点设备重点部位的监测。

发电设备的日常巡检一般采用点检的方式进行，即通过人的五感（视觉、听觉、嗅觉、味觉和触觉）或者借助工具、仪器，按照预先设定的周期和方法，对设备上的规定部位（点）进行预防性周密检查，以使设备的隐患和缺陷能够得到早期发现、早期预防、早期处理。点检根据时间周期和检查范围包括日常点检、定期点检、精密点检三种形式。

日常点检中的视检是重要工作内容，是一种常用的、简单的检查方法，以肉眼观察为主，即通过人的肉眼对发电设备进行外观检查，以发现问题。例如：

（1）通过观察可以发现零部件有无松动、断裂和伤痕等。

（2）可以检查传动系统的润滑状态是否良好，油箱、注油箱是否缺油。

（3）可以观察水、气、汽系统是否有"跑、冒、滴、漏"现象。

（4）通过观察仪器仪表上的数据变化分析出设备的运行状态。

（5）通过检查生产制造出的产品质量状况分析设备的工作状态。

随着计算机视觉技术的发展，研究人员逐步尝试将视觉检测技术用于发电设备，以替代传统的日常点检中的人工"视"检，或对其进行补充。在不同形式的发电企业中，发电设备视觉检测技术的应用场景有所不同。

火力发电中，计算机视觉技术可以用于传统指针式仪表的度数判读和数字化回传，因为生产现场有很多就地式仪表，使用的是指针式仪表，其度数不能在集中控制室监视；计算机视觉技术可以通过多个摄像机进行图像匹配和体积计算，用于煤场存煤量的测量；随着机器人技术的发展，现场巡检机器人的定位、导航和后期图像处理，也需要应用计算机视觉技术。

风力发电中，风电机组设备的外观检查可以采用无人机搭载摄像头或车载高清摄像头进行，对采集的图像或视频进行后期处理，分析获取风电机组部件的情况，包括桨叶、机舱、塔筒，能够检查出叶片裂纹、雷击、机舱漏油、塔筒锈蚀等多种表面缺陷。

水力发电中，可以采用计算机视觉技术对坝体进行检查，包括外观缺陷检查，如蜂窝、孔洞、露筋、裂缝等，并计算出裂缝的数量、走向、尺寸信息；检查分析混凝土、剥蚀、脱落和冲蚀等损伤情况，点、线、面的渗透情况；以及混凝土建筑物的位移和变形情况。

太阳能发电中，既包括一些基于光学成像的机器视觉检测技术，用于检查太阳能板的生产质量，也包括采用无人机航拍方式进行大规模光伏电池板裂纹缺陷检测。另外，计算机视觉技术还可用于光伏发电的太阳能板视觉自动跟踪，以及用于光热发电的镜面视觉自动跟踪。

核能发电中，计算机视觉技术除了用于与火电厂场景基本类似的设备点检任务之外，还用于焊接机器人的焊缝跟踪、核燃料棒组装过程中的机械手臂定位与姿态控制、核电检修机器人的定位和导航等。

总之，随着计算机视觉技术的发展，视觉检测将在发电行业得到越来越广泛的应用，更有效地提高检修效率，更好地保障设备安全。

4.2 计算机视觉在火力发电的应用场景

火力发电厂生产的电能需要经过多次能量转换过程：① 由锅炉将燃料燃烧释放的化学能通过受热面给水加热、蒸发、过热，转变为蒸汽的热能；② 由汽轮机将蒸汽的热能转变为高速旋转的机械能，然后由汽轮机带动发电机将机械能转变为源源不断的向外界输送的电能。

火力发电作为国内发电的主力，其安全稳定运行一直以来都是关注的重点。计算机视觉作为目前发展的前沿科技，也逐渐地应用到火力发电中。本节将对计算机视觉在火力发电中的一些应用场景进行介绍，包括煤场盘煤、输煤系统现场巡检机器人、输煤现场火点监控系统和凝汽器清洗机器人。

4.2.1 煤场盘煤

目前，一些电厂对煤场存煤量的测量仍使用人工盘煤的方法，这种方法得到的结果与实际数量的误差为 7%～10%[2]。根据火电厂对盘煤的具体需求，使用立体视觉技术中的图像预处理、基于图像特征和图像分割匹配、三维重构等实现存煤量的计算。

图像预处理可以使用灰度直方图、灰度线性变换、灰度均衡和图像增强等方法。图像的特征分析提取可以使用点特征提取、边缘检测、图像区域分割和层次结构化区域特征提取等方法。匹配算法可以使用差平方和测度、局部匹配算法、全局匹配算法。算法的关键是双目视觉技术中双目成像的视差和深度计算。

双目视觉系统对三维深度的估算流程如图 4-1 所示，一般分为三个步骤：① 建立两幅图像之间的对应关系；② 计算各个图像的特征点之间相对的位移，即视差；

③ 利用摄像机的属性参数和已知的信息恢复图像的三维深度信息。

但是，这种方法在实际应用中还有一些难题需要解决，例如，虽然立体匹配可以提供可靠的估算视差，但它是有条件的。如果图像的大部分区域是特征不明显或无可用特征的，则得不到匹配。另外，在摄像机之间基线给定的情况下，估算物体的深度值越大，其估算的误差就越大。当深度值超过一定范围之后，就得不到视差，更得不到估算的深度值。因此，当估算物体的深度超过一定值时，立体视觉是不可用的。

图 4-1 三维深度估算流程图

4.2.2 输煤系统现场巡检机器人

在火电厂输煤系统中，工作人员需对输煤系统皮带机、碎煤机等关键设备进行日常巡检和安全监控，以保障设备的安全稳定运行。一套完整的输煤系统包含多台皮带机和碎煤机，且输煤线路较长，工作人员不仅要承担繁重的巡检任务，还需面对输煤现场的粉尘、噪声等污染所带来的职业病危害。

火电厂输煤系统巡检机器人综合机器人技术、传感器技术、计算机视觉技术，实现输煤现场相关设备的巡检和安全监控[3]，可减轻日常巡检的工作量。

图 4-2 为输煤系统现场巡检机器人的技术路线，利用数字摄像机对待测设备进行视频数据的收集；利用背景差分法、光流法、角点检测等算法对待测区域进行图像处理，并识别系统故障。

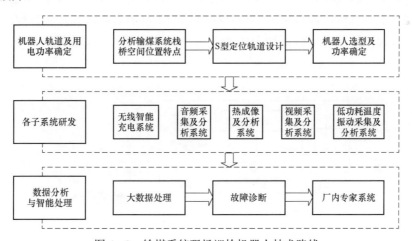

图 4-2 输煤系统现场巡检机器人技术路线

4.2.3 输煤现场火点监控系统

输煤现场火点监控系统主要用于输煤现场的火点监控，对发热区域进行提前预警、及时报警，以保障设备安全，并采用人脸识别技术，对现场作业人员进行施工安全监控，以保障施工人员的生命安全。系统基于机器视觉、热成像、人脸识别等技术来实现[4]，流程图如图 4-3 所示。

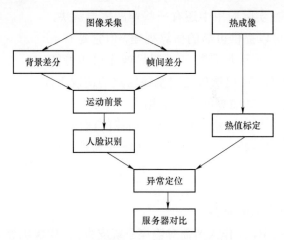

图 4-3　输煤现场火点监控系统流程图

　　其实现原理是利用数字摄像机获取输煤现场固定场景的动态图像，利用背景差分法、帧间差分法等技术提取前景图像，并利用人脸识别技术，对比后台人脸信息库，从而识别输煤现场人员；热成像仪获取现场热值分布图，并结合可见光识别的前景变化信息，定位热值异常区域。

4.2.4　凝汽器清洗机器人

　　凝汽器清洗机器人可取代人工劳力进行清洗作业，具有提高劳动效率、改善劳动环境、能进行极限作业等优点。冷凝管的定位是凝汽器清洗机器人在清洗任务过程中的关键环节，完成冷凝管口的准确定位既能节约清洗系统的开启时间，又能提高清洗效果[5]，其视觉定位主要基于计算机视觉技术来完成。图 4-4 为水下视觉系统的系统构成。

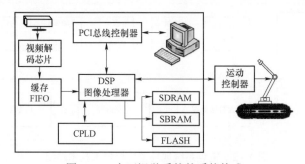

图 4-4　水下视觉系统的系统构成

　　视觉定位的基本过程如下：① 对获取的图像进行图像预处理，以消减图像采集、生成过程造成的噪声干扰，增强图像中的特征信息；② 对预处理后的图像进行边缘检测，得到图像边缘特征；③ 提取图像的边缘，获取图像中对应的冷凝管孔心信息。

4.3　计算机视觉在太阳能发电的应用场景

4.3.1　太阳能电池板的质量监测

太阳能电池板是光伏发电中的重要部件，但硅晶片很脆弱，在太阳能电池板生产和组装过程中难免受到外部应力作用而碎裂，造成有效面积下降，发电功率降低。因此，在生产过程中的质量监测也就尤为必要[6]。传统的太阳能电池板生产质量监测以生产线目视检测和伏安特性曲线检测为主[7]，目前出现了一些基于光学成像的机器视觉检测技术，例如：采用激光扫描方式，对正向偏置的晶硅中电阻连续性的检测，从而判定是否存在裂纹[8]；采用光致发光成像方法，利用激光提供一定能量的光子将硅片中处于基态的电子激发，使电子处于亚稳态，在一定时间内电子回到基态，同时会发出红外光的荧光，通过判断荧光效应的强弱来判断是否有缺陷[9]；利用电致发光成像原理，给太阳能电池板成品施加正向电压，电池板表面会发出波长为 1000～2000nm 的近红外光，通过分析电荷耦合器件（Charge Coupled Device，CCD）相机拍摄的近红外图像检测出产品中的缺陷[10]。这些方法都是利用不同的物理原理获得太阳能电池板的图像，之后再进行图像检测的。

下面以分析 CCD 相机拍摄的近红外图像进行太阳能电池板缺陷检测的流程为例，介绍基于机器视觉的缺陷检测方法[11]。

首先对采集到的图像进行预处理，一般有裁剪、灰度转换、滤波、图像分割等。而后利用积分投影的统计学方法识别图像中是否出现断栅情况并判定位置，图 4-5 是获取到的图像积分投影统计结果。

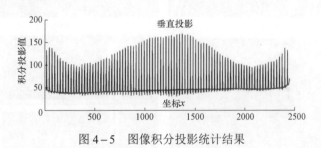

图 4-5　图像积分投影统计结果

使用滑动窗口在投影峰值位置检测灰度均值，结果异常处即可判定为栅线异常。断栅检测结果如图 4-6 所示。

4.3.2　基于无人机视觉的大规模光伏电池板裂纹缺陷检测

在光伏发电场中，由于光伏电池板放置于自然环境中，常年受到风吹日晒，导致其故障和缺陷问题严重。而通过无人机采集光伏电池板的图像，并采用机器视觉技术和图像处理技术对航拍图像进行处理，是满足大规模光伏电池板缺陷检测系统广泛性、准确性和实时性等要求的有效方案[12]。

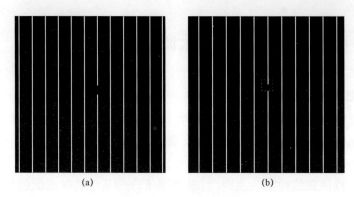

图 4-6　断栅检测结果

（a）检测前；（b）检测到栅线异常

对无人机采集到的光伏电池板的图像进行缺陷检测，包括预处理、图像拼接、图像识别等环节。

首先，针对光伏电池板图像中存在噪声干扰和几何形变等问题进行图像预处理和图像校正，其目的是解决光伏电池板航拍图像的噪声干扰和几何形变问题，得到适合进行后续处理的光伏电池板图像。图 4-7 为基于 hough 变换的倾斜校正效果。

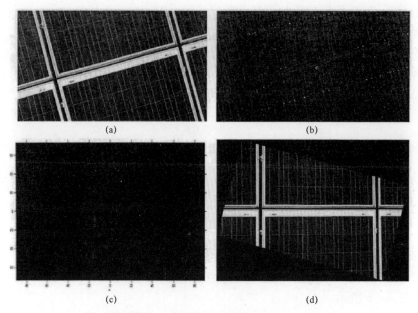

图 4-7　基于 hough 变换的倾斜矫正结果

（a）倾斜图像；（b）检测直线；（c）hough 变换域；（d）倾斜校正

之后，为了将多幅大规模光伏电池板的局部航拍图像拼接成完整的图像，采用改进 SURF-BRISK 航拍图像拼接方法。通过对光伏电池板的航拍图像采用改进的 SURF 特征检测算法、BRISK 特征描述算法、汉明距离特征粗匹配方法、RANSAC 特征精匹配方法、双线性插值方法、加权融合方法实现图像拼接，然后得到完整的光伏电池板图像。

最后，基于图像特征对光伏电池板的缺陷进行检测。通过分析裂纹、缺角、断极、断栅、污渍等缺陷在面积、长度和宽度、矩形度、方向多个方面图像特征的特点，实现对不同缺陷的区分和检测。

4.3.3　太阳能板视觉自动跟踪

在光伏电站运行过程中，要保持电池板的太阳能转换效率，不仅需要逆变过程中最大功率点的智能追踪，还需要保证电池板对太阳光直射的角度进行追踪，这一过程需要计算机视觉技术的帮助。

太阳能板视觉自动跟踪系统以 CCD 摄像头为光敏采集原件，将采集到的图像（见图 4-8）经过灰度图像变换、图像滤波、二值化变换、形态学图像处理、连通域分析等手段，通过模糊模式识别的方法对太阳位置进行识别，利用孔洞填充与连通域计算质心坐标，实现对太阳位置的自动跟踪，始终保持光线与太阳板垂直，最大限度地获得太阳能[13]。

图 4-8　太阳能电池板正面采集的灰度图像

对太阳位置进行识别包括以下几个步骤：

（1）对灰度图像二值化。通常需要根据环境光亮度进行统计，按照期望的结果人为判断确定阈值。经过二值化处理的灰度图如图 4-9 所示。

图 4-9　灰度图二值化结果

（2）利用开运算处理二值图像，开运算是由腐蚀和膨胀两种运算复合而成的，以固定的圆形模板为结构元素进行开运算，得到的开运算结果如图4-10所示，会定位出太阳的位置。

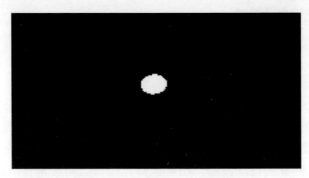

图4-10　二值图像开运算图像

对根据图形处理得到的太阳位置进行质心跟踪，利用控制算法对太阳能电池板进行方向控制，使得质心跟踪的结果在采集区域中心，达到照射到电池板上的阳光最强、太阳能利用效率最高的目的。

4.4　计算机视觉在风力发电的应用场景

随着风电装机量迅速增长，运营规模不断扩大，风电机组的维修成本也随之不断升高，风电场对于精细化、智能化运维的需求也越来越多，计算机视觉技术也越来越多应用于风电运维中，主要应用场景如图4-11所示。

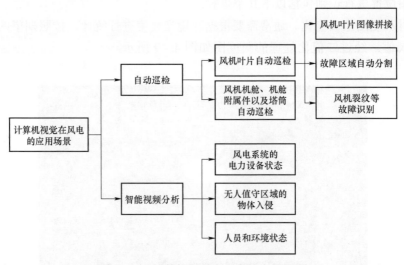

图4-11　计算机视觉在风电的应用场景

　　本节以风机叶片自动巡检为例,介绍计算机视觉技术在风电机组视觉检测中的一个典型应用场景[14]。

4.4.1　风机叶片自动巡检

　　叶片是风机的重要组成部分,负责将风能转化为机械能。在风机运行过程中,叶片直接暴露在外部恶劣的环境中,经常受到潮湿空气的腐蚀、紫外线的照射、雷击、雨水和沙粒的冲刷等,同时受到来自不同方向的风荷载作用。在这样的情况下,风机叶片容易产生多种故障。主要的故障类型有裂纹、腐蚀、砂眼、磨损、表皮脱落、结冰、碳化、脆化等,如图 4-12 所示。如果不能及时发现并处理叶片故障,会影响发电效率,降低经济效益;严重的故障会致使叶片断裂,迫使风机停机。因此,及时对叶片进行巡检是保证风电场经济效益的重要途径。

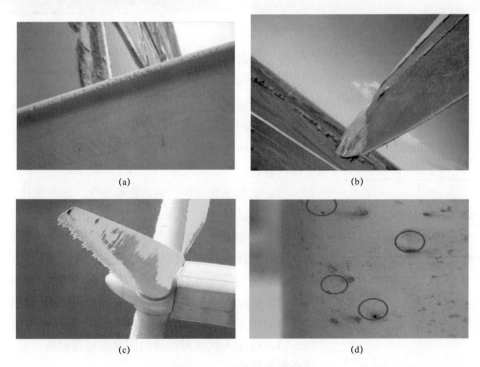

(a)　　　　　　　　　　　　　(b)

(c)　　　　　　　　　　　　　(d)

图 4-12　叶片故障示意图

(a)叶片边缘磨损;(b)叶尖开裂;(c)叶片结冰;(d)叶片表面砂眼

　　目前,研究人员采用无人机巡检方式来减轻巡检人员的劳动强度,提高巡检效率。无人机巡检主要包括数据采集和数据处理两个环节。

　　数据采集环节由无人机完成,主要是多旋翼无人机,配备高分辨率相机或摄像机,以人工遥控或自主飞行模式来靠近风机拍摄照片或视频,如图 4-13 所示。目前,自主飞行模式的风机叶片全自动巡检方式能够实现自动寻找和跟踪叶片,比传统的手飞或提前设置飞行路径的方式更简单,巡检效率更高,且能保证每张照片的清晰度,能够帮助业务人员发现叶片的早期损伤,提早进行风机叶片的修复工作。

　　在一些研究中,尝试使用车载摄像头方式(见图 4-14),对风机叶片进行数据采集,也取得了较好的效果[14]。这种方式的优点在于，可以不停机检测，同时能够在恶劣天气下进行，如风速过大时，无人机无法进行检测的情况。车载方式配合多旋翼无人机构成地空一体化巡检方式，能够更好地完成数据采集工作。

图 4-13　多旋翼飞行器图像采集系统

图 4-14　车载摄像头图像采集系统

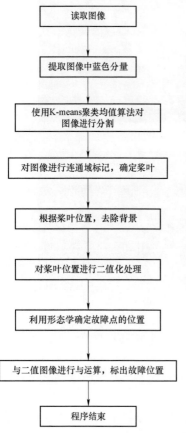

图 4-15　视觉检测算法过程

数据处理阶段依托计算机视觉技术，对所采集到的图片或视频进行处理、分类，检测表面缺陷，包括叶片、机舱外部、塔筒。发现叶片破损、螺栓松动、设备漏油、塔桶掉漆等问题。提取和分析采集到的图像中的关键信息，实现异常分析与故障标注、图像结构化信息提取等任务，工作内容包括：

（1）状态变化分析，包括位移变化、形态变化、跑冒滴漏和叶片结构变化等。

（2）检索分析，对图像进行智能化自动快速查询、分析、提取和搜索关键目标信息。

（3）对图像的结构化分析，提取目标类型、属性等结构化信息建立索引并存储，以便进行快速智能查找和大数据分析。

（4）将无人机实时拍摄的图像实时存储并分析，形成状态影像资料库。

4.4.2　风机叶片图像的视觉检测

1. 故障定位

数据处理阶段在获取风机叶片图像之后，基于计算机视觉算法进行视觉检测，主要包括图像分割和缺陷定位。视觉检测算法过程如图 4-15 所示，采用 K-means 聚类均值分析方法对图像进行初始分割，利用连通域标记、形态学处理等操作实现叶片上的缺陷及故障定位。这里采用基于车载摄像头获取的叶片图像为例，介绍具体算法过程。

流程图内容：
- 读取图像
- 提取图像中蓝色分量
- 使用K-means聚类均值算法对图像进行分割
- 对图像进行连通域标记，确定桨叶
- 根据桨叶位置，去除背景
- 对桨叶位置进行二值化处理
- 利用形态学确定故障点的位置
- 与二值图像进行与运算，标出故障位置
- 程序结束

（1）对图像进行 K-means 聚类分析，提取风机叶片图像，对其 B 分量即蓝色分量进行 K-means 聚类。人为给定初始聚类中心，距离函数选择最小差值距离法，通过不断迭代得到蓝色分量下的像素分类结果和最终的聚类中心，实现对图像的分割，并从图像中提取目标叶片。原图和聚类后的图像如图 4-16 和图 4-17 所示。

图 4-16　原图　　　　　　　　　　　图 4-17　聚类后的结果图

（2）对处理后的图像进行连通域标记，保留标记后的图像中面积大于总图像面积 0.25%的连通域，认定这些连通域为风机叶片，如图 4-18 所示。

（3）根据连通域标记的风机叶片确定其位置，保留叶片的位置并去除图像其余部分，实现背景的去除并得到目标区域的彩色图像，如图 4-19 所示。

图 4-18　连通域标记后选择的叶片图　　　　图 4-19　去除背景以后的叶片图

（4）对原图像的 RGB 三个分量分别进行二值化，比较三种二值化对应的阈值的有效性，选取有效性相对好的分量进行二值化。

（5）将二值化以后的图像进行形态学开闭串联运算，得到孤立的故障点。通过将形态学处理以后的图像和原二值图像进行与运算，得到的结果作为故障点并标记在原图中，实现故障定位如图 4-20 所示。

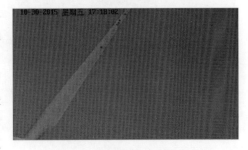

图 4-20　风机叶片的故障定位图

2. 故障检测

（1）显著性区域检测技术。如何使计算机能够像人类那样，具有很快发现自己感兴趣的区域的能力，是目前很多学者都在研究的课题。目标区域之所以能够从复杂的场景中突显出来，无非是其具有不同于场景中其他物体的特征，如形状、对称性、亮度、颜色等或几者的结合，这种特征即称为显著性。显著性检测是基于人类视觉系统研究发展而来的，其目的是为了找到图像中最吸引注意力的部分。

显著性区域检测技术在图像处理领域应用广泛，如图像压缩、图像检索等。其原理主要分为两种：① 没有先验知识的，即直接对图像的信息进行处理，适用于目标区域与周围的区域差别很明显的情况；② 具备先验知识的，即先对感兴趣的目标进行样本训练，提取其特征值，利用已有的先验知识检测图像中感兴趣的区域。由于风机叶片上的裂纹与叶片有较明显的差别，因此采用的是第一种原理。

由于基于时域的显著性检测算法得到的显著性区域完整性较差，而频域算法得到的显著目标边缘又不够清晰，因此通过时域与频域相结合的方法来得到图像的显著图。

图像的尺度不变性可以近似地由图像的 log 谱 $L(f)$ 来表示，即

$$L(f) = \log(A(f)) \tag{4-1}$$

式中　f——傅里叶变换以后的值；

　　$A(f)$——傅里叶变换以后的模值。

由于 log 曲线满足局部线性条件，所以用平滑滤波器对其进行滤波，得到平均频谱，再由 log 谱与其进行线性滤波以后的图像做差得到谱残差 $L(f)$，即

$$R(f) = L(f) - h_n(f) * L(f) \tag{4-2}$$

式中　$h_n(f)$——均值滤波卷积核。

将 $R(f) + j * P(f)$ 取自然指数，对其进行傅里叶反变换以后再进行高斯模糊滤波，即可得到最终的显著图。其中，$P(f)$ 是相位谱。

由图 4-21 所示的显著图可知，图片背景中的一些噪声点被很好地滤除了。

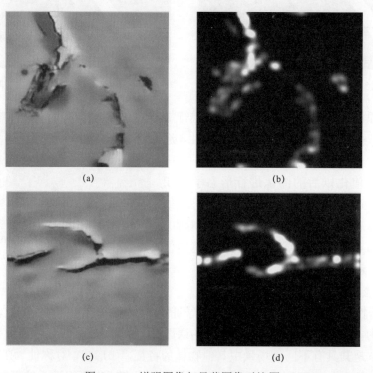

(a)　　　　　　　　　　　　(b)

(c)　　　　　　　　　　　　(d)

图 4-21　增强图像与显著图像对比图

(a) 裂纹 1 增强图像；(b) 裂纹 1 显著图；(c) 裂纹 2 增强图像；(d) 裂纹 2 显著图

（2）连通域标记。由于风力发电机叶片故障区域的边缘不明确，形状随机多变，特征难以提取和描述，所以，首先采用连通域原理，对故障区域进行提取。

得到显著图的二值分割图像（见图4－22）以后，对其进行连通域标记。连通域识别处理的是二值图像，图像中只有黑白两种像素点。这里，假设目标为白色，背景为黑色。标记算法的基本原理：依次逐行对被检测的二值图像进行扫描，并对所有的目标像素点进行8连通区域的标记，即判断任意一个像素的上、下、左、右、左上、右上、右下、左下方向相邻的像素是否属于同一个区域，同时得到并记录等价标记对。由于扫描次序的不同会导致刚开始被判定为不连通的两个区域经过扫描后又判定为连通，因此用一个修正的标志性符号来标记这两个连通域，得到最终的标记结果——属于同一个连通域。

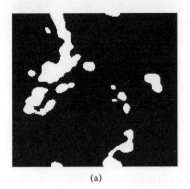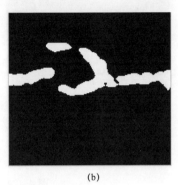

(a)　　　　　　　　　　　　　(b)

图 4－22　二值图像

（a）裂纹 1 二值图；（b）裂纹 2 二值图

进行区域标记以后，标记裂纹区域，最终标记图如图4－23所示，由图可知，裂纹区域被较好地提取出来了。

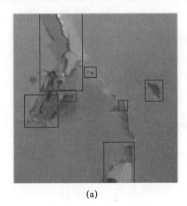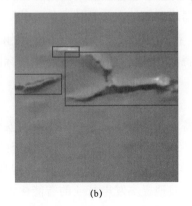

(a)　　　　　　　　　　　　　(b)

图 4－23　标记图像

（a）裂纹 1 标记图像；（b）裂纹 2 标记图像

（3）实验结果分析。为了证明该方法的优点，将其与用 Canny 算子边缘检测算法标记的裂纹图进行比较。两种方法使用的都是引导滤波器处理后的图。两种方法的效果比较如图4－24所示。

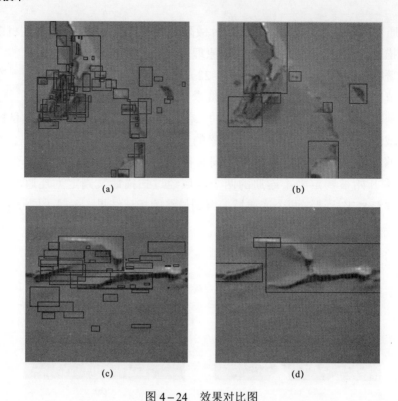

图 4-24　效果对比图

(a) Canny 算子边缘检测算法；(b) 显著性检测算法；(c) Canny 算子边缘检测算法；(d) 显著性检测算法

图 4-24 中（a）、（c）为 Canny 算子边缘检测算法得到的标记图，（b）、（d）为显著性检测算法得到的标记图。由效果对比图可知，基于 Canny 算子的边缘检测算法引入了很多噪声点，而基于显著性区域检测的算法则较为清楚、全面地标记了裂纹区域。这是因为引导滤波器增强算法在维持边缘特性的同时进行了很好的滤波操作，并增强了目标与背景的对比度，在此基础之上显著性区域检测的算法又对背景区域进行了分析，得到了背景区域的普遍特性，从而更好地分割出了目标区域，得到了较好的标记效果。

本 章 小 结

发电设备的状态监测对于电力生产的安全性具有重要作用。随着计算机视觉技术的发展，传统的人工通过肉眼进行设备外观检查的方法可以逐步由计算机视觉技术来替代或补充，也就是发电设备视觉检测。发电设备视觉检测能够丰富电力设备状态监测的方法和手段，从而更有效地提高发电行业的智能化水平，这也是人工智能技术的落地应用。

本章首先介绍了发电基础知识，给出了多种类型发电企业的设备视觉检测内容，包括火力发电、风力发电、水力发电、太阳能发电、核能发电。在此基础上，对几个典型的应用场景进行了介绍，包括：火电厂中的煤场测量、输煤巡检机器人、火点监控、凝汽器清洗机器人，太阳能发电中的质量监测、缺陷检测、视觉跟踪，风力发电中的风机叶片视觉检测。以这些实际的应用场景说明计算机视觉技术在发电行业中应用的范围和前景。电力视觉作为一种新的技术手段，在发电行业的应用会逐步扩展，助力智慧电厂的建设和实现。

本 章 参 考 文 献

[1] 樊泉桂. 锅炉原理 [M]. 北京：中国电力出版社，2008.

[2] 李旭峰. 计算机视觉在火电厂盘煤中的应用研究 [D]. 保定：华北电力大学，2011.

[3] 卢银辉，杨勇. 基于机器视觉的输煤现场巡检机器人控制系统设计 [J]. 电子技术与软件工程，2019
（6）：102 – 103.

[4] 温杰，杨勇. 基于机器视觉的输煤现场火点监控系统设计 [J]. 电子世界，2019（7）：200 – 201.

[5] 蔡玉连. 火电厂凝汽器清洗机器人的视觉定位技术研究 [D]. 长沙：湖南大学，2008.

[6] 董栋，陈光梦. 基于近红外图像的硅太阳能电池故障检测方法 [J]. 信息与电子工程，2010，8（5）：
539 – 543.

[7] 崔容强，王辰. 太阳能电池检测系统基本原理 [J]. 阳光能源，2008（3）：36 – 40.

[8] Sawyer D E，Kessler H K. Laser scanning of solar cells for the display of cell operating characteristics and
detection of cell defects [J]. IEEE Transactions on Electron Devices，2005，27（4）：864 – 872.

[9] Sun Q，Melnikov A，Mandelis A. Camera-based high frequency heterodyne lock-in carrier graphic
（frequency domain photoluminescence）imaging of crystalline silicon wafers [J]. Physica Status Solidi，
2015，213（2）：405 – 411.

[10] 陈文志，张凤燕，张然，等. 基于电致发光成像的太阳能电池缺陷检测 [J]. 发光学报，2013，34
（8）：1028 – 1034.

[11] 刘磊，王冲，赵树旺，等. 基于机器视觉的太阳能电池片缺陷检测技术的研究 [J]. 电子测量与仪
器学报，2018，32（10）：47 – 52.

[12] 黄钰雯. 基于无人机视觉的大规模光伏电池板检测技术研究 [D]. 南宁：广西大学，2017.

[13] 李文华，牛晓靖，郭辰光，等. 基于机器视觉的太阳能板自动跟踪系统研究 [J]. 控制工程，2015，
22（4）：659 – 663.

[14] 李冰. 基于数字图像的风机桨叶故障检测方法研究 [D]. 保定：华北电力大学，2016.

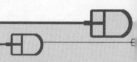

第**5**章

输电线路视觉处理

输电线路是电力系统重要的生命线路，由于其距离长且通常直接暴露在风、雪、雨、电等自然环境中，因此非常容易受到外界环境的影响从而产生一系列故障，因此定期巡检输电线路的可靠性和运行情况，对维护电力系统安全起着至关重要的作用。传统人工巡检模式需要承担较大风险，工作效率较低，检修难度较大，所以传统模式已经不能完全适应国家现代化电网建设的需要。随着智能电网发展，使用计算机和智能设备，利用电力视觉技术对输电线路进行视觉处理和分析的巡检模式已经逐渐成为主流。本章首先介绍输电线路基础知识，然后探讨输电线路视觉处理系统，最后重点描述绝缘子、导地线、金具和螺栓等部件的视觉处理方法。

5.1 输电线路基础知识

输电线路从结构上可分为电缆线路和架空输电线路两类[1,2]。电缆线路主要部分用作电力、通信的传输材料。架空输电线路的主要部件有绝缘子、导线、金具、杆塔、拉线和基础接地装置等。其中绝缘子的种类有瓷质线路柱式绝缘子、瓷质盘形悬式绝缘子、瓷质长棒形绝缘子、玻璃盘形悬式绝缘子、复合线路柱式绝缘子和复合长棒形绝缘子等；导线的种类有圆线同心绞架空导线、型线同心绞架空导线、镀锌钢导线和光纤复合架空地线等；金具的种类主要有悬垂线夹、耐张线夹、连接金具、接续金具和保护金具等。

输电线路中各个部件长期负荷运行，受外部环境以及自身材质特性等因素影响，很容易产生多种缺陷。其中，典型部件的相关缺陷见表 5-1。

表 5-1   输电线路典型部件缺陷

输电线路典型部件		缺 陷
导线、地线		掉线、断线、断股、散股、腐蚀和有异物等
避雷器		解体、部件脱落、损伤和锈蚀等
金具 （典型部件）	线夹	移位、脱落、松动和锈蚀等
	挂板或挂环	脱开、磨损和电弧灼伤等

续表

输电线路典型部件		缺　陷
金具 （典型部件）	螺栓	松动、锈蚀、螺母丢失、垫片丢失和脱销等
	防振锤	滑移、脱落、锈蚀和扭转等
	间隔棒	松动、滑移、缺失和损坏等
	重锤	缺损、锈蚀等
	均压坏	锈蚀、变形等
	屏蔽环	锈蚀、变形等
绝缘子		掉串、脏污和破损等
杆塔		倾覆、倾斜、挠曲、倒杆和断杆等
拉线		锈蚀、损伤等
基础		本体移位、破损；部件松动、缺失；基面浸水、下沉；失稳等

输电线路中任一部件产生缺陷，都会直接或间接影响整个输电线路的正常电力传输。因此对输电线路各部件的视觉处理与维护是十分必要的。

5.2　输电线路视觉处理系统

传统的人工线路巡检方式效率低，且高压输电线路周围区域环境恶劣、交通不便，因此为巡检造成很大困难，难以及时准确掌握线路情况。随着智能电网和人工智能的发展，大力发展无人机巡检、输电线路在线监测、激光雷达扫描和高分辨率光学卫星等视觉处理系统，为图像的采集获取提供可靠保障成为必然趋势。通过多种现代技术手段对这些系统获得的输电线路图像进行处理，便能够准确检测输电线路的隐患，降低事故发生率，提高运行环境的可靠性。本节简要介绍输电线路视觉处理的典型系统[3]。

5.2.1　无人机巡检

随着电网运行维护的输电线路里程快速增长，运行维护的需求增长与运行维护人员数量不足之间的矛盾逐渐显现，而且人工巡检的成本高，工作强度大，巡检人员素质参差不齐，巡检效率低下。因此，无人机作为一种低成本、短周期、机动性强的巡检方式，在输电线路巡检中越来越受到重视。如图 5-1 所示为无人机进行输电线路巡检时的场景。

无人机作为一种智能高效的输电线路巡检方式，具有非带电巡检、巡检空间自由度大、巡检精细度高、可调节性强等特点，能够广泛地适应不同巡检任务的环境条件，指引了未来输电线路巡检的智能化发展方向。相比于其他巡检方式，基于无人机搭建的移动巡检平台具有安全性高、不受地理环境限制、巡线速度快等优势。融合了电子、通信、计算机视觉等多个领域的信息处理技术的整套无人机巡检系统，能够有效弥补人工巡检的局限性，安全、快速地完成线路巡检工作，是电网运行维护模式由劳动密集型向技术密集型转变的

图 5-1　无人机进行输电线路巡检

关键巡检技术之一。目前，无人机巡检主要搭载的是可见光视觉传感器和红外热成像仪，运用无人机日常巡检的内容见表 5-2。

表 5-2　　　　　　　　　　无人机的日常巡检内容

无人机视觉检测内容	部件
导地线断股、锈蚀、异物、覆冰等	导地线
杆塔倾斜、鸟巢、塔材弯曲、螺栓丢失、锈蚀等	杆塔
金具破损、移位、变形、脱落、锈蚀等	金具
绝缘子伞裙破损、掉串、严重污秽、放电灼烧等	绝缘子
塌方、回填土沉降、护坡受损等	基础
防雷装置、标识牌、监测设备变形、损坏、丢失等	附属设施
树障、违章建筑、施工作业、地质灾害等	通道环境

　　输变电一次设备缺陷分类标准（Q/GDW 1906—2013《输变电一次设备缺陷分类标准》）中，输电设备按照缺陷对电网运行的影响程度，划分为危急、严重和一般缺陷三类，共有 1116 项缺陷描述，其中严重缺陷 213 个，危急缺陷 484 个，一般缺陷 419 个。

　　无人机巡检可以迅速积累大量清晰的输电线路视觉数据，只要加上高质量的人工监督信息即可驱动视觉处理方法，进行输电线路部件的智能检测。如图 5-2 所示，是利用基于深度学习构建的目标检测模型对无人机航拍巡检可见光图像进行的不同尺度的目标检测结果。图 5-2（a）为螺栓及其缺陷的检测结果，矩形框内为正常螺栓与缺陷螺栓的检测结果，圆圈是人工查找的缺陷结果。其中可以发现，图 5-2 中基于深度学习的航拍图像处理在检出已知缺陷的同时，对人工排查后漏检的缺陷也被检出，可以在一定程度上改善由于人工疲劳等原因导致的人力巡检效率低下的情况。图 5-2（b）为基于 Faster R-CNN（Faster Region - ConvolutionalNeuralNetworks）的多类金具的检测结果。

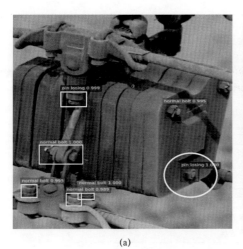

(a) (b)

图 5-2 基于深度学习的金具与螺栓检测结果

（a）螺栓及其缺陷的检测结果；（b）多类金具的检测结果

5.2.2 输电线路在线监测系统

通过在输电线路沿线安装远程智能巡线装置，对输电线路设备和通道环境进行监拍，可构建输电线路在线监测系统。基于视觉的输电线路在线监测根据处理手段的不同，可分为图像监测与视频监测。输电线路在线视觉监测提供了实时监视与了解线路运行可靠性的手段，能够有效且快速、持续地获取输电线路杆塔状态、廊道环境、地形变化等信息，及时地发现绝缘子污秽、闪络、微气候和风偏、线路舞动、覆冰、外物入侵等异常情况，可以大幅度提高被监测输电线路的稳定性与安全性。基于视觉的输电线路在线监测系统结构框图如图 5-3 所示。

相比于其他巡检方法，基于视觉的输电线路在线监测实时性强、能够实现动态的巡检，对变化有更强烈的感知能力。而其局限性在于成本高、监测范围相对较小、设备硬件与工作条件要求高。在通信方面，网络信号是该监测系统的重要部分，但户外输电线路的通信环境难以保证；在电源方面，蓄电池与户外保护机箱是设备采集信息的必要前提，在持续监测与温度变化中损耗明显，持续增加成本，同时加剧故障发生的可能性，维护难度大。

当远程输电线路视觉信息采集完毕后，通过通信系统传输到存储服务器与智能处理服务器，智能处理服务器对采集到的输电线路图像进行基于图像的观测对象静态状态检测和基于视频的观测对象动态状态检测两种状态监测。当有危急情况发生时，通过状态检测结果，控制模块可以向可视化终端服务器发出预警命令并发送具体危急情况描述信息，同时控制远程设备对缺陷问题进行持续的重点检测。

5.2.3 激光雷达扫描

基于激光雷达扫描的输电线路巡检能够快速获取输电线路路段的三维空间信息，非接触的工作方式使得其在带电情况下即可进行巡检，具有数据精度高、穿透力强、数据处理效率高等特点，能够很大程度地提高巡检效率。通过车辆或无人机搭载激光雷

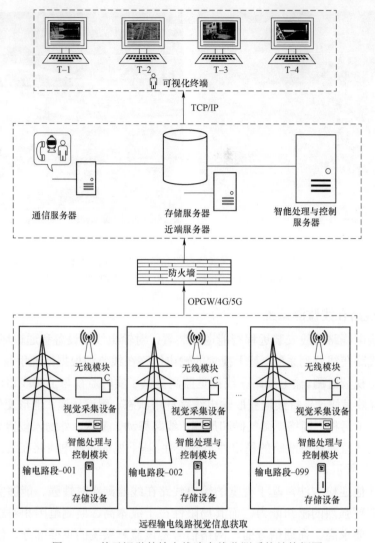

图 5-3　基于视觉的输电线路在线监测系统结构框图

达扫描仪对输电线路信息进行巡线采集，获得输电沿线的激光点云数据，然后通过后期数据处理，可以实现输电线路和环境场景的真实三维重建，得到杆塔、输电线、绝缘子、沿线地表形态、地表树木与建筑等目标的三维模型，同时可以准确地测量线路弧垂与交叉跨越距离，最大限度地反映地表的真实情况。图 5-4 为输电线路激光雷达巡检实例，对电力沿线情况进行准确地表示，特别是对于危险区域的安全距离测量。目前，基于激光雷达的巡检还可用于输电线路的验收。相比对其他视觉巡检方式，基于激光雷达对输电线路的状态巡检完整性高、精度高、操作简单且模块性强，可以手持、背包，搭载车辆、飞行器或爬行机器人。

三维点云数据具有无序性、稀疏性等特点。目前，基于深度学习的三维点云数据处理方法主要有以下三类：

（1）构建能够对三维点云数据直接进行训练而不用经过降维预处理的深度模型。

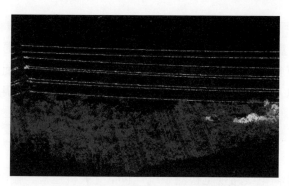

图 5-4　输电线路激光雷达巡检实例

（2）将三维点云映射到多视图或者转换为二维的深度图，采用常规卷积神经网络进行处理，最后通过将物体的二维特征表示进行聚合得到物体的三维特征描述。

（3）通过将物体用三维空间的描述进行三维的卷积，实现对目标的检测。

激光雷达技术在输电线路的精确测量与三维重建任务上有显著优势，在基于视觉的输电线路巡检中能够发挥独特的作用。随着激光雷达技术的发展，设备的价格逐渐降低，可应用性不断提高。

5.2.4　高分辨率光学卫星

高分辨率的光学卫星能够最大范围地对输电线路进行巡检，特别是特高压输电通道分布广泛的无人区。随着高分辨率技术的发展，基于卫星数据的输电线路巡检的精细程度不断提高。基于遥感卫星的输电线路视觉处理关键技术支撑包括输电线路卫星数据获取技术、多源数据融合与超分辨率重建、图像增强、基于机器学习的有监督检测与无监督聚类等。2017 年 12 月 25 日，中国电力科学研究院信息中心统筹建立的国内首个面向电力应用的卫星大数据统一管理平台正式上线，为输电线路巡检提供了可靠的、高重访周期的卫星数据支撑。基于卫星数据的输电线路巡检可以对输电线路及其环境进行长时间的变化监测、建设进度监测、绝缘子潜在隐患检测、环境通道安全检测等，图 5-5 为输电线路关键要素提取与廊道环境检测实例。

图 5-5　基于高分辨率光学卫星的输电线路关键要素提取与廊道环境检测

在高分辨率光学卫星拍摄的输电线路图像处理上，可应用的深度学习方法除目标检测之外，还有超分辨率重建以及图像增强等方法，可作为预处理方法提高检测的有效性。通过大量有监督或半监督的训练能够有效地提高巡检的自动化程度。而在处理过程中，针对包含大量背景信息以及多个目标同时存在的高分辨率图像处理是应用的难点，特别是复杂背景下的相似干扰和模糊等问题。

小结

本节简述了 4 种输电线路视觉检测系统，包括无人机巡检、输电线路在线监测系统、激光雷达扫描和高分辨率光学卫星，主要描述了它们在输电线路视觉方面的应用，为下文检测输电线路典型部件及其缺陷奠定了基础。

5.3　绝缘子视觉处理

绝缘子作为输电线路中不可或缺的元件，具备支撑线路和绝缘等多种功能，因此绝缘子需要承受高电压和机械张力，如果绝缘子受到损坏甚至出现缺陷时，会影响整个输电线路的正常运行，严重的可能会导致电网大面积停电，从而造成巨大的经济损失。为了保证输电线路的正常运行，及时对绝缘子的状态进行视觉检测十分必要。为了方便检修人员及时对故障进行检修，需要在航拍图像中实现绝缘子缺陷检测，而此工作的重点任务包括绝缘子分割、识别、检测和跟踪等。

5.3.1　绝缘子分割

绝缘子分割是进行绝缘子视觉检测的首要任务，准确的分割是后期目标识别和缺陷检测的必要前提。为了实现绝缘子在复杂航拍图像中的分割，本节主要介绍三类绝缘子分割方法。

1. 基于超像素的航拍绝缘子图像协同分割方法

针对传统分割方法会产生大量的用户交互导致分割效果不佳，不可避免地影响分割质量，提出了一种基于超像素的航拍绝缘子图像协同分割方法[4]。该方法是基于超像素实现的，利用多幅图像中目标像素之间的联系作为先验信息，指导每幅图像对应共同目标的分割。在无人机巡线过程中，由于对视频帧中绝缘子的分割有较高的实时性和精度要求，协同分割算法更能满足要求，在减少工作量的同时可获得更高的分割精度。下面主要介绍研究协同分割的三种分割方法。

（1）基于热力扩散模型的航拍绝缘子协同分割方法。

1）方法概述及原理框图。针对航拍绝缘子图像协同分割[5]要求实时性较高，背景相似且出现多个伪目标的特点，提出了一种基于热力扩散模型的航拍绝缘子协同分割方法[6]。该方法的主要思想是将图像看做一个非均匀的金属盘，像素（或超像素）之间的特征一致性就代表了热传导系数，分割的信任度可以看做温度，分割块的中心就是热源。找到 K 个热源的最佳安放位置，使得整个系统具有最大温度和，即可完成 K 个区域的分割。绝缘子分割流程图如图 5-6 所示。

2）具体步骤描述。首先结合纹理合成和基于样本的图像修复技术对图像序列进行文本去除。然后用 SLIC（Simple Linear Iterative Clustering，简单线性迭代）对预处理过的图像序列进行超像素分割以提高计算速度，根据热力学中的各向异性扩散理论建立协同分割模型。接着对图像中的超像素聚成设定数目区域类。最后提取出多幅图像中对应的最大相关区域，即为分割的共同绝缘子目标以达到有效消除伪目标区域类。协同分割的核心算法流程如图 5-7 所示。

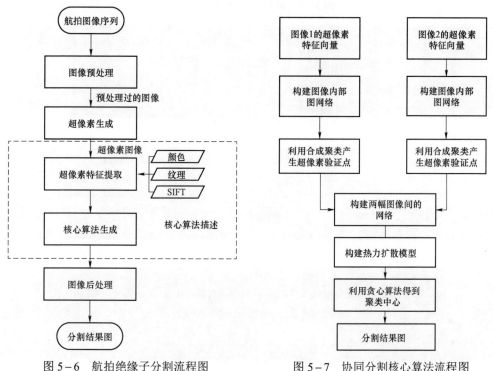

图 5-6　航拍绝缘子分割流程图　　　　图 5-7　协同分割核心算法流程图

3）实验结果及分析。本实验中采用的航拍绝缘子图像来自电力系统无人机巡线视频，通过进行 3 种现有的协同分割方法［分别为基于判别聚类的图像协同分割方法、基于颜色补偿策略、活动轮廓模型的图像协同分割方法和最大类间方差法（Otsu，大津法）］和热力扩散模型协同分割方法对比实验，采用三对图像的分割结果来验证本节方法的有效性，用 IOU（Intersection-Over-Union，交并比）值来表示分割结果的准确率。基于热力扩散模型的绝缘子分割算法的图片预处理、超像素生成和最终分割结果分别如图 5-8～图 5-10 所示。

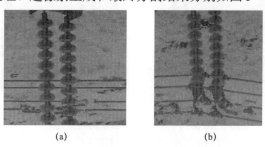

(a)　　　　　　　　　　　(b)

图 5-8　航拍绝缘子图像及其预处理结果

（a）航拍图像 Im2；（b）Im2 的预处理结果

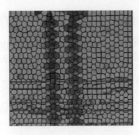

图 5-9   SLIC 超像素生成结果图

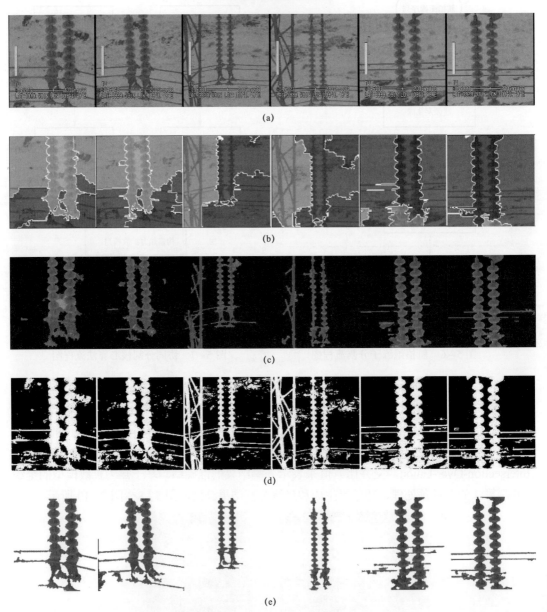

图 5-10   四种方法分割结果图

（a）原始图像对 A、B、C；（b）基于判别聚类的图像协同分割结果图；（c）基于颜色补偿策略和活动轮廓模型的
图像协同分割结果图；（d）最大类间方差法（Otsu）分割结果图；（e）本节方法分割结果图

通过计算 4 种方法的 IOU 值来评价分割方法的有效性，三对图像 A1、A2，B1、B2 和 C1、C2 的 IOU 值以及它们的平均 IOU 值见表 5-3。由表可见本节方法分割结果的 IOU 值高，总体效果优。

表 5-3　　　　　　　　　不同分割方法的 IOU 值比较

图像序列	方法一	方法二	方法三	本节方法
A（1）	45.9730	50.4848	45.2892	**51.3412**
A（2）	46.1480	51.5513	46.2618	47.2687
B（1）	20.3923	29.0754	28.6524	**50.3025**
B（2）	23.2017	36.5626	31.2538	**54.5309**
C（1）	51.7835	69.3181	63.4461	**69.8509**
C（2）	59.1075	76.0853	70.9407	74.3299
平均值	40.9343	52.1796	47.6407	**57.9373**

注：加黑的数字表示该幅图像本节方法分割效果最优的。

实验结果表明，基于热力扩散模型的航拍绝缘子协同分割方法极大地提高了多个绝缘子目标分割的精度与自动化能力。该方法能够很好地分割出不同形态的多个绝缘子串目标；利用超像素极大地减少了分割算法的计算时间；对相似背景下的航拍绝缘子图像序列协同分割有很好的鲁棒性。

（2）Hough 检测修复结合自动初始化轮廓 C-V 模型的航拍绝缘子协同分割方法。

1）方法概述和原理框图。为了解决基于热力扩散模型的航拍绝缘子协同分割方法对复杂背景中存在多个伪目标（如部分输电线、杆塔）与绝缘子黏连情况航拍图像的分割效果欠佳的情况，提出了 Hough 检测修复[7]结合自动初始化轮廓 C-V（Chan-Vese）模型的航拍绝缘子协同分割方法[8]。该方法流程如图 5-11 所示。

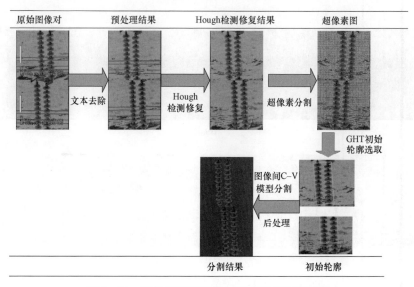

图 5-11　航拍绝缘子图像协同分割方法流程图

2）具体步骤描述。首先基于结合纹理合成和基于样本的方法对航拍绝缘子图像进行去除文本。然后对预处理过的图像进行 Hough 检测修复以处理输电线与绝缘子黏连问题，对检测到的输电线进行黑色标记，并利用基于样本的纹理合成修复算法对标记区域进行纹理和结构复制。接着由于航拍绝缘子分割算法都是在像素的基础之上开展的，所以对检测修复后的图片采用基于梯度下降法的 SLIC 方法进行超像素分割。最后利用广义霍夫变换（GHT）实现 C-V 模型初始轮廓的选取并进行基于图像间的 C-V 模型的绝缘子协同分割，对分割结果进行后处理得到最终结果。

3）实验结果及分析。为了验证方法的有效性，本小节利用无人机巡线视频帧图像分别进行两次实验，其中绝大部分图像包含复杂的场景，例如杆塔、与绝缘子串黏连的大量输电线、部分与绝缘子颜色特征相似的地面等。同样，用 IOU 值来表示分割结果的准确率。

实验一：将本节分割方法与以下 4 种分割方法进行比对，分割结果如图 5-12 所示。

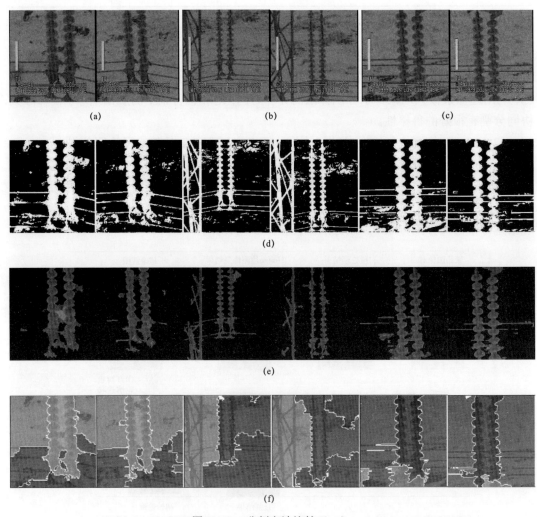

(a)   (b)   (c)

(d)

(e)

(f)

图 5-12　分割方法比较（一）

（a）航拍图像对 A；（b）航拍图像对 B；（c）航拍图像对 C；（d）最大类间方差法（Otsu）结果；

（e）基于颜色补偿策略和活动轮廓模型的图像协同分割结果；（f）基于判别聚类的图像协同分割结果

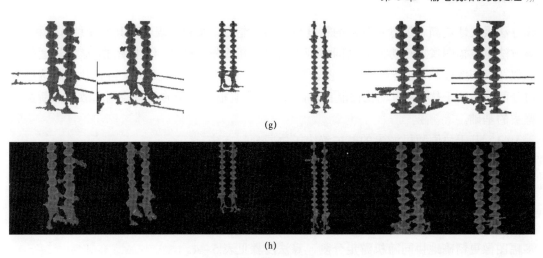

(g)

(h)

图 5－12　分割方法比较（二）

（g）基于热力扩散模型的航拍绝缘子图像协同分割结果；（h）本节方法的结果

实验二：对两幅以上的航拍绝缘子图像进行协同分割，同样可以获得很高的分割精度。本小节对三幅航拍绝缘子图像协同分割，分割结果如图 5－13 所示。

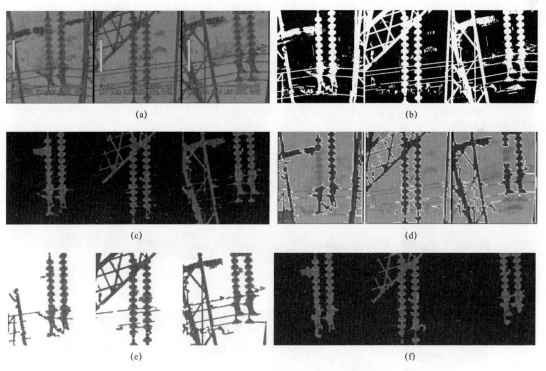

(a)　(b)　(c)　(d)　(e)　(f)

图 5－13　分割方法比较

（a）航拍图像序列 A；（b）最大类间方差法（Otsu）结果；（c）基于颜色补偿策略和活动轮廓模型的协同分割结果；（d）基于判别聚类的图像协同分割结果；（e）基于热力扩散模型的航拍绝缘子图像协同分割结果；（f）本节方法的结果

实验一表明 Hough 检测修复和自动轮廓选取方法准确率明显比其他方法高，能够很好地去除伪目标和背景，在背景相似的情况下分割效果也很好，并且错误分割情况较少，该方法极大地提高了绝缘子分割的精度与自动化能力。实验二表明与其他 4 种方法相比，该方法对多幅图像进行协同分割同样可以获得很高的分割精度。综上所述，该方法适用于相似背景图像分割，并能够同时分割出多幅图像中的多个目标绝缘子，可有效消除伪目标对分割结果的干扰，且自动化性能良好，为无人机航拍绝缘子的状态检测和故障诊断奠定坚实的基础。

（3）基于协同随机游走的航拍绝缘子协同分割方法。

1）方法概述和原理框图。为了解决经典随机游走算法容易错误分割且对多幅图像分割需要大量交互的问题，提出了基于协同随机游走的航拍绝缘子协同分割方法[4]。传统随机游走[9]分割对种子点选取的依赖性很强，种子点选取的好坏直接影响着分割结果。本节方法通过图像内和图像间的像素特征关系来构造协同图网络，求得协同对应种子点，达到多幅图像更精确地协同随机游走分割，算法步骤见表 5－4。

表 5－4　　　　　　　　　　　基于协同随机游走的航拍绝缘子协同分割

算法：基于协同随机游走的航拍绝缘子协同分割
输入：图像序列 $I_i \in I$，种子点个数 T。 输出：协同分割结果 $COS_i \in COS$。 Step 1：初始化 V、E_{in}、E_{inter}、L，解集 S 为空集。 Step 2：对每幅图像 $I_i \in I$ 进行去除文本预处理并进行超像素分割得到 V_i，将 V_i 并入更大的顶点集合 V。 Step 3：对每幅图像 $I_i \in I$ 根据特征空间 K－最近邻构造内部图网络 $G_{in-i} = G(V_i, E_{in-i})$，将 E_{in-i} 并入更大边集 E_{in}。对 $V_i \in V$ 凝聚类得到 L_i 并入 L。 Step 4：对图像 I_i 中的每个验证点 $v_k \in L_i$ 计算图像 I_j 中特征最相似的验证点 $v_l \in L \backslash L_i$，连接 v_k，v_l 组成边集 E_{inter}。 Step 5：构建图像序列 I 的协同图网络 $G_I = G(V, E_{in} \cup E_{inter})$。 Step 6：根据构建好的 G_I 计算拉普拉斯矩阵 L_I，计算 $u = L_I u$，u 为 $|V|*1$ 的向量，$u(S \cup L_i) = 1$。边际增益 $\Delta U(L_i) = |u|_1$（L_1 范数），最大化边际增益：$\{s_1, s_2, \ldots, s_t\} = \arg\max_{s \in C} \Delta U(L_i)$，迭代终止的条件是解集 $S = \{s_1, s_2, \ldots, s_t\}$ 中的个数为 T。 Step 7：每幅图像 $I_i \in I$ 上的超像素 $V_i \in V$ 通过随机游走分割被聚类成小于等于 T 个区域，从 T 个区域中得到绝缘子目标协同分割结果 COS_i

2）实验结果和分析。首先采用背景大多面向天空的绝缘子图像进行分割实验，得到的分割结果如图 5－14 所示。

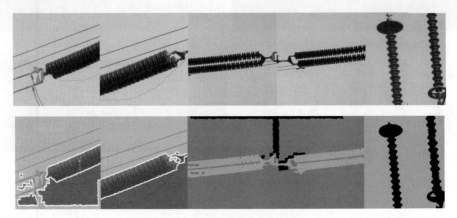

图 5－14　绝缘子分割结果图

为了验证协同随机游走分割算法在航拍绝缘子图像分割中的有效性，本节对不同的航拍绝缘子图像进行对比实验，其中绝大部分图像包含复杂的场景，例如杆塔、与绝缘子串

黏连的大量输电线、部分与绝缘子颜色特征相似的地面等。实验取得的分割结果如图 5-15
所示。

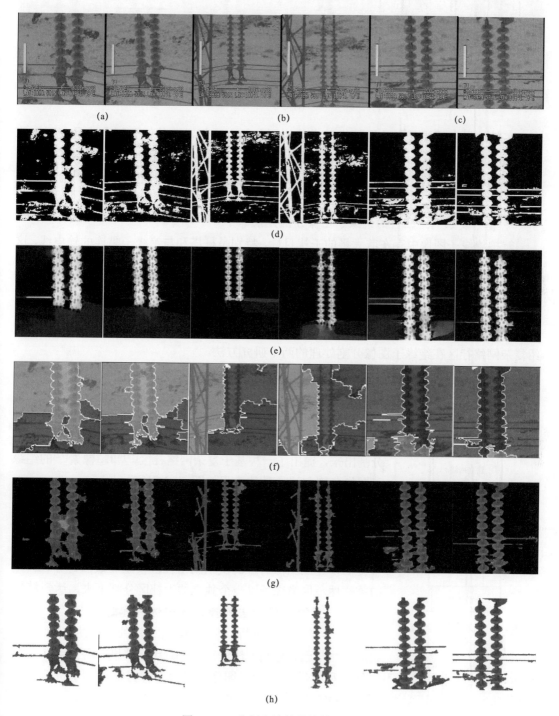

图 5-15　分割方法结果比较（一）

（a）航拍图像对 A；（b）航拍图像对 B；（c）航拍图像对 C；（d）最大类间方差法（Otsu）结果；（e）传统随机游走分割
结果；（f）基于判别聚类的图像协同分割结果；（g）基于颜色补偿策略和活动轮廓模型的图像协同分割结果；
（h）基于热力扩散模型的航拍绝缘子图像协同分割结果

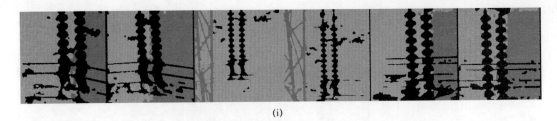

(i)

图 5-15　分割方法结果比较（二）

(i) 本节方法分割结果

实验结果表明了基于协同随机游走的协同分割方法相对于其他分割方法具有更高的鲁棒性，该方法能够正确地分割出多幅图像中对应的不同形态的绝缘子串目标，实现了自动随机游走图像分割，能够在较少种子点的情况下获得很高的分割精度，而且具有更好的适用性。

2. 基于复杂网络社区的绝缘子图像分割方法

航拍绝缘子图像中存在着大量的干扰目标，特别是杆塔和与绝缘子黏连的输电线，这些伪目标和绝缘子在纹理、颜色等特征上相似度比较高。针对传统方法的分割效果欠佳并不能达到需求的情况，提出了基于复杂网络社区的绝缘子图像分割方法[10]。复杂网络社区最大的优势就是能够将目标以一个独立的社区完整地表示，应对大量绝缘子图像分割时，能够完整地保留绝缘子的信息，在提高智能化的同时获得很高的精准度。下面主要介绍复杂网络社区在绝缘子图像分割处理的两个研究方法。

图 5-16　简单背景绝缘子
图像分割流程图

（1）基于超像素与复杂网络社区检测的简单背景绝缘子图像分割方法。

1）方法概述和原理框图。对于背景中伪目标种类繁多的绝缘子图片，我们需要去除背景伪目标的干扰，将绝缘子完整地分割出来，提出了一种基于复杂网络社区[11]和超像素[12]的绝缘子图像分割方法。具体流程如图 5-16 所示。

2）具体步骤描述。首先对绝缘子图像进行超像素处理，在满足绝缘子图像分割要求的同时，还能预先去除掉一些伪目标的干扰，得到很好的预处理结果。然后根据其超像素中包含的单特征，建立图像对应的复杂网络社区模型。最后计算社区间的关联性，将绝缘子以一个独立的大社区分割出来，达到精准的目的，且能很好地去除掉背景中伪目标的干扰。

3）实验结果及分析。为了验证此方法的有效性，我们通过将此方法与已有分割方法进行实验对比，结果如图 5-17（a）所示，实验样本是具有不同外形和材质的绝缘子图像。采用 5 种方法得到的分割结果如图（b）～（f）所示，并选择用 IOU 值和分割结果的综合质量来表示分割结果的准确率，综合质量比较和 IOU 值比较如图 5-18、图 5-19 所示。方法 1 为最大类间方差法（Otsu）；方法 2 为单用颜色特征分割方法；方法 3 为单用纹理特征分割方法；方法 4 为基于活动轮廓模型的绝缘子提取方法[13]；方法 5 为基于最小生成树的复杂网络社区检测与图像分割方法[14]。

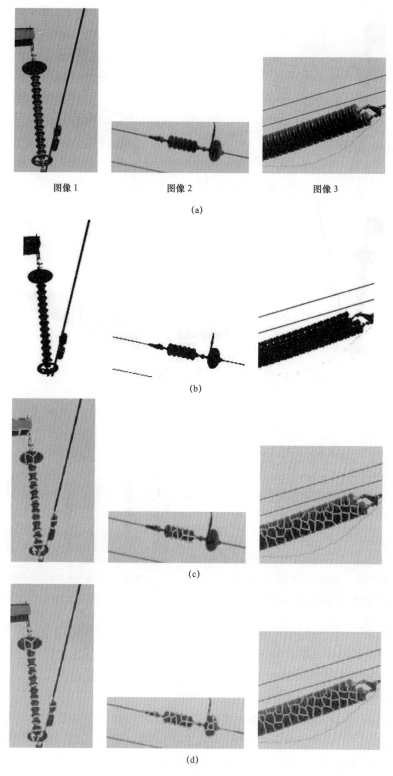

图 5-17　分割方法比较（一）

（a）原始图像；（b）Otsu 结果；（c）单用颜色特征分割结果；（d）单用纹理特征分割结果

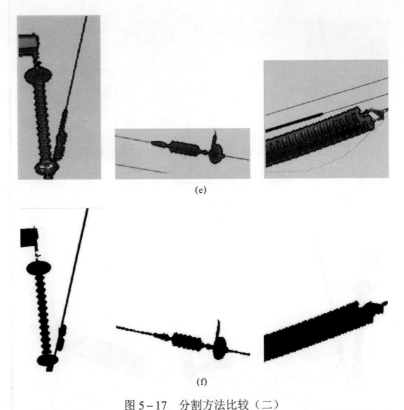

图 5-17 分割方法比较 (二)

(e) 基于活动轮廓模型的绝缘子提取结果;(f) 基于最小生成树的复杂网络社区检测与图像分割结果

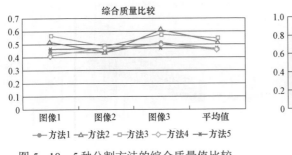

图 5-18 5 种分割方法的综合质量值比较   图 5-19 5 种分割方法的 IOU 比较

实验结果表明,针对简单背景绝缘子图像,方法 1 不能去掉输电线和其他伪目标;方法 2 和方法 3 都能很好地将绝缘子信息分割在一个社区内;方法 4 虽然可以得到很好的分割结果,但依赖于迭代的次数和人工参与的初始轮廓选择,会增加人为的干扰;方法 5 运算时间比较大,不能去除掉和绝缘子黏连的伪目标。从图 5-18、图 5-19 可以看出,方法 2、3 得到的分割效果比其他方法要好,因为实验图像中绝缘子的纹理和其他目标区别很大,所以方法 3 的效果最好。此外,结果图中绝缘子被单独以一个社区表示出来,去除掉了伪目标和背景。以上实验说明,基于超像素和复杂网络社区的分割方法能够很好地分割简单背景绝缘子图像。

（2）基于复合特征和复杂网络社区的复杂背景绝缘子图像分割方法。

1）方法概述和原理框图。基于超像素和复杂网络社区的绝缘子图像分割方法虽然可以取得较好的效果，但是针对复杂背景中含有噪声或者是存在多个干扰目标（如杆塔、输电线）与绝缘子黏连情况的航拍绝缘子图像分割效果欠佳。基于上述问题，提出了一种基于社区检测和复合特征的航拍绝缘子分割方法[10]。此方法能够将绝缘子目标从复杂背景绝缘子图像中分割出来，适用于多种绝缘子图像，并且可以有效去除掉伪目标对分割结果的干扰。这个方法所需时间短，自动化程度高，还有很高的精准性和鲁棒性。本方法具体流程如图 5-20 所示（以航拍绝缘子为例）。

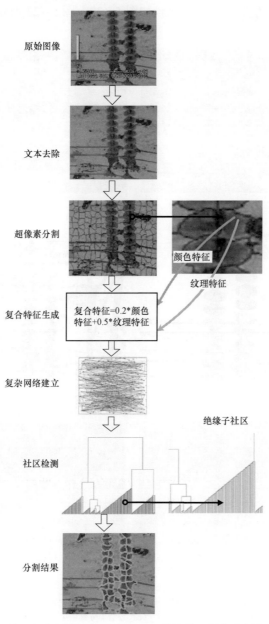

图 5-20　基于复杂网络社区和复合特征的绝缘子图像分割方法流程图

2）具体步骤描述。首先对输入的原始航拍绝缘子图像进行文本去除操作。然后对图像进行超像素分割。根据每个超像素中的特征提取，计算得到复合特征。接着根据复合特征建立图像复杂网络。最后根据每个超像素间的相似度，将图像网络分成若干社区，绝缘子被一个独立的社区表示出来，得到绝缘子分割结果。

3）实验结果和分析。为了验证本节方法的鲁棒性和有效性，设计并实现了两个实验，分别是复杂背景绝缘子图像实验和含不同噪声的航拍绝缘子图像实验。

实验一：复杂背景绝缘子图像实验

用图 5-17 中的 5 种方法和本节方法来分割不同复杂背景的航拍绝缘子图像，分割结果如图 5-21 所示，IOU 值和综合质量比较如图 5-22、图 5-23 所示。

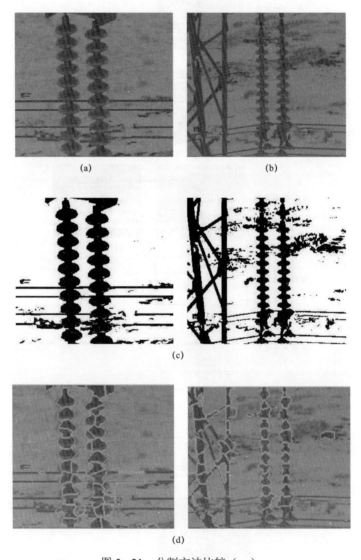

图 5-21　分割方法比较（一）

（a）航拍图像 1；（b）航拍图像 2；（c）方法 1 分割结果；（d）方法 2 分割结果

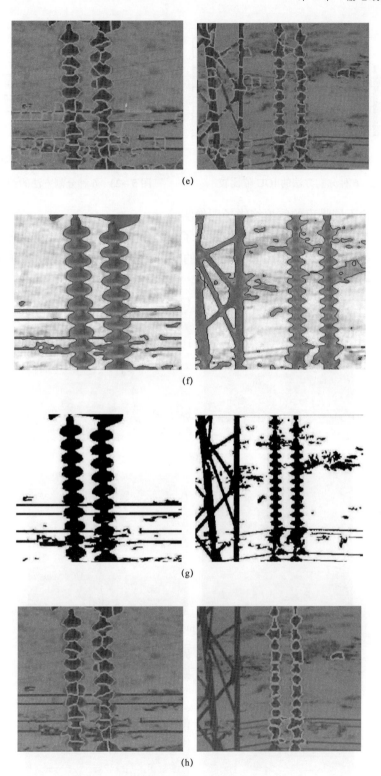

图 5-21　分割方法比较（二）

（e）方法 3 分割结果；（f）方法 4 分割结果；（g）方法 5 分割结果；（h）本节方法结果

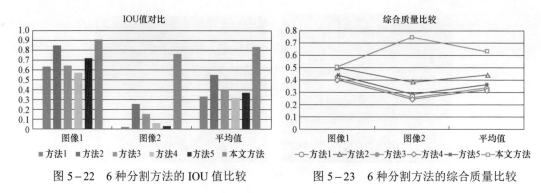

图 5-22   6 种分割方法的 IOU 值比较   图 5-23   6 种分割方法的综合质量比较

实验二：含不同噪声的航拍绝缘子图像实验

为了验证本节方法的鲁棒性，我们设计了一组分割不同噪声航拍绝缘子图像的实验。添加不同的噪声到航拍绝缘子图像中。添加的噪声有椒盐噪声、高斯噪声和斑点噪声。分割结果如图 5-24 所示。

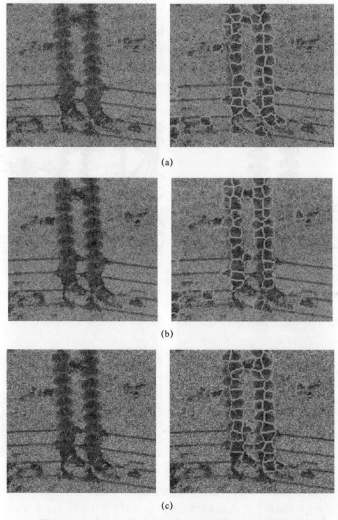

图 5-24   含不同噪声航拍绝缘子图像及其分割结果

（a）椒盐噪声及其分割结果；（b）高斯噪声及其分割结果；（c）斑点噪声及其分割结果

实验一的结果表明本节方法的分割效果最好,尤其是在分割航拍图像的时候。从 IOU 值和综合质量比较也可以看出本节方法的优势十分明显,IOU 值优于其他 5 种方法。最重要的是,本节方法可以完整地去除掉杆塔并保留绝缘子的信息。实验二的分割结果图说明此方法能够很好地分割含有不同噪声的航拍绝缘子图像,鲁棒性也是很好的。所以本节方法在处理含有大量干扰目标和不同噪声的绝缘子图像时,能够有效分割出绝缘子目标,并且具有很好的鲁棒性,明显的准确性和有效性。

3. 基于 KPCA 优化的航拍绝缘子分割方法

(1)方法概述。为了解决航拍绝缘子图像中相似杆塔、黏连线路等分割问题,简单利用绝缘子图像自身信息难以得到满意的分割结果,本小节研究了一种基于 KPCA(Kernel Principal Component Analysis)[15]和形状先验信息[16]结合的 C-V 模型[17]。由于先验模型中模板形状存在变化导致数据是非线性的,所以用 KPCA 替代 PCA 获得先验形状信息。KPCA 很好地解决了航拍绝缘子中绝缘子形状和先验绝缘子形状存在的差异问题,能够更好地体现绝缘子先验形状信息。

(2)实验结果及分析。将基于 KPCA 和形状先验的 C-V 分割模型和几种常见的分割方法做对比,其中方法一:JOULIN A 等提出的基于判别聚类的图像协同分割方法;方法二:最大类间方差法(Otsu)。本实验中采用两张图像(E1、E2)的分割结果来验证本节方法的有效性,结果如图 5-25 所示。A 是原图,B 是协同分割结果,C 是 Otsu 分割结果,D 本节算法分割结果。

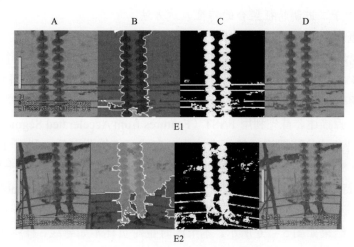

图 5-25　三种方法分割结果图

通过计算 3 种方法的 IOU 值来评价分割方法的有效性,结果见表 5-5。

表 5-5　　　　　　　　　　　　不同分割方法的 IOU 值比较

图像序列	方法一	方法二	本节方法
E1	0.694	0.709	0.736
E2	0.722	0.593	0.813
平均值	0.708	0.651	0.774

从图 5-25 可以看出，协同分割法由于航拍绝缘子图像序列中大部分背景相似，导致分割效果较差。Otsu 只能产生二值图像且不能够去掉大部分的背景，分割的结果较差。本节的方法能够较为准确地分割出绝缘子，也存在一部分的错误分割，但总体效果较为明显，解决了导线和绝缘子黏连问题。表 5-5 说明本节方法分割结果的 IOU 值高，总体效果最优。所以基于 KPCA 和形状先验知识的水平集绝缘子图像分割方法，可以充分利用绝缘子特有的形状特征，同时也结合图像本身的信息，对处理航拍绝缘子图像中绝缘子与导线的黏连问题，具有较好的分割效果，对形状相似的杆塔等伪目标也能有较好的区分。

小结

本节主要介绍了三类绝缘子图像分割方法，包括基于超像素的航拍绝缘子图像协同分割方法、基于复杂网络社区的绝缘子图像分割研究和基于 KPCA 优化的航拍绝缘子分割研究。以上三类方法都是传统分割方法，从不同的方面对绝缘子分割的任务进行了优化和改进，虽然达到了一定的效果，但是仍然有很大的提升空间。

5.3.2 绝缘子识别

绝缘子识别是其视觉处理中的重要任务。航拍图像分辨率低、目标模糊、背景复杂，需要对绝缘子进行恰当的特征提取和准确分类才能完成识别任务。本节介绍四类绝缘子识别方法。

1. 基于绝缘子二进制特征聚合的特征表达方法

（1）方法概述。在红外图像中对绝缘子进行识别是一项极具挑战性的任务，由于多变的温度、监测视角与复杂的背景，因此更为鲁棒、具有区分度的绝缘子特征表达是极其需要的。本小节将对红外图像中绝缘子识别最为重要的特征表达问题进行研究，提出了绝缘子二进制特征聚合的特征表达方法[18]。

（2）具体步骤描述。首先利用 FAST（Features from Accelerated Segment Test，加速分割检测特征）[19]角点检测器进行特征点检测。在特征点检测之后，利用 BRISK（Binary Robust Invariant Scalable Keypoints，二进制尺度旋转不变鲁棒特征）算法[20]进行计算，并将 BRISK 二值特征构建成更高层表达。本节采用 BFP（Binary Feature Pooling，二进制特征池化）策略对数据库中的红外绝缘子图像进行特征表达，一些绝缘子样本图像与其 BFP 特征表达可视化结果如图 5-26 所示。本节同时也对负样本如导线、杆塔等图像，及其特征进行可视化，如图 5-27 所示。

（3）实验结果和分析。本节将构建的绝缘子红外图像数据库随机提取 30% 作为训练样本，剩余的 70% 作为测试样本，并将提出的 BFP 特征生成方法应用于训练集样本生成特征集合。所有的特征用于训练分类器，为了选择合适的分类器，本节比较了几种常用的分类器：SVM（Support Vector Machine），kNN（k-Nearest Neighbor）和 Classification Tree，同样比较了不同的局部特征对于识别效果的影响，包括 SURF（Speeded-Up Robust Features）、ORB（Oriented FAST and Rotated BRIEF）和 FREAK（Fast Retina Keypoints）。测试集上的分类结果见表 5-6，在实验中所有局部特征都采用 k-medoids 方法，其中 $k = 100$。

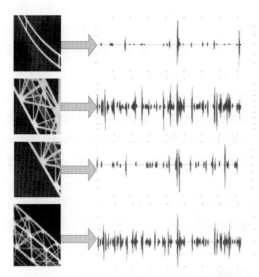

图 5-26　红外绝缘子图像与其对应的特征表达　　　　图 5-27　负样本红外图像与其特征表达

表 5-6 　　　　　　　　　　　　测 试 集 分 类 准 确 率

特征	分类器		
	支持向量机	k 近邻	分类树
本节方法	**89.1026%**	82.0500%	82.6900%
Original BRISK（最初的 BRISK）	80.7692%	69.2300%	82.0500%
FREAK（快速视网膜特征）	84.6144%	75.0000%	77.5600%
SURF（加速稳健特征）	86.5380%	54.4900%	76.9200%
ORB（定向二进制简单描述）	80.1282%	82.6900%	60.9000%

此次实验同样比较了本节所提方法与 Bag-of-feature（特征袋）中层特征构建方法在测试集中的分类准确率，分类比较结果如图 5-28 所示。

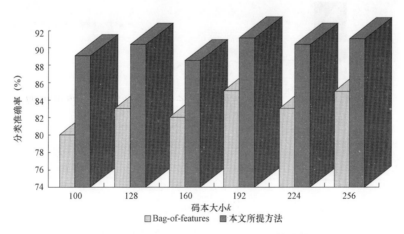

图 5-28　BFP 与 Bag-of-features 方法比较

从实验结果可以得知，SVM 是绝缘子合适的分类器。由于本节采用 FAST 在原始空间下进行特征点检测，因此可以得到足够多数量的特征点，随着特征点数的增多，分类器准确率提高了 8.33%。图 5-28 说明，BFP 表达方法可以从局部描述子中提取丰富的语义描述，所以本节所提出的特征构建方法分类准确率优于 Bag-of-features 方法。

2. 基于深度卷积特征图聚合的绝缘子识别方法

（1）方法概述及原理框图。由于 VLAD（Vector of Locally Aggregated Descriptors）聚合器[21]可用于生成具有形变不变性的全局图像描述子，DCNN（Deep Convolutional Neural Network）可以提取富有区分度的高层特征，基于两者的上述优点，本节提出了一种基于深度特征图聚合的红外图像绝缘子识别方法[22]。与已有的 CNN-VLAD 方法不同，进一步深挖卷积神经网络，在富含空间域细节的卷积层探寻特征信息，改进了深度网络，丢弃了含有大量参数的全连接层，替换为 VLAD 作为特征生成层，本节所提出的特征生成框架如图 5-29 所示。

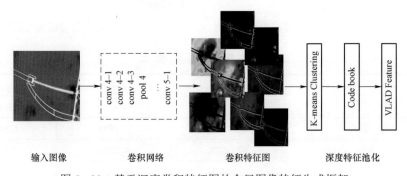

图 5-29　基于深度卷积特征图的全局图像特征生成框架

（2）具体步骤描述。首先将绝缘子图像输入到深度卷积网络模型中进行深度特征图提取，本小节采用 ImageNet 预训练的 CNN 模型作为原始网络进行深度特征图抽取。接着对特征图进行聚合，利用特征图抽取与向量化手段对训练集图像进行操作，进而利用 K-means 聚类方法生成码本，深度特征图聚合的方法流程如图 5-30 所示。

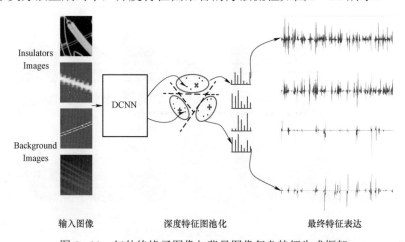

图 5-30　红外绝缘子图像与背景图像复杂特征生成框架

（3）实验结果及分析。本节采用优秀的 Caffe 开源框架作为深度卷积神经网络的实现，所用模型为 ImageNet 预训练的模型，本节去除了最后 3 层的全连接层。

分类结果：分类器采用 SVM 分类器，同时也比较了不同特征与不同分类器的效果，见表 5-7。

表 5-7　　　　　　　　　　　　　　分类准确率比较

特征	SVM	kNN	Classification Tree
SURF	86.5380%	54.4900%	76.9200%
ORB	80.1282%	82.6900%	60.9000%
BRISK	80.7692%	69.2300%	82.0500%
F-BRISK	89.1026%	82.0500%	82.6900%
AlexNet（fc6）	54.0256%	75.8510%	73.0925%
AlexNet（fc7）	51.0638%	76.0638%	75.9574%
本节方法	**93.4043%**	91.2766%	71.3830%

不同深度的特征图分类结果：由于不同深度的特征具有不同的侧重点，高层的特征富有语义信息，低层的特征更对物体细节信息敏感。在 VGG-16 网络中抽取了部分不同深度的特征进行实验，并评估了 SVM 的四种核形式：线性 SVM、多项式核、RBF（Radial Basis Function）核与 Sigmoid 核，SVM 分类器的实现基于 LibSVM 库，实验结果如图 5-31 所示，具体细节见表 5-8。

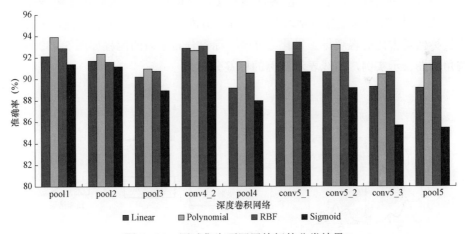

图 5-31　测试集中不同层特征的分类结果

表 5-8　　　　　　　　　　不同层的深度特征分类结果细节　　　　　　　　　（码本大小：100）

中间隐含层	特征图维度	描述子长度	准确率（%）
pool 1	$112 \times 112 \times 64$	1 254 400	92.8723
pool 2	$56 \times 56 \times 128$	313 600	91.5957
pool 3	$28 \times 28 \times 256$	78 400	90.7447
conv4_2	$28 \times 28 \times 512$	156 800	93.0851

续表

中间隐含层	特征图维度	描述子长度	准确率（%）
pool 4	$14 \times 14 \times 512$	19 600	90.5319
conv5_1	$14 \times 14 \times 512$	19 600	**93.4043**
conv5_2	$14 \times 14 \times 512$	19 600	92.4468
conv5_3	$14 \times 14 \times 512$	19 600	90.6383
pool 5	$7 \times 7 \times 512$	4900	92.0213

实验结果说明，SVM 分类器对于绝缘子识别具有较为稳定的表现，由于 SVM 出色的防过拟合能力与在小数据集上的表现，其被广泛使用。本节挖掘卷积层中特征响应利用 VLAD 方法增强了特征的不变性与鲁棒性，达到了 93.4043%的准确率。表 5-8 表明基于 RBF 核的 SVM 分类器在 conv5_1 层中可以达到 93.4043%的准确率，综合特征表现效果与计算消耗，证明了基于深度卷积特征图聚合的红外图像绝缘子特征表达方法，能够在特定的绝缘子数据集中取得较好的分类效果。

3. 基于图像特征与标签分布学习的航拍绝缘子识别方法

（1）方法概述。图像特征提取是实现目标识别的前提，而航拍输电线路图像的背景复杂、伪目标多等特点给传统特征的普适性带来了限制。深度神经网络提取的图像特征具有高度的抽象性，基于大规模图像数据库预训练的 VGGNet 网络模型能很好地提取到深度特征。标签分布学习（Label Distribution Learning，LDL）[23]是一种新型机器学习范式，不仅能预测实例中的标签，还能给出各标签对实例的描述程度，因此在图像分类和识别领域得到广泛应用。针对标签分布学习对图像标签分配存在较多主观因素的问题，设计了一种基于目标像素占比的客观标签量化方法[24]。标签分布学习的流程如图 5-32 所示，其中虚线圆角框图表示实例，曲线表示实例的标签分布。

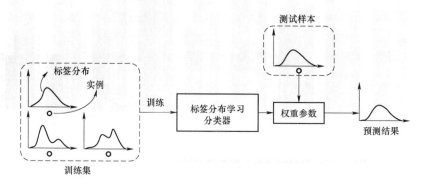

图 5-32　标签分布学习流程图

为了能更好地完成航拍绝缘子图像的识别任务，本节建立了输电线路航拍图像标签分布（Aerial Image Label Distribution database，AILD）数据库[25]，主要由杆塔、绝缘子、导线和背景等构成，如图 5-33 所示，在此不再具体介绍 AILD 数据库。

（2）具体步骤描述。基于目标像素占比的客观标签量化方法主要步骤：① 利用 VGGNet 对航拍图像进行特征提取，以第 7 层全连接层输出作为特征描述，大小为 1×4096

维。该输出结果即为 VGGNet 神经网络对图像提取的深度特征。② 通过对训练集的图像特征与其对应的标签分布的学习完成分类器的训练,根据待预测图像的特征完成其标签分布的预测，最终完成图像目标识别，从而有效解决多目标标签重要度模糊性问题。

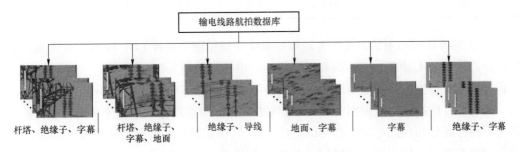

图 5-33　本节建立的 AILD 数据库

由于主观标签量化的方法严重依赖于主观判断，会严重影响标签的排序结果，为减弱标签量化对标签分布学习的影响，在进行标签分配时采用基于目标所占像素面积比的客观量化方法。如图 5-34（b）所示中不同的颜色代表不同的目标，图像中的每个区域都有其确定的类属，且其像素所占面积可计算，在整幅图像像素面积中占一定比。在对航拍图像中各目标进行量化时，仅考虑设计的标签集涵盖的目标，在考虑背景像素面积量化时，仅统计出现事物的像素区域。本节考虑将量化后的标签分布归一化处理，并且符合标签分布的必要条件。因此可通过这种方法对图像中的目标标签分布进行客观量化。

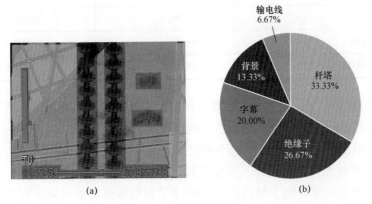

图 5-34　航拍图像基于像素面积占比的客观标签量化示意图
（a）航拍图像中各目标像素的划分；（b）各目标像素占比量化结果

（3）实验结果和分析。为了验证客观标签量化方法能提高输电线路航拍图像标签分布学习的预测性能，本节首先进行主、客观标签分配的 LDL 实验。实验的训练集为上文所述 AILD 数据库,测试集为从另一段航拍视频中分帧得到的 458 幅航拍图像。采用 VGGNet 神经网络提取各图像的深度特征，实验结果见表 5-9。表中数据为绝缘子标签的预测分布统计平均值，是测试集中所有图像预测标签结果的平均。"↓"表示该指标越小越好；"↑"表示该指标越大越好。

表 5-9　　　　　　　　　　客观标签量化与主观打分 LDL 实验结果

度量指标	K-L（↓）	χ2（↓）	保真度（↑）
OLQ	0.0470	0.0443	0.9880
主观打分	0.0524	0.0503	0.9764

从表 5-9 中可以看到，采用客观标签量化对航拍图像进行 LDL 标签分布预测，比主观打分方法在 K-L 距离、χ2 距离和保真度上，准确度分别提高了 10.3%、11.9%和 1.2%，并且对遮挡、错位、背景与前景对比不明显等多种情况都有较强的鲁棒性。

然后进行航拍绝缘子识别实验。实验考虑以实际的客观标签量化分布为事实依据，允许预测的标签分布在此基础上有 30%的浮动，以识别错误率和预测标签与实际标签之间的平均绝对误差±均方误差（MAE±MSE）为度量指标，计算各种特征［如深度特征、LBP（Local Binary Pattern）特征、HOG（Histogram of Oriented Gradient）特征和 SIFT（Scale Invariant Feature Transform）特征等］对预测航拍绝缘子图像的识别准确程度。识别结果见表 5-10。

表 5-10　　　　　　　　　航拍绝缘子识别结果度量

特征	error rate（↓）	MAE±MSE（↓）
VGGNet	**20.3%**	**0.0960±0.0079**
LBP	22.9%	0.1958±0.1915
HOG	22.9%	0.1384±0.0367
SIFT	26.2%	0.1552±0.0233
GIST	64.0%	0.1546±0.0226
COLOR+SIFT	65.1%	0.1730±0.0298

客观标签量化的 LDL 采用多种图像特征对测试集图像的绝缘子目标识别时，VGGNet 识别准确度最高，HOG 特征与 LBP 特征准确度次之，而 GIST 特征和融合颜色与 SIFT 的图像特征在识别航拍绝缘子时基本不能使用。

4. 基于深度模型的航拍绝缘子图像识别方法

针对现有的无约束环境下航拍图像中绝缘子识别准确率低且缺少有效的特征表达的现状，应用深度学习理论，深入研究绝缘子特征在深度网络中的传递情况，提出了两种基于深度卷积神经网络图像特征构建的绝缘子识别方法[26]。

（1）基于并行深度卷积神经网络特征提取和特征维度选择的旋转绝缘子识别方法。

1）方法概述和原理框图。由于输变电图像中绝缘子方向的多样化，获得鲁棒的旋转不变性特征表达是必要的。传统的手工特征和局部特征方法难以全面表征图像的特点，泛化性差，而直接利用单个的深度模型进行特征表达无法同时兼顾旋转不变性和可识别性。针对上述问题，本节提出了一种基于并行深度卷积神经网络特征提取和特征维度选择的旋转绝缘子识别方法[27]。该方法的整体框架如图 5-35 所示。

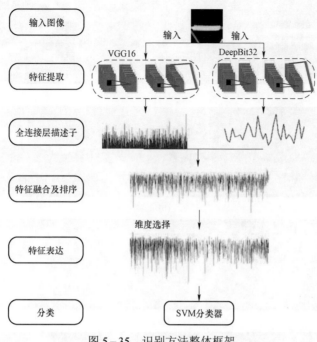

图 5-35　识别方法整体框架

2）具体步骤描述。首先，将图像输入到经过 ImageNet 数据集预训练的 VGG16 模型和 DeepBit32 模型[28]组成的并行深度卷积神经网络，如图 5-36 所示。

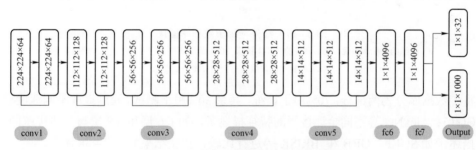

图 5-36　并行深度卷积神经网络框架

然后提取不同全连接层的特征描述子，对特征描述子进行直接融合，利用基于最大相关和最小冗余的特征选择算法进行特征排序和维度的选择。以 VGG16_fc6 和 DeepBit32_fc8 直接融合得到的识别结果作为基准，然后依次选择排名前 n 的特征描述子进行测试，当 n=3994 时，识别的准确度最高。

最后，利用 SVM 分类器在现有的红外绝缘子图像数据库上进行分类。

3）实验结果和分析。实验所用到的红外图像数据库包括 672 张绝缘子图像和 1012 张背景图像。绝缘子图像为"正"，样本图像为"负"。由于绝缘子的样本有限，在实验过程中手动旋转图像进行测试。图 5-37 显示了正负训练样本和多角度旋转后的测试样本。

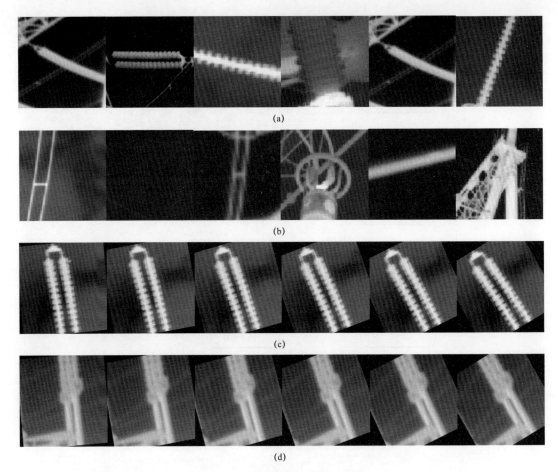

图 5-37　红外绝缘子数据库图像

（a）训练的正样本图像；（b）训练的负样本图像；（c）旋转不同角度之后的正样本测试图像；
（d）旋转不同角度之后的负样本测试图像

将该数据库分为两部分：70%用于训练，其余30%用于测试。通过提取不同深度模型，如 VGG16、AlexNet 等不同全连接层的特征描述子，如 fc6 层和 fc8 层与一些传统的手工特征描述子如 SURF、ORB 和 BRISK 等进行比较，实验结果如图 5-38 所示。

从图 5-38 的识别结果可以看出，VGG16 的精度都是最高的，DeepBit32 模型在一定程度上具有旋转不变性，两者提取的特征表示在识别度和旋转性方面是互补的。基于这一观点，本方法有效地组合两种特征表达方法，然后对特征进行排序和维度进行选择。

对数据库的测试样本分别进行不同角度的旋转，旋转角度为 5°、10°、15°、20°、25°、30°、45°、60°，然后利用以下特征描述子进行测试：① 表示 VGG16_fc6 层的特征描述子；② 表示 DeepBit32_fc8 层的特征描述子；③ 表示直接融合两个模型的描述子得到的特征描述子，称为 P-DCNN（Parallel DCNN）；④ 表示对直接融合两个模型的描述子得到的特征描述子进行排序，但不进行维度的选择得到的特征描述子，命名为 PFE-FS（Parallel Feature Extraction and Feature Sorting）；⑤ 表示由两个特征描述子组成，且进行特征排序和维度选择得到的维度为 3994 的描述子，称为 PFE-FDS（Parallel Feature Extraction and Feature Dimension Selection）。分类结果见表 5-11。

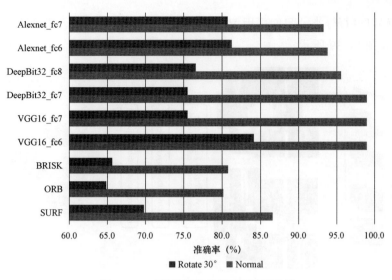

图 5-38　不同模型不同层的识别结果

表 5-11　　　　　　　　　　　多角度绝缘子识别准确率

角度（°）	准确率（%）				
	VGG16 （4096）	DeepBit32 （32）	P-DCNNs （4128）	PFE-FS （4128）	PFE-FDS （3994）
0	98.9593	95.5729	98.9593	98.9593	98.9593
5	98.6979	94.7917	98.6979	98.6979	98.6979
10	96.8750	91.1667	96.8750	96.8750	96.8750
15	93.2292	88.2812	93.7500	93.7500	94.0104
20	89.5833	81.5104	91.1458	91.1458	92.4429
25	86.9792	79.9479	89.0625	89.0625	89.3229
30	84.1146	76.5625	86.4583	86.4583	87.7604
45	81.7708	71.8750	83.5938	83.5938	85.4167
60	82.5521	78.1250	85.6771	85.6771	86.7188

　　从上述分类结果可以看出，对于未旋转的红外绝缘子，单个深度模型的识别精度已经非常高，所以使用 PFE-FDS 方法没有太大的改进，但是随着角度的增加，使用 PFE-FDS 方法明显优于单个模型的准确率，说明了设计的并行深度卷积神经网络泛化性和鲁棒性较好。

　　（2）基于层熵与相对层熵的特征聚合层选择的绝缘子识别方法。

　　1）方法概述和原理框图。由于现有方法直接提取 DCNN 卷积层激活并将其编码为最终的特征表达，没有一个统一的评估标准评价该卷积层是否为优的特征表达层，在基于现有方法的基础上，本节提出了基于层熵与相对层熵的特征聚合层选择的绝缘子识别方法[26]，深入研究绝缘子目标的神经元响应模式，旨在挖掘最适合目标识别任务的特征表达层。不同于其他方法，该方法更专注于中间卷积层，而不是直接从全连接层中提取特征。与全连接层的特征相比，卷积层获取的特征嵌入更多的空间信息。为了对提取的 DCNN

特征进行编码以进行分类，我们采用 VLAD[29]将 DCNN 特征图聚合成紧凑的描述子。特征生成框架如图 5-39 所示。

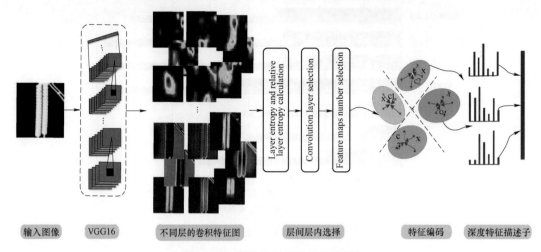

输入图像　VGG16　　不同层的卷积特征图　　层间层内选择　　特征编码　深度特征描述子

图 5-39　图像特征描述子生成框架

2）具体步骤描述。首先利用绝缘子先验知识，采用模型利用经过 ImageNet 大规模数据库预训练的深度模型作为特征提取基础模型，依次提取低级卷积层到高级卷积层的特征图。然后进行基于层熵与相对层熵的特征表达层选择，将层熵定义为来自卷积层的所有特征图的图像熵的总和。定义相对层熵为卷积层层熵与输入图像的图像熵和该层特征图个数乘积的比值。图像熵表示图像灰度值的平均分布，描述了图像的平均信息量。根据特征图的可视化结果，发现一些特征图包含冗余信息，对分类结果有很大的影响，基于此，我们对卷积层特征图的数量进行选择，采用基于神经元激活模式的特征图重要性排名策略，并将其用于特征图选择。在对深度网络中特征图进行选择之后，得到深度特征描述子集。据研究表明，来自不同层的特征集合可以提高其性能，因此最后应用一组卷积层用于生成最终的图像表达。

3）实验结果和分析。本节通过红外绝缘子图像数据库对该方法进行了评估。首先对于所提出的方法进行深入地评估得到最终的分类识别结果，见表 5-12。

表 5-12　　　　　　　　　不同中间层的 SVM 分类结果　　　　　　（码本大小：100）

深度	尺寸	长度	准确率（%）
conv2_1	112×112×128	1 254 400	93.22
conv2_2	112×112×128	1 254 400	98.39
conv3_1	56×56×256	313 600	98.69
conv3_2	56×56×256	313 600	99.21
conv3_3	56×56×256	313 600	99.30
conv4_1	28×28×512	78 400	98.69
conv4_2	28×28×512	78 400	99.04
conv4_3	28×28×512	78 400	**99.42**
conv5_1	14×14×512	19 600	98.83
conv5_2	14×14×512	19 600	98.97
conv5_3	14×14×512	19 600	99.21

表 5 – 12 说明在红外绝缘子图像识别实验中，根据相对层熵方法的结果直接提取 conv4_3 的特征图聚合形成描述子，这样得到的分类准确度最高。通过实验最终论证了基于特征图重要度选择层内特征图数量的必要性，提高了深度特征表达的鲁棒性与泛化性。

小结

本节主要介绍了四类绝缘子目标识别的方法，包括基于二进制特征聚合的特征表达方法，基于深度卷积特征图聚合的识别方法、基于图像特征与标签分布学习的识别方法和基于深度模型的识别方法等。从以上研究方法中可以看出，深度方法能够获得比传统方法更多角度和更深层次的特征，可比传统方法更高效的识别到图像中的绝缘子。

5.3.3　绝缘子检测

绝缘子在输电线路中用量庞大，由于长期运行在户外，其表面极易发生破损等缺陷，从而对整条线路造成严重的运行安全问题。利用智能化的目标检测方法，可以快速、准确地检测出图像中的绝缘子，大幅度节省人力、物力。利用绝缘子缺陷检测的方法，可以提高检修效率，对保障电网安全、有效运行具有重大意义。

就目前研究方法来看,绝缘子目标和缺陷检测方法通常分为传统方法检测和深度方法检测，目前传统目标检测方法已经实现的有基于图像分割的方法、基于图像匹配的方法和基于机器学习的方法等，但是由于实际数据存在光线、角度、背景的多样性，因此很难找到一个合适的阈值或者模板去准确地分割或匹配出每一个绝缘子，人工提取特征的方法适用条件比较苛刻。而近几年，深度学习算法发展迅猛，其与传统机器学习方法的不同之处在于，整个算法不依赖人工实现特征提取，而是由网络自主学习获得。现有研究结果表明，深度学习算法比传统图像算法具有更强的表达能力和检测性能。

本节介绍了多种基于传统方法和深度学习方法的绝缘子目标、缺陷检测研究，并提出一系列检测方法。

5.3.3.1　绝缘子目标检测

1. 传统方法

（1）航拍图像中绝缘子定位方法。基于特征点的绝缘子定位方法虽然对定位复杂航拍图像中的多绝缘子有一定的帮助，但过度依赖绝缘子模板，大量增加了耗时和计算量。为了解决基于特征点的绝缘子定位方法对模板的过度依赖性及模板匹配带来的高计算量的问题，提出了基于 SURF 和 IFS（Intuitionistic Fuzzy Sets）的多绝缘子定位方法[30]（方法一），首先对待检测航拍图像预处理为二值图像以提高图像目标和背景的对比度，并采用 SURF 进行二值图像特征点的提取，其步骤：特征点检测、特征点方向匹配、建立特征点的描述符和在尺度空间中计算兴趣点的方向和位置。然后利用基于关联矩阵的 IFS 聚类算法将特征点聚类为 k 类，对 k 类中所有的联通区域，计算其形状特征值，根据绝缘子形状特征值的经验值，得到绝缘子区域，实现复杂航拍图像中多个绝缘子的定位。基于 SURF 和 IFS 的多绝缘子定位方法流程如图 5 – 40 所示。

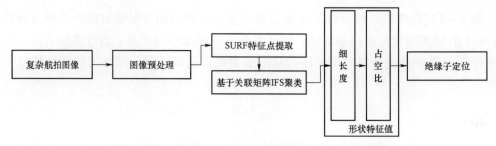

图 5-40 基于 SURF 和 IFS 的多绝缘子定位方法流程

为了验证方法一的有效性,进行了在无模板的情况下两类复杂航拍图像中绝缘子定位的实验,以单个绝缘子的航拍图像为例,图 5-41 是本节方法实现的航拍图像 Im1 中绝缘子的定位结果。

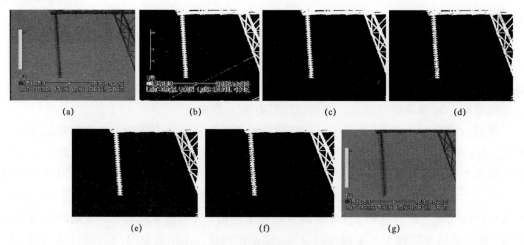

图 5-41 Im1 的绝缘子定位结果

(a) Im1;(b)二值图像;(c)预处理图像;(d) SURF 特征点提取;(e)杆塔类;(f)绝缘子类;(g)绝缘子定位结果

以多绝缘子的航拍图像 Im2 为例,图 5-42 为识别定位结果图。

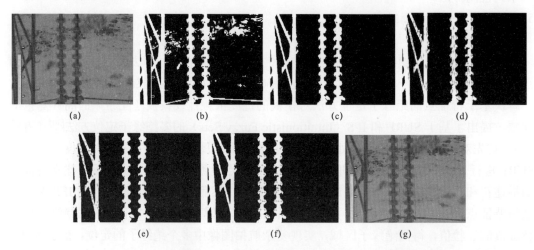

图 5-42 Im2 的绝缘子定位结果

(a) Im2;(b)二值图像;(c)预处理图像;(d) SURF 特征点;(e)杆塔类;(f)绝缘子类;(g)绝缘子定位结果图

从实验结果可以看出，通过考虑绝缘子类细长度和占空比的经验值，在无模板的情况下用矩形框成功实现了绝缘子定位。方法一能得到很好的聚类结果，更适用于复杂航拍图像中无模板的绝缘子定位。

但是基于 SURF 和 IFS 的多绝缘子定位方法存在仅仅采用单一特征，并且由经验值识别方法导致定位的不确定性的问题，同时为了实现多主轴方向多绝缘子的定位，提出一种基于主轴方向检测和形状特征点等距模型的多绝缘子定位方法[31,32]（方法二）。该方法检测绝缘子可能的主轴方向，提取图像形状特征点，利用特征点满足的共线原则与等距原则来代替形状特征描述（等距算法如图 5-43），以实现多主轴方向、大角度偏转的多绝缘子的准确定位，具体流程如图 5-44 所示。

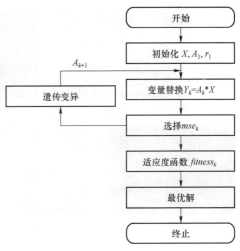

图 5-43　等距算法流程图

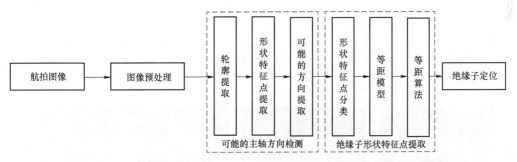

图 5-44　基于主轴方向检测和形状特征点等距模型的多绝缘子定位方法框图

为了验证方法二的可行性，对真实的航拍绝缘子图像进行实验，图 5-45 为一个绝缘子的航拍图像 Im3 识别定位结果图。

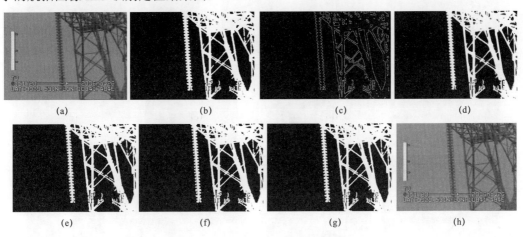

图 5-45　Im3 中绝缘子定位过程

（a）Im1；（b）预处理二值图像；（c）原始轮廓；（d）近似轮廓；（e）形状特征点；（f）可能主轴方向；

（g）绝缘子特征点；（h）绝缘子定位结果

以具有两个绝缘子的航拍图像 Im4 为例，实验结果如图 5-46 所示。

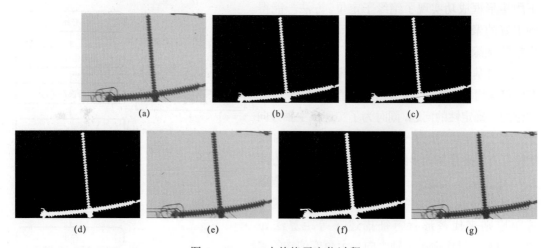

图 5-46　Im4 中绝缘子定位过程

（a）Im4；（b）可能主轴方向 1；（c）可能主轴方向 2；（d）绝缘子 1 特征点；（e）绝缘子 2 特征点；
（f）绝缘子 1 定位结果；（g）绝缘子 2 定位结果

此外，还将方法二用于测试由 400 多个绝缘子图像组成的绝缘子库中的部分图像。图 5-47 即为利用该方法得到的部分绝缘子定位结果。实验结果证明该方法在多绝缘子图像中实现良好的绝缘子定位效果。

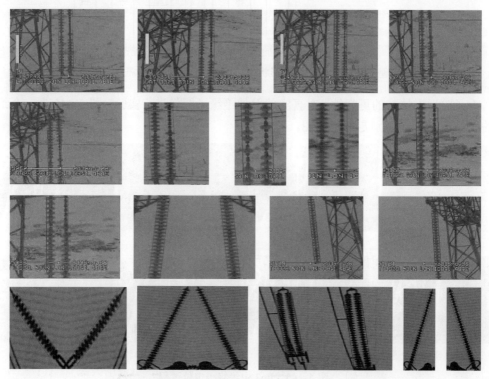

图 5-47　绝缘子图像库的部分定位结果（一）

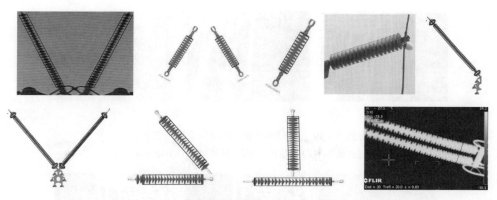

图 5-47　绝缘子图像库的部分定位结果（二）

实验结果证明，方法二在多绝缘子图像中实现良好的绝缘子定位效果，解决了基于 SURF 和 IFS 的多绝缘子定位方法中采用单一特征，且由经验值识别方法导致定位不确定性高的问题，同时实现了多主轴方向、大角度偏转的多绝缘子定位，适合现场真实场景图像。但方法二具有在主轴方向检测中存在伪方向从而导致计算量过大的问题。

针对此问题，提出了基于图像特征点共线与等距约束的绝缘子串自动定位方法[33]（方法三），具体流程如图 5-48 所示。该方法包括图像预处理、曲率尺度空间角点提取[34]、共线等距点提取、层次聚类和绝缘子串定位步骤，利用绝缘子串曲率尺度空间角点的共线与等距约束，不需要预先进行主轴方向检测，能够实现复杂、低分辨率的航拍图像中任意主轴方向的绝缘子串的自动定位。

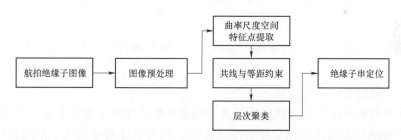

图 5-48　基于图像特征点共线与等距约束的绝缘子串自动定位方法框图

为了验证该方法的有效性，以真实的航拍图像为例，图 5-49、图 5-50 分别为单个绝缘子航拍图像（Im5）和两个绝缘子航拍图像（Im6）的识别定位过程图。

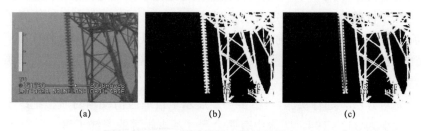

(a)　　　　　　　　　　(b)　　　　　　　　　　(c)

图 5-49　Im5 的绝缘子定位结果图（一）

（a）Im5；（b）Im5 的曲率尺度空间角点；（c）Im5 的共线等距点

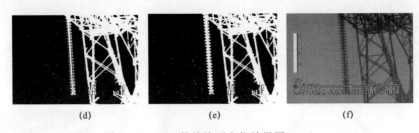

(d) (e) (f)

图 5-49　Im5 的绝缘子定位结果图（二）

(d) 层次聚类；(e) 二值图像中的定位结果；(f) Im5 的定位结果

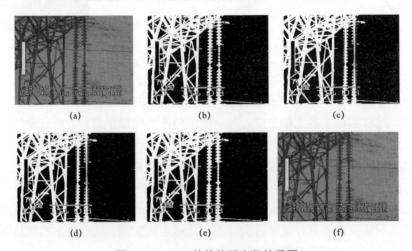

(a) (b) (c)

(d) (e) (f)

图 5-50　Im6 的绝缘子定位结果图

(a) Im6；(b) Im6 的曲率尺度空间角点；(c) Im6 的共线等距点；(d) 层次聚类；
(e) 二值图像中的定位结果；(f) Im6 的定位结果

从上述实验结果可以看出，方法三实现了复杂航拍图像中任意主轴方向绝缘子串的定位，解决了基于主轴方向和形状特征点等距模型的多绝缘子定位方法由于可能的主轴方向检测导致的计算量大、有效性低的问题。

（2）基于自适应滑动窗及改进多尺度滑动窗的航拍绝缘子定位方法。相关研究表明，滑动窗虽然可以有效提高目标定位的准确度[35]，但当图像尺寸远大于滑动窗口尺寸时，会产生大量的滑动窗从而降低运算性能。本节研究一种自适应滑动窗定位法（方法一）。由于利用基于像素面积占比的客观标签量化方法中会产生对绝缘子的两个限制条件：绝缘子的长度通常远大于宽度，和绝缘子在图像中的面积可求，这样可以设计一种更符合绝缘子定位的滑动窗口。基于此，本节引入修正函数对绝缘子面积进行修正，这样就能根据预测图像的绝缘子标签分布情况确定滑动窗尺寸，并以此为定位框实现对绝缘子的定位任务。定位流程如图 5-51 所示，确定了滑动窗尺寸后，以此窗口对图像进行局部区域特征提取，得到每个滑动窗的特征向量。接着用模板计算各区域特征得分。最后按照得分结果实现对绝缘子的定位。

本节首先对方法一进行实验，图 5-52 展示了自适应滑动窗对航拍绝缘子的定位结果，原图像大小为 352×194，图像中有两个尺寸基本相等的绝缘子串，采用 VGGNet 神经网络对滑动窗区域进行特征提取。

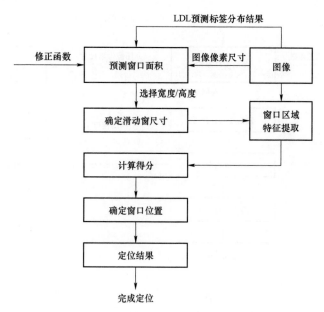

图 5-51 自适应滑动窗的航拍绝缘子定位流程图

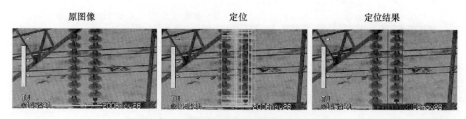

图 5-52 自适应滑动窗航拍绝缘子定位

从实验结果可以看出，自适应滑动窗口能够实现对基于客观标签量化 LDL 的绝缘子定位，但左侧绝缘子在定位时并未像右侧绝缘子被准确定位，而是出现一定的偏移，这是由于滑动步长设置导致的，缩小步长将会使结果更准确。综合分析，除滑动步长导致定位结果不准确外，窗口自身尺寸也是影响定位的关键因素，采用固定大小的滑动窗将不能较好地摆脱干扰因素（如拍摄角度等）。

针对上述不足，提出了自适应多尺度滑动窗对航拍绝缘子定位的方法[25]（方法二），航拍绝缘子定位流程如图 5-53 所示。该方法的主要改进之处在于确定自适应滑动窗口后，以该窗口为基础，同时其附近多尺度窗口，采用自适应多尺度滑动窗确定绝缘子的位置。设尺度变换因子为 σ，则变换后的窗口尺寸为

$$\text{win}\_x' = \sigma \cdot \text{win}\_x$$
$$\text{win}\_y' = \sigma \cdot \text{win}\_y$$

采用自适应多尺度滑动窗对航拍绝缘子进行定位，对基础滑动窗尺寸进行多尺度变换，σ 取值范围为 [0.5，2]，得到自适应多尺度滑动窗航拍绝缘子定位结果，如图 5-54 所示。实验结果表明，该方法比采用自适应滑动窗方法对绝缘子定位效果更好。

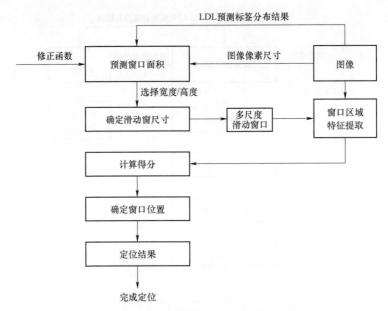

图 5-53　自适应多尺度滑动窗的航拍绝缘子定位流程图

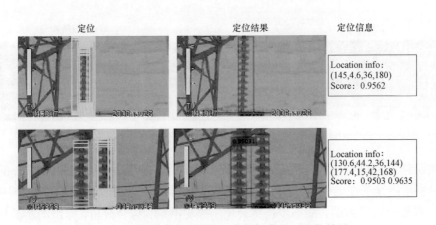

图 5-54　自适应多尺度滑动窗航拍绝缘子定位结果

　　通过基于自适应尺度窗的航拍绝缘子定位方法，基本实现了对绝缘子的定位，但在定位过程中会出现偏移的情况，通过分析原因，针对窗身尺寸可能会影响定位精度，本节在自适应尺度窗的基础上进行改进，采用自适应多尺度滑动窗对航拍绝缘子进行定位，极大地提升了定位精度。

　　（3）基于 BRISK 特征点匹配的红外图像绝缘子定位方法。为了解决传统方法目标定位运算量大，实时性差的问题，提出了基于 BRISK 特征点[20]匹配的红外图像绝缘子定位方法[36]，利用网络型在线式红外热像仪采集图像，二进制鲁棒尺度不变特征具有特征检测速度快，匹配效率高等优点，结合该算法进行目标智能识别，获得目标区域。

　　实现目标定位过程如图 5-55 所示。首先对图像进行对比度增强预处理操作，再将 BRISK 特征点提取、描述，进而对特征进行匹配，从而实现目标的定位。

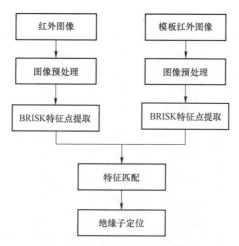

图 5-55　基于 BRISK 特征匹配的绝缘子定位

　　将两个 BRISK 二进制描述子进行匹配仅需简单计算其汉明距离，通过异或操作计算两条描述子相似度，从而得到图像之间的匹配点对。这种匹配方法极大地减小了运算量，提高了监测系统的实时性。

　　利用 BRISK 匹配方法对变压器套管进行定位，如图 5-56 所示。定位的目标通过矩形框显示，本方法对所有的目标都进行了定位，结果表明该方法能够快速、准确地定位。

图 5-56　特征点匹配定位方法

　　针对基于匹配的几种新颖的方法在测试图像中进行比较。比较了 ORB（Oriented FAST and Rotated BRIEF）、S-FREAK（SURF detector with Fast Retina Keypoints）与 S-BRIEF（SURF detector with BRIEF）几种方法，将匹配精度与时间消耗作为比较准则。测试图像来自红外热像仪，所有实验采用 Intel Xeon 2.5 GHz CPU。表 5-13 展示了基于测试图像的实验结果。

表 5-13　　　　　　　　　　　　　　特征点匹配方法比较

测试图像	图像尺寸	局部特征	时间（ms）	匹配的点对数	正确匹配	精度
样本 1	320×240	ORB	140	186	128	68.9%
		S-FREAK	514	28	10	35.7%
		S-BRIEF	369	41	25	61.0%
		BRISK	157	30	23	76.7%

测试图像	图像尺寸	局部特征	时间（ms）	匹配的点对数	正确匹配	精度
样本2	320×240	ORB	112	104	23	22.1%
		S-FREAK	575	10	4	40.0%
		S-BRIEF	475	19	10	52.6%
		BRISK	149	20	13	65.0%
样本3	320×240	ORB	161	159	101	63.5%
		S-FREAK	597	131	40	30.5%
		S-BRIEF	468	144	93	64.6%
		BRISK	177	98	70	71.4%

表 5-13 展示了特征点检测与特征描述的匹配性能，其中精度表示正确匹配的点对数的比例，该指标衡量了识别的精度。可以发现，BRISK 算法具有很高的匹配精度，并且时间损耗很小。其中，ORB 算法耗时最短但是匹配精度略低于 BRISK。在实验中，FREAK 与 BRIEF 都采用 SURF 算法作为特征点检测器，FREAK 的表现略劣于 BRIEF。

该定位方法可以应用于在线运行的红外监测系统[37]。由于红外图像与可见光的成像机理不同，所以面向一般自然光图像而设计的特征算法并不一定适用。比较结果验证了 BRISK 算法的鲁棒性。但该方法仍依赖于手工预设的目标模板，为了能够更为智能地对目标进行识别，需要对绝缘子红外图像构建更具有语义的特征表达。

（4）基于 BRISK 中层特征的多尺度滑动窗绝缘子定位方法[36]。为了优化定位中的目标搜索策略，得到绝缘子目标在红外图像中最有可能存在的位置，并利用前面的"线索"进一步确定绝缘子的坐标。基于二值描述子中层特征构建方法，结合线性 SVM 分类器，将多尺度滑动窗[18]目标定位架构应用于红外图像中多个绝缘子的定位。

面向于红外图像中绝缘子的自动定位，利用二进制局部不变描述子与新颖的特征聚合策略构建了鲁棒、具有区分度的目标特征表达。进而将该特征表达对 SVM 分类器进行训练，并将训练得到的分类嵌入多尺度滑动定位窗架构。最终利用非极大值抑制将冗余的检测框丢弃。定位整体框架如图 5-57 所示。采用不同尺度的窗在原图上滑动，同时对窗口所对应的区域进行特征生成，并利用分类器进行判别。评估了所提出的方法与其他特征的比较，通过若干组实验进一步探讨了算法中相关参数对于结果的影响，还与其他红外图像设备定位方法进行对比。

为了检验所提方法的普适性，测试图片采集于不同类型的红外热像仪。同时为了验证方法的鲁棒性，采用了不同类型的绝缘子。本节展示了部分典型红外图像中的绝缘子定位结果。实验图像在温度、视角、分辨率与色彩空间都不同。第一幅红外图像大小为 800×600，色彩模式为灰度，如图 5-58（a）所示，包含了一个绝缘子。通过多尺度滑动窗策略得到若干个待选窗口，如图 5-58（b）所示，窗口相互重叠。本节采用非极大值抑制消除了冗余框，最终结果如图 5-58（c）所示。

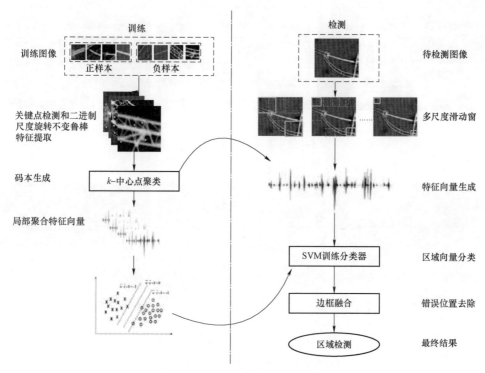

图 5-57　红外图像绝缘子定位框架

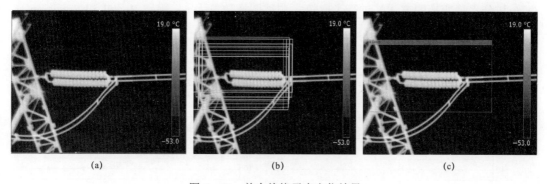

(a)　　　　　　　　　　　(b)　　　　　　　　　　　(c)

图 5-58　单个绝缘子串定位结果

（a）原图；（b）待选区域；（c）最终定位结果

图 5-59（a）展现了电力设备监测的另一种常见场景，该红外图像大小与图 5-58（a）相同，但是以彩色模式呈现。背景更为复杂，对于常规图像定位手段具有挑战性。同样，本节采用多尺度滑动策略获取待选窗，结果如图 5-59（b）所示。接着进行窗口融合最终得到图 5-59（c）的定位结果。

在更低分辨率的红外热像图像中进行测试，图像大小为 320×240，如图 5-60（a）所示，远远低于前两组实验图像，但实验结果表明本节所提方法仍能将主要的绝缘子目标成功地进行定位。

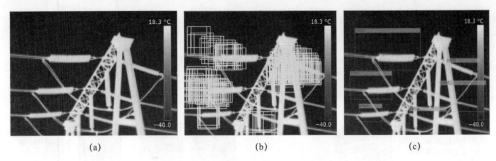

图 5 - 59　多个绝缘子串定位结果

（a）原图；（b）待选区域；（c）最终定位结果

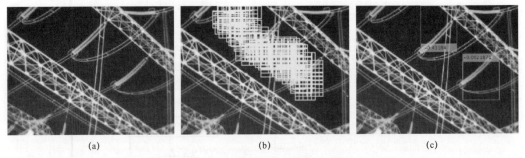

图 5 - 60　多个绝缘子串定位结果

（a）原图；（b）待选区域；（c）最终定位结果

　　本节将所提出的绝缘子定位方法与目前已有的红外图像电力设备定位方法（基于 Otsu 和分水岭变换的方法）进行了比较，测试图像数量为 6。采用 Recall 和 Precision 作为定位效果衡量的标准。

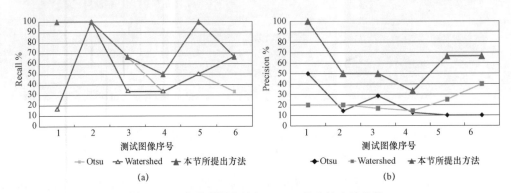

图 5 - 61　本节所提方法与 Otsu、分水岭方法比较

（a）Recall；（b）Precision

　　为了摆脱该方法对于模板的依赖，也为了获得更高的定位准确率与泛化能力，提出了基于 BRISK 中层特征的多尺度滑动窗绝缘子定位方法。从定位比较结果来看，本节所提出的方法表现优于其他两种方法。基于分割的方法常常面临如何选择合适的阈值难题，结果也容易受到遮挡与视角变化的影响，相比之下，本节所提出的方法在各种情况下更为鲁棒、有效。

（5）基于机器学习的航拍图像绝缘子检测识别方法。在 AdaBoost 算法的识别基础研究上，提出了两种航拍图像绝缘子检测识别方法[38]：结合目标建议 Bing（Binarized Normed Gradients）算法和 AdaBoost 算法的绝缘子的快速识别（方法一），以及融合 3D 模型、骨架提取和 AdaBoost 算法的绝缘子快速识别（方法二），流程示意分别如图 5-62、图 5-63 所示。

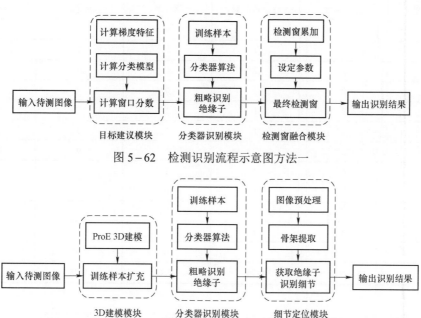

图 5-62　检测识别流程示意图方法一

图 5-63　检测识别流程示意图方法二

　　一般的图像检测识别流程包括图像预处理、特征描述、区域分割和分类决策四个步骤。本节方法截取包含绝缘子的图像作为训练正样本，采用网络公开的数据库和航拍图像中不含绝缘子的图像作为训练负样本。首先，采用加权平均法将图像转化为灰度图像，采用中值滤波、直方图均衡化处理强调图像中感兴趣的区域。然后运用积分图的计算方式，对出好的图像进行 Harr-like 特征提取。再采用 AdaBoost 算法。

　　AdaBoost 算法的具体步骤：首先针对每一个特征，训练一个弱分类器；然后给定一系列样本，初始化权重；最后训练弱分类器，最小化权重误差函数，得到强训练器。

　　基于目标建议的 AdaBoost 算法[39]的绝缘子识别方法（方法一）的具体步骤：首先采用 Bing 目标建议法，通过计算梯度特征、分类模型，以及窗口分数得到候选区域框；然后对得到的候选区域框进行不变矩特征计算，带入 AdaBoost 算法事先训练好的分类器进行目标识别；最后通过二维标记统计的方法得到清晰的识别结果。

　　基于 3D 模型和骨架提取的 AdaBoost 算法[40]的绝缘子识别方法（方法二）的具体步骤：首先建立绝缘子 3D 模型，作为扩充的训练正样本。训练得到 AdaBoost 分类器；然后采用区域不变矩特征并利用 AdaBoost 分类器识别并确定出待测图像的绝缘子候选区域，实现粗定位；接着采用基于形态学和连通域的方法对图像进行二值化处理和骨架提取，最后采用 Hough 直线检测算法检测骨架中的直线，实现绝缘子的精确定位。

方法一中对 12 张测试图像的识别率见表 5-14，部分识别结果如图 5-64 所示。该方法降低了检测窗的数量、减少了特征计算量，具有较高的识别率。该方法可检测一图多目标的情况，但耗时较长。总体而言，该方法误检率和漏检率较低，整体速度较快。

表 5-14   识 别 率 统 计 表

图像编号	总检测数	正确检测数	误检数	漏检数	F-score 识别率
1	5	5	0	1	90%
2	1	1	0	0	100%
3	2	2	0	0	100%
4	2	2	0	0	100%
5	2	1	1	1	50%
6	2	1	1	0	67%
7	3	2	1	0	80%
8	5	4	1	0	89%
9	3	3	0	0	100%
10	3	3	0	1	87%
11	1	1	0	0	100%
12	2	2	0	0	100%
平均	—	2.25	0.2	0.25	89%

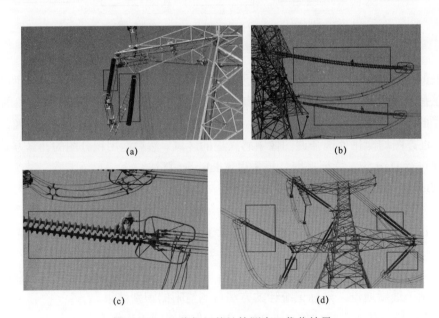

(a)   (b)

(c)   (d)

图 5-64   二维标记统计检测窗口优化结果

方法二用 10 张航拍图像进行检测，识别率结果见表 5-15，识别结果如图 5-65 所示。结果证明该方法可以较为准确地定位绝缘子设备。同时通过对比发现，加入 3D 绝缘子模型正样本，大幅度提高了正样本的识别率。

表 5–15　　　　　　　　　　　识 别 率 统 计 表

图像编号	总检测数	正确检测数	误检数	漏检数	F-score 识别率
1	0	0	0	1	0%
2	1	1	0	0	100%
3	2	2	0	0	100%
4	2	2	0	0	100%
5	1	0	1	1	0%
6	1	1	0	0	100%
7	2	0	0	0	100%
8	1	1	0	0	100%
9	1	1	0	0	100%
10	0	0	0	1	0%
平均	—	1	0.1	0.3	70%

图 5–65　绝缘子识别结果图

实验结果说明上述两种基于 AdaBoost 算法的绝缘子识别方法均具有较高的精准度，随着样本库的增加和研究的进一步深入，这两种方法的运算速度会进一步提升，检测窗口融合的不确定性也会减少，这将会大大提升这两种方法的实用性。同时还应注意到，面对互相遮挡、新型材质的绝缘子，这两种方法还存在检测困难的情况。

（6）基于骨架结构特征和空域形态特征的绝缘子定位方法。针对已有的传统检测方法稳定性较弱，不能精确并快速地识别出绝缘子串的具体位置。提出了基于骨架结构特征的绝缘子识别方法[41,42]，能达到精确定位的目的。其流程如图 5–66 所示。首先，对航拍绝缘子图像进行预处理后，采用基于形态学和连通域的方法对 Otsu 分割算法进行改进。图像分割后对航拍图像进行骨架提取，根据绝缘子串骨架的特点和与其他输电设备（如杆塔等）骨架的差异，采用直线检测来确定绝缘子候选区域，实现粗定位。最后提取绝缘子候选区域不变矩特征并利用 AdaBoost 分类器进行遍历识别，剔除非绝缘子候选区域，并实现精确定位。

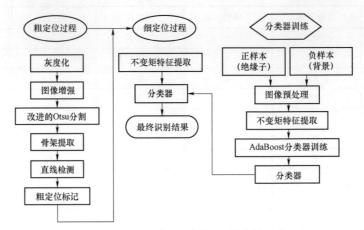

图 5-66　绝缘子定位方法流程图

为了优化传统 Otsu 分割算法的分割效果，提出一种基于形态学和连通域的改进 Otsu 分割算法。采用形态学开运算和闭运算的组合对 Otsu 分割效果进行改善，并通过遍历图像记下每一行（或列）中连续的团和标记的等价对，然后通过等价对对原来的图像进行重新标记，随后计算各连通域的面积，去掉面积小于一定值的连通域，为了达到最佳分割效果同时保证绝缘子的完整性，经过大量实验对比，选择去掉面积小于绝缘子图像 1/15 的连通区域。

对骨架提取后的航拍图像进行直线检测，结果如图 5-67 所示。从图 5-67 可见，所有绝缘子都被检测出来，包括被杆塔背景严重遮挡的绝缘子。粗定位结果如图 5-68 所示，从图 5-68 可以看出，仍有部分非绝缘子被误检，并且绝缘子的定位不精确。所以本节采用不变矩特征和 AdaBoost 分类器继续进行绝缘子细定位。

图 5-67　绝缘子图像直线检测结果

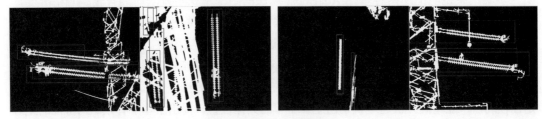

图 5-68　绝缘子粗定位

对提取的训练数据采用 AdaBoost 算法进行分类器训练，得到一个级联分类器，运用该分类器对待检测航拍图像进行识别，最终识别效果如图 5-69 所示。可见该识别方法能够有效并精确地识别定位航拍图像中的绝缘子。

图 5-69 绝缘子识别结果图

实验结果表明此方法充分利用了绝缘子串在二值图像中的形状特征,采用骨架提取和直线检测方式对绝缘子进行了粗定位,从而避免了传统遍历识别的漏检和误检,并大大缩短了绝缘子的识别时间。

除了绝缘子的骨架结构特征外,现有方法没有考虑绝缘子串空域形态的一致性,即绝缘子串由若干完全相同的绝缘子片等间距垂直排列组成。依据这种特点提出了一种基于空域形态一致性特征的绝缘子串定位方法[43]。该方法采用基于颜色对比和结构对比的算法对图像进行显著性区域检测,以此确定绝缘子串候选区域;然后运用最大类间方差法对各候选区域进行二值化分割,并将其进行水平/垂直投影,将图像矩阵转换为投影曲线;之后针对投影曲线定义 9 个表征绝缘子串空域形态一致性特征的描述子,以此对候选区域进行绝缘子串搜索,实现绝缘子串精确定位。

绝缘子串由中心轴和若干形状、颜色相同的绝缘子片等间距垂直排列构成。对绝缘子串候选区域进行二值化分割后,分别沿水平方向和垂直方向进行二值像素累积投影,将一幅图像矩阵转换为两条投影曲线,如图 5-70 所示。针对投影曲线定义表 5-16 所示的 9个特征描述子,来表征绝缘子串的空域形态一致性特征。

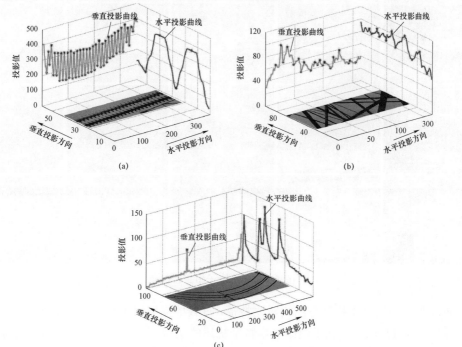

图 5-70 目标与伪目标多方向投影示意图

(a) 绝缘子串水平/垂直投影示意图; (b) 杆塔水平/垂直投影示意图; (c) 输电线水平/垂直投影示意图

表 5-16 空域形态一致性特征

投影方向	序号	特征描述子定义
垂直投影分布曲线	①	波峰个数
	②	波峰值方差
	③	波峰位置间距方差
	④	波谷个数
	⑤	波谷值方差
	⑥	波谷位置间距方差
水平投影分布曲线	⑦	波峰值
	⑧	波峰宽度
	⑨	相邻两波峰值之差

为了检验该方法的有效性，以实际巡检图像为准，收集某电力公司提供的100幅巡检图像作为测试的数据源，部分测试效果如图 5-71 所示。图 5-71 中第1行为巡检图像，第2行为显著性检测结果，第3行为经倾斜校正后的绝缘子串候选区域，第4行为经空域形态一致性特征检测后的绝缘子串定位结果。

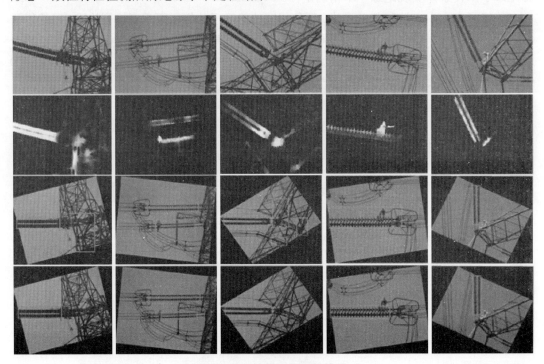

图 5-71 绝缘子串定位结果

通过融合颜色对比特征与结构对比特征，有效地提取出绝缘子串候选区域，候选区域定位准确，伪目标较少，利于绝缘子串特征描述的实现；基于空域形态一致性特征的定位方法充分利用了绝缘子串的形状信息，通过二值投影将图像转换为曲线，定义了9个特征描述子和2个特征判决式，以更准确、全面地描述绝缘子串的形状特征。

通过分别进行基于骨架结构特征和空域形态特征的绝缘子识别定位方法研究和验证实验，证明了这两种方法的可行性和有效性，稳定性较强，能够精确并快速识别出绝缘子串的具体位置，并且缩短了识别时间。

（7）基于顺序割图法的绝缘子定位方法。虽然已有研究人员采用多种方法进行绝缘子定位研究，但常常会出现同一个绝缘子串被多次定位以及绝缘子定位不完整的问题。为了解决该问题，提出了基于顺序割图法的绝缘子定位方法[44]。首先利用不变矩特征进行绝缘子粗定位，再通过顺序割图法对粗定位获得的绝缘子图像区域进行裁割以实现单串绝缘子串被单个矩形准确定位。该方法分为训练过程和测试过程，测试过程包含粗定位和细定位两个阶段。训练过程对正负样本集进行基于遗传算法（GA）改进的 Otsu 分割，提取正负样本的不变矩特征，训练 AdaBoost 分类器。对于检测图像进行图像分割之后，粗定位过程先对检测窗口内的图像提取不变矩特征，利用训练好的分类器判断是否包含绝缘子，标记绝缘子的位置，移动检测窗口位置，遍历搜索整幅图像，完成绝缘子粗定位。初步定位到绝缘子大致位置后，采用顺序割图法（Order Cut method，OC）对粗定位中包含同一绝缘子串的多个矩形并集的初始最小外接矩形进行裁割，以实现单次定位完整绝缘子串，方法的具体过程如图 5-72 所示。

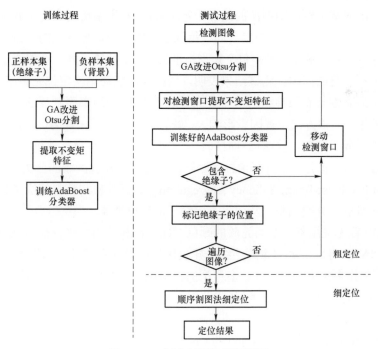

图 5-72 顺序割图法流程框图

为了对所提方法的有效性进行验证，对电力巡检航拍绝缘子图像进行实验，并将本方法与广义霍夫变换（GHT），以及分步识别方法进行比较，为了更直观、清楚地进行对比，图 5-73 给出了两幅航拍图像的定位结果。从图 5-73 的定位结果可以看出，本方法在定位精准度和完整性方面都优于另外两种方法。

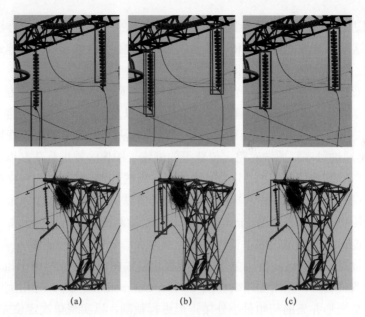

图 5-73　定位结果对比

（a）GHT 方法；（b）分步识别方法；（c）本节方法

　　本节所提出的基于顺序割图法的绝缘子定位方法,利用遍历搜索定位到绝缘子大致位置后,采用顺序割图法对粗定位中包含同一绝缘子串的多个矩形并集的初始最小外接矩形进行裁割,实现了单个绝缘子串被单个矩形框准确定位,解决了同一个绝缘子串目标被重复定位和定位不完整的问题。测试结果表明,所提方法能够单次定位完整绝缘子串。

　　（8）基于显著性与卷积神经网络的绝缘子定位方法。利用顺序割图法对绝缘子进行定位有一定的效果,但该方法主观因素影响大,缺乏对问题的泛化能力,此外采用滑动窗口遍历搜索来进行分类判断,算法运行时间长。本小节通过借鉴目标建议区域+分类的思想对已有定位方法进行改进,将目标定位问题转化为对目标建议区域的分类确认问题,利用F-PISA（Fast Pixelwise Image Saliency Aggregation）显著性检测获得绝缘子建议区域,采用卷积神经网络进行分类判断,从而提高绝缘子的定位性能。

　　具体流程:首先采用基于空间先验的颜色对比特征和结构对比特征相融合的显著性检测方法 F-PISA 获得待检测图像的绝缘子建议区域;设计卷积神经网络模型,采用 3DS MAX 软件[45]制作多角度、多尺寸、多类型的模拟绝缘子图像扩充图像样本库,利用扩充样本库训练该模型获得绝缘子分类器;将获得的绝缘子建议区域送入训练好的分类器进行分类判断,合并属于同一个绝缘子串的区域,定位绝缘子。方法的定位过程如图 5-74 所示,图中的 CNN 网络代表已经训练好的 CNN 分类器。

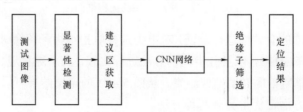

图 5-74　显著性与 CNN 的绝缘子定位方法流程图

采用本节所提方法对实际巡检图像进行绝缘子定位，部分定位过程和结果如图 5-75 所示。图 5-75 中第一行为巡检图像，第二行为显著图，第三行为对应复合二值化过程，第四行为 Hough 检测结果，第五行为绝缘子建议区域，第六行为经过卷积神经网络分类确定的最终定位结果。可以看出，这几幅图像中绝缘子类型不同，颜色不同，长度和角度各异，背景复杂度和其他目标的干扰程度也存在区别，存在不同程度的模糊和遮挡情况，采用本节所提方法都实现了绝缘子准确定位。

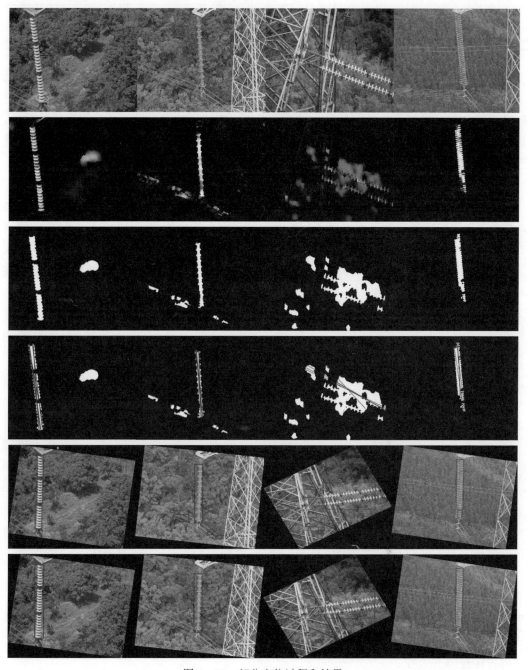

图 5-75　部分定位过程和结果

同时将本方法和上述顺序割图法，以及采用的基于空域特征的绝缘子定位方法进行比较。表 5－17 为 200 张实际巡检图像的检测统计结果。

表 5－17 定 位 结 果 比 较

定位方法	正确定位个数	漏定位个数	误定位个数	人工定位个数	测试速率（s/张）
顺序割图法	315	160	142	475	22.32
空域特征法	428	47	21	475	2.31
本节方法	433	42	13	475	0.45

从表 5－17 可以看出，相比另外两种方法，本节方法定位准确率高，误检率低，降低了计算复杂度，解决了采用滑动窗口法遍历搜索导致耗时长的问题；采用卷积神经网络进行绝缘子分类，提高了分类准确率，解决了人为提取浅层特征导致定位准确率低的问题，并且不需要对训练样本进行目标标注，节省了大量人力和时间。测试结果表明，所提方法适用范围广，泛化能力强，定位精度高，运行速度快。

2. 深度方法

（1）基于深度特征表达的绝缘子红外图像定位方法[36]。面向红外图像中绝缘子的自动定位，利用二进制局部不变描述子与新颖的特征聚合策略构建了鲁棒、具有区分度的目标特征表达，拥有了鲁棒的特征表达。本节将其嵌入绝缘子的定位任务中。在目标搜索策略方面，本节采用基于目标性（Objectness[46]）的 Object Proposal 方式生成预选区域。因为 Object Proposal 类的方式速度远远快于滑动窗类方法，并且利用目前新颖的 Edge-boxes 方法在红外图像中进行带判别区域生成，待选区域由 10 万余窗口减少到 100～200 的数量。接着对 Edge-boxes 所生成的待选窗进行深度特征图聚合向量生成，利用已训练得到的 SVM 分类器进行目标区域二分类判别。接着对判别区域通过非极大值抑制从而确定最终的绝缘子目标，定位流程如图 5－76 所示。

图 5－76 红外图像绝缘子定位流程图

在使用 Edge-boxes 方法时，本节对算法参数进行微调，由于原始算法生成近 2000 个待选框，而有效绝缘子目标仅为少数。所以本节对待选框数量进行限制，通过设置目标置信度阈值，该方法简单有效，可将待选框由 2000 减少为 100～200 的数量。

定位结果如图 5－77 所示，从图 5－77 可知，测试图像中绝缘子具有多种角度与尺度。本节将基于 SURF 局部描述子的方法与本节所提方法在定位框架中进行了比较。对于基于 SURF 局部描述子的方法仍不能避免绝缘子的遗漏，如图 5－77（d）所示。本节所提方法成功地对红外图像中的绝缘子进行了定位。实验结果验证了本节所提出的深度特征构建方法的鲁棒性与有效性。

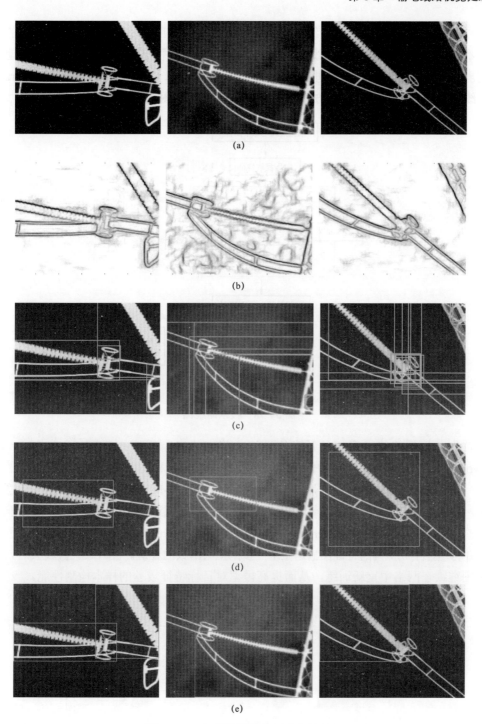

图 5-77　红外图像绝缘子定位结果

（a）原始输入图像；（b）Edge-boxes 方法定位的边缘结果图；（c）基于边缘生成的矩形框；
（d）基于 SURF 的定位结果；（e）基于卷积特征图的定位结果

　　本方法引入了深度卷积神经网络，利用基于深度卷积特征的鲁棒绝缘子表达，与目标建议理论结合实现了红外图像中绝缘子的定位。

（2）基于 R-FCN 的航拍巡线绝缘子检测方法。针对目前已有的对绝缘子目标的检测方法不能满足大规模航拍输电线路绝缘子图像检测任务中所需要的高准确率和快速度的检测需求，提出了一种基于改进的 R-FCN（Region-based Fully Convolution Network）航拍巡线图像中绝缘子目标检测方法[47]。整体技术路线如图 5-78 所示。

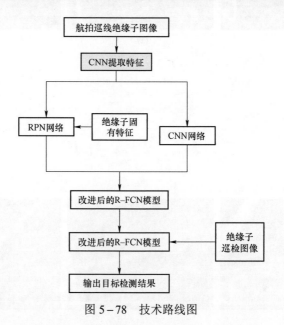

图 5-78　技术路线图

首先，根据绝缘子目标的长宽比知识，将 R-FCN 模型中 RPN（Region Proposal Network）的建议框生成机制的长宽比修改为 1:4、1:2、1:1、2:1、4:1，生成机制的尺度修改：64、128、256、512；然后，针对遮挡问题，在 R-FCN 模型中引入对抗空间丢弃网络层，模型如图 5-79 所示。本节中通过将所提取的特征图进行 3×3 分区随机生成掩码，所得到的结果与引入 ASDN（Adversarial Spatial Dropout Network）层[48]之前的网络结果形成对抗，并将这些生成掩码的特征图输送至下一步的损失函数的计算，当 Loss 值较大时，将此特征图继续在网络中重新训练，从而提高模型对目标特征较差的样本检测性能。

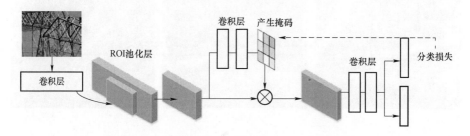

图 5-79　引入 ASDN 网络层的 R-FCN 模型结构图

先进行不同长宽比实验，经所构建的输电线路绝缘子图像微调 R-FCN 模型之后，所得到的平均准确率（mean Average Precision，mAP）见表 5-18。通过不同生成机制下检测的准确率和检测结果可知，本节最合适的 RPN 建议框的生成比例为 1:4、1:2、1:1、2:1、4:1。

表 5－18   不同建议框比例下的检测结果对比

RPN 产生建议框比例	mAP（%）
1:2，1:1，2:1	77.27
1:3，1:2，1:1，2:1，3:1	77.01
1:4，1:2，1:1，2:1，4:1	**82.01**
1:5，1:2，1:1，2:1，5:1	77.81
1:4，1:3，1:2，1:1，2:1，3:1，4:1	77.56
1:5，1:3，1:2，1:1，2:1，3:1，5:1	78.53
1:5，1:4，1:2，1:1，2:1，4:1，5:1	80.12
1:5，1:4，1:3，1:2，1:1，2:1，3:1，4:1，5:1	81.04

图 5－80 给出了在适应绝缘子不同长宽比方面，改进 RPN 网络前后航拍输电线路绝缘子图像的绝缘子目标检测结果对比图。

图 5－80 修改建议框生成比例前后的检测结果对比图

（a）修改 RPN 建议框生成比例前的实验结果图；（b）修改 RPN 建议框生成比例后的实验结果图

从结果可以看出,进行建议框不同长宽比修改后,绝缘子检测结果明显优于修改前的检测器的检测结果,更加契合图像中的绝缘子目标。然后进行建议框不同尺度修改实验:以 64、128、256 为基础,任意增加尺度 32 和 512 两种尺度。表 5-19 给出了经过修改后的模型,所得到的 mAP,从表 5-19 中决定采用最适合的建议框生成尺度为64、128、256、512。

表 5-19 不同建议框尺度下的检测结果对比

RPN 产生建议框尺度	mAP (%)
64, 128, 256	82.01
32, 64, 128, 256	79.91
64, 128, 256, 512	**84.29**
32, 64, 128, 256, 512	80.83

图 5-81 给出了在适应绝缘子不同尺度方面,改进 RPN 网络前后航拍输电线路绝缘子图像的绝缘子目标检测结果对比图。实验结果说明,绝缘子检测结果明显优于修改建议框之前的检测器的检测结果,在一定程度上降低了模型的误检率。

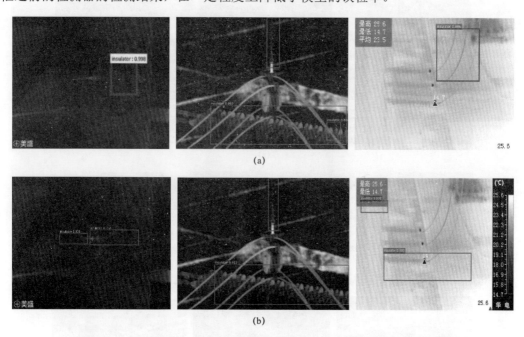

图 5-81 修改 RPN 网络中建议框的生成尺度前后的模型检测结果对比图
(a) 修改 RPN 网络前模型检测结果;(b) 修改 RPN 网络后的模型检测结果

沿用 R-FCN 中端到端的训练方式,引入 ASDN 层,对原有的数据集进行训练,所得到检测结果如图 5-82 所示,检测结果说明通过在 R-FCN 中引入 ASDN 网络层,一定程度上降低了模型的误检率,并且提升了模型检测的准确率,具有较强的推广意义。

图 5－82 引入 ASDN 层前后的 R-FCN 模型检测结果

（a）未引入 ASDN 层模型的检测结果；（b）引入 ASDN 层后模型的检测结果

（3）基于 SSD 的绝缘子图像检测方法。针对微调后的 SSD（Single Shot MultiBox Detector）模型对部分复杂背景和低分辨率的情况下，输电线路绝缘子检测效果不佳的问题，本节对 SSD 模型进行了两种改进方法[49]，即基于 SSD 的绝缘子目标特性的自适应默认框方法和基于多层特征融合后 SSD 模型绝缘子的检测方法，实验结果证明，两种方法对绝缘子检测精度均有明显的提高。

首先，提出了一种基于 SSD 的绝缘子目标特性的自适应默认框的方法，通过统计数据集中绝缘子的长宽比特性，实现默认框中长宽比关于绝缘子图像目标特性的自适应改变，使不同宽高比和不同尺度的绝缘子有了更好的检测结果。检测方法框架如图 5－83 所示。

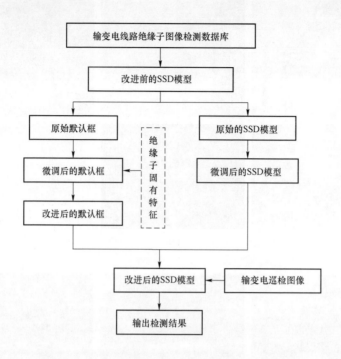

图 5-83　基于 SSD 模型的绝缘子检测方法框架图

本节使用 Caffe 框架实现全卷积神经网络模型 SSD，初始学习率取值为 0.0002，再改变默认框的长宽比，测试默认框的改变对 mAP 的影响，改进前后的绝缘子线路巡检图像中绝缘子的检测结果对比如图 5-84 所示。通过检测结果图可以看出，改进后的检测矩形框能更好地适应绝缘子的大小，且漏检、误检的可能性变低，检测精确度更高，模型展现了很好的泛化能力。

但由于 SSD 并没有充分使用更多细节信息的低层特征图，不能对小目标的绝缘子进行良好地检测。所以，提出了一种基于多层特征融合后 SSD 模型绝缘子的检测方法，并采用 ImageNet 预训练后的 VGG 模型作为特征提取的基础模型。为了使绝缘子与其他伪目标的特征表达更具区分性，利用合适的卷积层提供有用的上下文信息，采用基于熵的度量进行重要特征层提取，通常较大的熵值意味着系统包含更多的信息。对模型的所有卷积层的层熵进行排序，并注意各卷积层中默认框数量的变化，利用层熵和默认框数值，得到每层的默认框熵，依据默认框熵的大小，最终确定特征优化层的选取结果。

为了验证改进后的 SSD 模型对绝缘子检测的有效性，依赖于 Caffe 框架进行实验，更改前后的 SSD 模型对输电线路绝缘子图像的检测效果如图 5-85 所示。

在改进特征优化层之前，SSD 模型对大尺度和分辨率高的绝缘子有着良好的检测效果，但忽略了小目标的绝缘子；而在进行特征优化层的改进后，模型对小目标的绝缘子有了极大地改善，图像中的小目标绝缘子也能被准确地检测出来。

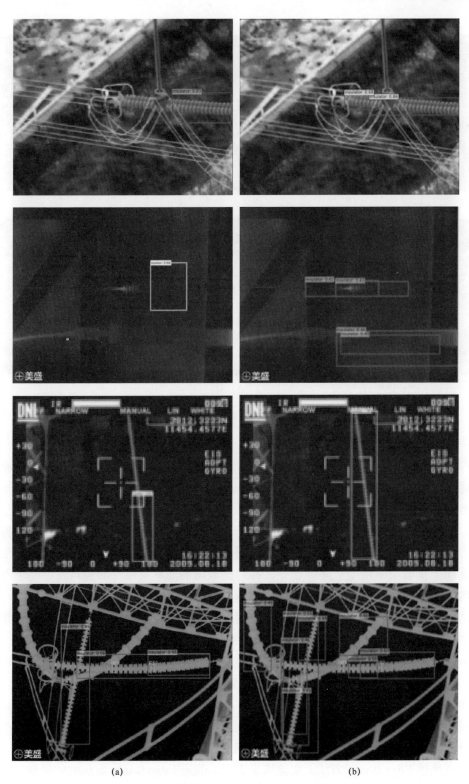

图 5-84　改进默认框前后绝缘子的检测结果图

(a) 改进前；(b) 改进后

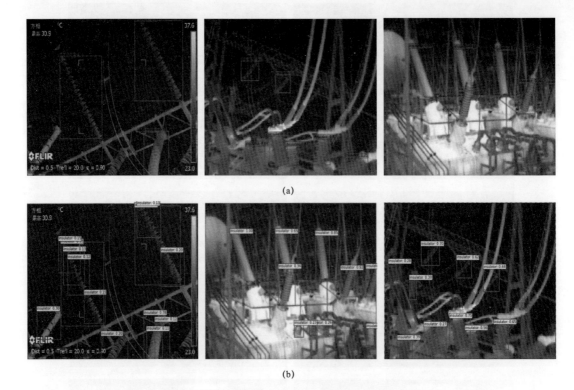

图 5-85　改进特征优化层前后绝缘子检测效果图
（a）改进前；（b）改进后

（4）基于候选目标区域生成的绝缘子检测方法。候选目标区域的生成是目标检测的基础。通过 Edge Boxes 方法能产生高精度的候选目标区域，但该过程对被检测目标形状、大小等参数的假设并不适合绝缘子目标。为了解决 Edge Boxes 方法不针对绝缘子特征的问题，本节对 Edge Boxes 进行改进，提出了一种基于 Edge Boxes 的绝缘子候选目标区域生成方法[50]。首先对输入的待检测的巡检图像进行预处理。然后提取其边缘，在生成的边缘图像上提取曲率尺度空间角点[51]，并对提取出的曲率尺度空间角点通过基于不同聚类数的 k-means 方法进行聚类。根据绝缘子上曲率尺度空间角点的分布规律，按照一定规则找出疑似绝缘子类上的那一类曲率尺度空间角点，并以这些点为圆心画圆，以使绝缘子类处的候选框内完全包含的轮廓个数大量增加。此时，再将图像重新输入到 Edge Boxes 打分系统中，就会使得包含绝缘子的候选框得分提高，从而使得输出的候选目标区域中有更大的可能包含绝缘子类。整个生成方法框架图如图 5-86 所示。

本节首先对实验结果进行定性观察，图 5-87 展示了此方法生成的部分候选目标区域，图 5-88 给出了通过不同方法生成的候选目标区域的对比图，其中图 5-88（a）、（d）为选择性搜索方法，图 5-88（b）、（e）为传统的 Edge Boxes 方法，图 5-88（c）、（f）为本节改进的 Edge Boxes 方法。实验结果表明，改进 Edge Boxes 方法的效果最好，可以有效地将生成的候选目标区域集中在绝缘子目标上，在获得高质量候选目标区域的同时，也保证了较快的计算速度。

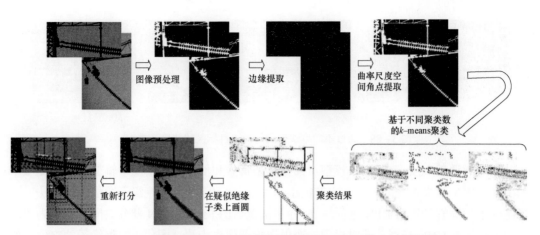

图 5-86　基于 Edge Boxes 的绝缘子候选目标区域生成方法框架图

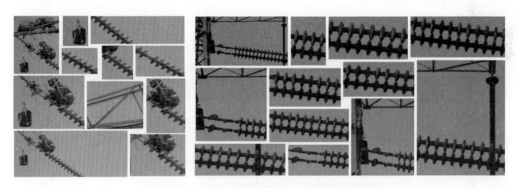

图 5-87　本节方法生成的部分候选目标区域

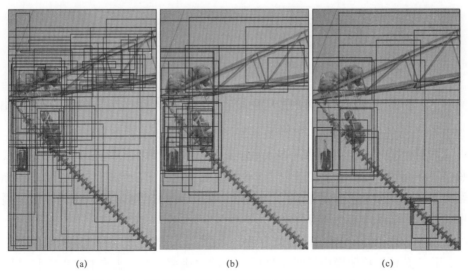

图 5-88　通过不同方法生成的候选目标区域结果（一）

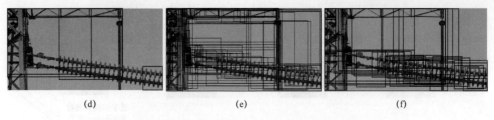

图 5-88　通过不同方法生成的候选目标区域结果（二）

针对微调后 Faster R-CNN 模型对部分复杂背景和低分辨率情况下输变电巡检图像中的绝缘子定位效果不佳的问题，本节提出基于 Faster R-CNN 的绝缘子图像定位方法，考虑绝缘子的固有特征对 RPN 进行改进，并与微调后的 Fast R-CNN 部分共同组合成为改进后的 Faster R-CNN 模型，此时再用输变电巡检图像作为测试图片进行绝缘子的定位，便可以得到较改进前更加精准的定位效果。图 5-89 给出了基于 Faster R-CNN 模型的绝缘子图像定位方法框架图。

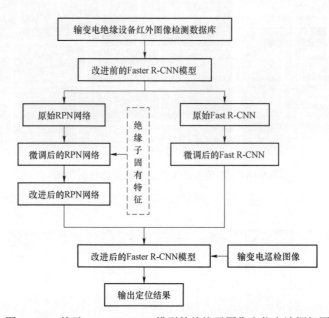

图 5-89　基于 Faster R-CNN 模型的绝缘子图像定位方法框架图

改进 anchor 的生成策略后，利用数据库对 VGG-16 Net 模型重新进行了训练，并用重新训练后得到的新 VGG-16 Net 嵌入 Faster R-CNN 模型中，基于此模型进行测试并观察实验结果。图 5-90 给出了在适应绝缘子不同长宽比方面，绝缘子的定位结果对比图。实验结果表明，该方法定位结果几乎完全贴合了图中狭长的绝缘子部件，均克服了摄像机取景框的遮挡，定位准确度明显提高。

（5）基于改进 RPN 的绝缘子检测方法。文献［52］提出了一种改进的区域候选网络（RPN），用于提高航拍图像中绝缘子目标的检测准确率。该方法的主要步骤和流程图如图 5-91 所示。

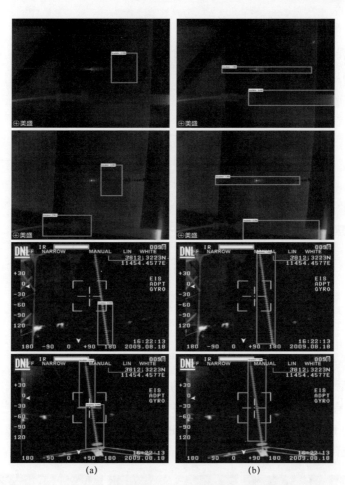

图 5-90　改进 RPN 网络以适应不同长宽比的绝缘子定位结果图

(a) 改进 RPN 网络前；(b) 改进 RPN 网络后

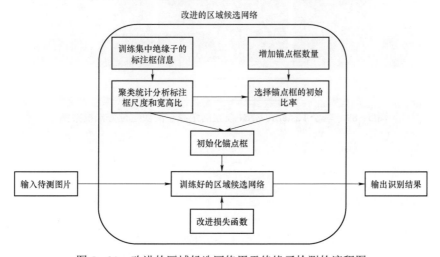

图 5-91　改进的区域候选网络用于绝缘子检测的流程图

训练用于检测绝缘子的区域候选网络模型之前需要完成三项工作：

1）对人工标注的绝缘子样本的标注框进行聚类统计，获得标注框宽高比的分布情况，用于候选框尺寸的初始化。

2）对特征提取网络 VGG16 进行逐层分析，融合其中的第二、三、五层的特征图，用于绝缘子目标识别，如图 5-92 所示。

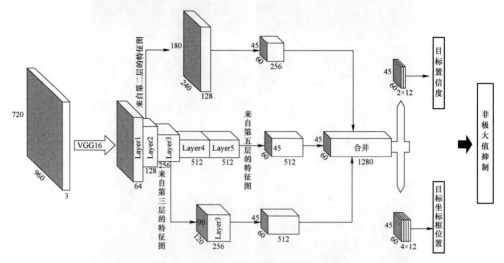

图 5-92　改进的区域候选网络结构

3）更改前后景的损失函数。针对不同的识别对象，传统的检测方式需要设计该对象的特征，选取适宜的分类器。本方法将基于卷积神经网络改进后的区域候选网络的检测方式与采用传统的 HOG 特征、SVM 方式和 DPM（Deformable Part Model）方式进行对比。针对同一训练集，利用 VGG+RPN 和传统方式的检测效果对比，如图 5-93 所示。

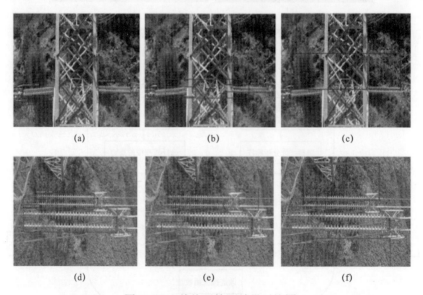

图 5-93　绝缘子检测效果对比图

（a）VGG+改进的 RPN 对样本 1、2 的检测效果；（b）DPM 对样本 1、2 的检测效果；
（c）HOG+SVM 对样本 1、2 的检测效果；（d）VGG+改进的 RPN 对样本 1、2 的检测效果；
（e）DPM 对样本 1、2 的检测效果；（f）HOG+SVM 对样本 1、2 的检测效果

通过对比试验发现，DPM 和 HOG 存在较多的误检和漏检，而且定位精度较低。通过测试 500 张航拍图像，采用 HOG 特征加 SVM 的方式，DMP 方式和改进的 RPN 方式的对比结果见表 5-20。

表 5-20   绝缘子检测对比结果

检测方式	漏检率	误检率	准确率	召回率	定位精度	平均检测时间（ms/帧）
HOG+SVM	21.8%	13.9%	58.4%	50.7%	差	3400
DMP	15.6%	8.4%	67.6%	61.8%	良好	2100
改进的 RPN	7.4%	4.7%	82.8%	85.3%	优良	600

为了证明改进后的区域候选网络识别绝缘子的有效性，将其与未改进的区域候选网络的识别结果进行比较，实验采用某电力公司真实航拍绝缘子图像以及模拟 3D 绝缘子图像为样本集（共计 22 244 张，训练集 20 000 张，测试集 2244 张），如图 5-94 所示，在不同 IOU 重叠率下，未改进的区域候选网络与改进后的区域候选网络对正样本的召回率的对比，以此说明通过对真实目标框的分析和选择锚点框的初始化是很有必要的。

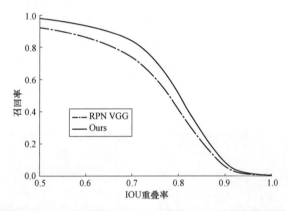

图 5-94   在测试集上验证召回率和 IOU 重叠率的关系

通过使用 k-means 的方法对航拍图像中绝缘子标注框的宽高比和尺度进行聚类统计后得到锚点框的初始比率和初始尺度，与未通过聚类统计的原始锚点框的初始比率和初始尺度进行对比其召回率和 IOU 重叠率的关系，实验对比结果见表 5-21。

表 5-21   在测试集上验证召回率和 IOU 重叠率的关系

Recall/IOU	0.6	0.7	0.8	0.9
RPN	0.862	0.742	0.414	0.058
本节改进方法	0.935	0.843	0.501	0.080

在测试集上进行验证评估、对比改进前的区域候选网络和改进后的区域候选网络的检测精度，计算平均精度时采用的重叠率为 0.5，如图 5-95（a）为区域候选网络的 RP（Recall-Precision）曲线，图 5-95（b）为改进后的区域候选网络的 RP 曲线。由此可以得出，改进后的区域候选网络用于检测绝缘子的精度提高了将近 5 个百分点。

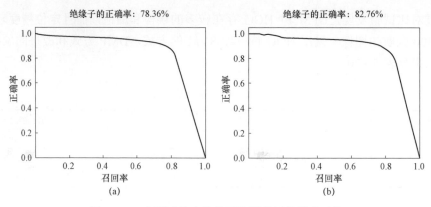

图 5-95　在测试集上绝缘子检测的平均精度对比

如图 5-96 所呈现的图片即在同一时间段，同一巡视场景，无人机在不同光照，不同尺度和不同角度拍摄情况下，连续对航拍铁塔上的串绝缘子在不同巡视位的拍摄，本节改进后的检测方式对绝缘子检测效果优良。

通过对绝缘子标注框的宽高比和尺度进行聚类统计，据此可以选择锚点框的初始比率和初始尺度，从而提高训练过程中正样本的数量；更改损失函数，实现动态调整正负样本的比例，从而解决训练过程中正负样本不均衡的问题。对特征提取网络和经典的区域候选网络进行分析的基础上提出了融合特征提取网络第二、三、五层特征图并将其应用于改进的区域候选网络中，针对改进的方法做了测试实验，并通过与其他传统方法的对比分析，验证了改进方法的可行性和有效性。

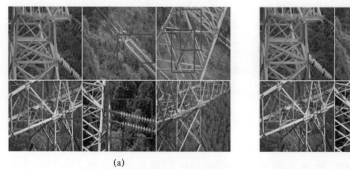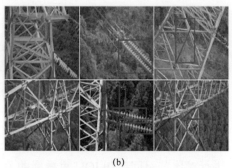

图 5-96　绝缘子检测效果对比改进前后的区域候选网络用于绝缘子检测效果的对比图
（a）未改进的；（b）改进的

（6）基于 FPN-SSD 的绝缘子检测方法。目前，基于深度学习的目标检测方法主要分为两大类：第一大类是 one-stage 一阶段的深度学习方法，如 SSD、YOLO 等；第二大类是以 two-stage 两阶段为达标的方法，主要是以 Faster R-CNN 为代表。文献［53］提出了一种基于 FPN（Feature Pyramid Networks）-SSD 的目标检测方法，与 SSD 相比，提高了航拍图像中绝缘子的识别精度，尤其是在小尺度图像中，候选框的位置预测精度也有了很大的提高，而且算法速度仍快于 Faster R-CNN 等基于候选区域的算法。下面将介绍 FPN-SSD 方法，以及与 SSD、Faster R-CNN、Mask R-CNN 的对比实验。

　　FPN-SSD 结构如图 5－97 所示。首先，在保留原始 SSD 的目标检测网络基础上，将特征提取网络从 VGG－16 换成了 Resnet－101，跳步的连接方式可以避免过拟合。然后，为了解决对于小目标识别精度较低的问题，参考 FPN 特征金字塔的形式，对上下文的信息进行局部融合。局部融合就是仅将 conv2、conv3 和 conv4 的特征图通过点加的方式融合，以改善低层信息在原有结构上利用不足的缺点。

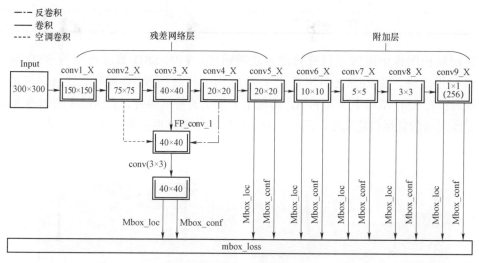

图 5－97　FPN-SSD 网络结构

　　由图 5－98 可知，conv2、conv3 和 conv4 特征图表达的信息分别可能属于被标记绝缘子的轮廓和杆塔信息、绝缘子的位置信息和绝缘子的纹理信息。这些信息可能更能够影响到最后的类别预测，因此融合三个特征层进行实验。考虑到电力部件中大部件的数量也很多，高层的默认框较大会有利于大目标的检测，因此未对高层的特征图进行信息融合处理。这样的多尺度特征融合更能有利于多尺度目标的检测，可以有效提高语义信息的利用能力。特征图的尺度最大 75，最小 20，为了消除不同尺度特征图的特征分布差异，还需在融合前后加入 Batch Normalization 层，做归一化处理操作。

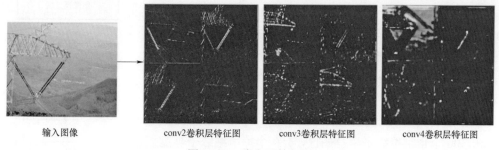

图 5－98　卷积层特征图

　　网络训练时的损失函数依据 SSD 的结构由两部分组成，一部分是回归位置的损失，另一部分是分类损失。

　　为了证明 FPN-SSD 算法的有效性，在绝缘子数据集上与 SSD、Faster R-CNN 进行了对比实验。实验结果见表 5－22 和图 5－99 所示，FPN-SSD 比 SSD512 算法提升 0.8%的精度，比 Faster R-CNN 提升 3.8%的精度。

表 5-22 不同方法的实验结果

方法	mAP
Faster R-CNN	88.1%
SSD512	91.1%
FPN-SSD	**91.9%**

针对航拍图像中绝缘子目标检测方法的研究，FPN-SSD 算法在原始 SSD 算法基础上进行了改进，以 Resnet 网络替代 SSD 结构中原有的 VGG 网络，增强网络的特征提取能力；在 SSD 结构中加入 FPN，实现了上下文的特征融合。实验结果表明改进方法，提高了小尺度的目标检测精度，同时，对大尺度物体同样保持着良好的检测效果。

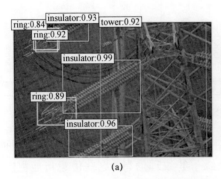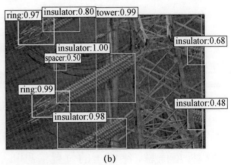

(a) (b)

图 5-99 复杂背景下两种方法检测结果对比

（a）SSD 算法；（b）FPN-SSD 算法

5.3.3.2 绝缘子缺陷检测

1. 传统方法

（1）基于 RPCA 优化的航拍绝缘子缺陷检测方法。文献［54］研究一种基于 RPCA（Robust Principal Component Analysis）的绝缘子缺陷检测方法。该方法能够同时实现对多张不同表面故障的绝缘子伞盘图像的分类，且分类正确率高。如图 5-100 是基于 RPCA 绝缘子表面缺陷检测的流程图。

该算法的具体实现步骤为，首先建立绝缘子伞盘图像库，由 300 个正常绝缘子伞盘图像，150 个掉串绝缘子伞盘图像，150 个破损绝缘子伞盘图像和 150 个含噪的绝缘子伞盘图像组成，部分图像如图 5-101 所示。

然后利用 RPCA 训练样本集，得到稀疏部分 E（对应绝缘子缺陷部分），通过对稀疏部分的量化，得到不同缺陷对应的稀疏度、平滑度。利用训练好的稀疏部分 E 的量化值，

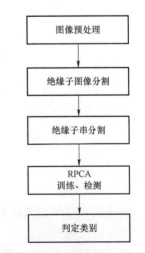

图 5-100 基于 RPCA 绝缘子表面缺陷检测的流程图

对测试样本进行分类，能够较好地检测出绝缘子伞盘的缺陷类别。

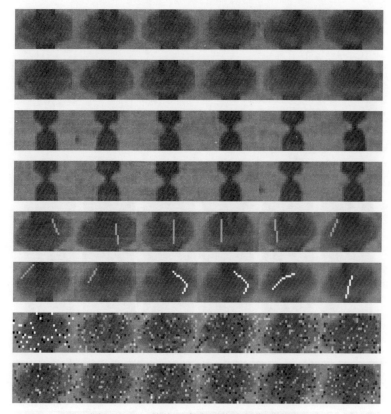

图 5-101　绝缘子伞盘图像库的部分图像

为了验证本节方法的可行性，以航拍绝缘子伞盘图像库作为训练集，图 5-102 是从绝缘子伞盘库中选取的部分完好的绝缘子伞盘进行训练测试的结果。从图 5-102 中可以发现通过 RPCA 分解，低秩部分是较为清楚的绝缘子伞盘，而稀疏部分是分布较为均匀的噪声。完好的绝缘子伞盘的稀疏部分区别较小。

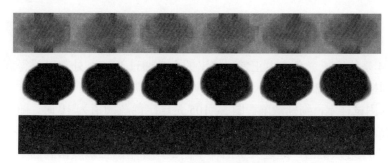

图 5-102　正常伞盘训练结果

图 5-103 是绝缘子伞盘库中正常、破裂、含噪的伞盘通过 RPCA 处理以后得到的结果。从图 5-103 可以看出，不管是正常、破裂或者是含噪，处理以后的低秩部分都是没有差异的正常绝缘子，对于研究绝缘子闪盘缺陷分类意义不大。在稀疏部分，稀疏部分有较大的差异，正常伞盘稀疏部分较为平稳，破裂伞盘稀疏部分可以较为清晰地显示出裂痕

的大小和位置。含噪的伞盘稀疏部分能够很好地体现出噪声。

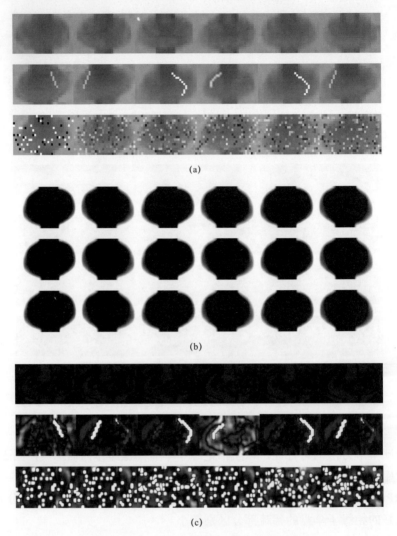

(a)

(b)

(c)

图 5-103　RPCA 分解后绝缘子伞盘图像
(a) 训练样本集；(b) 低秩部分 A；(c) 稀疏部分 E

图 5-104 是绝缘子伞盘库中正常、掉串的伞盘通过 RPCA 处理以后得到的结果，从图中可以得到掉串稀疏部分，很好地显示出掉串缺口位置以及掉串的程度。

最后输入测试样本，判别缺陷。图 5-105 是选定稀疏阈值为 10 时，随机测试样本稀疏度分布情况。

从图 5-105 可以得出，通过大量的样本测试，样本的稀疏度落到四条近似直线的水平线上。由此可以判定待检测航拍绝缘子伞盘中含有四种不同的类型。从每一种缺陷对应稀疏部分 E 的图可知，稀疏度为 65 536 的是正常伞盘；稀疏度为 20 000 的是裂痕伞盘；稀疏度为 5600 的是掉串；而剩下的 9000 是含噪伞盘的稀疏度值。通过上面分析，得到了具有一定参考意义的基于 RPCA 航拍绝缘子缺陷分类的数值标准，并且该方法训练的时间相对较短。很好地解决了现有绝缘子检测方法耗时长、检测精度低的问题。

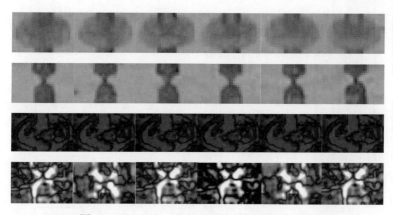

图 5-104　RPCA 分解后绝缘子掉串伞盘图像

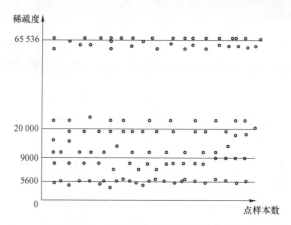

图 5-105　大量样本训练得到的稀疏度

（2）基于卷积神经网络的绝缘子表面故障分类方法。基于卷积神经网络的绝缘子状态检测方法能够同时实现对多张不同表面故障的绝缘子伞盘图像的分类，文献［33］研究一种基于卷积神经网络的绝缘子状态检测方法，该方法能够同时实现对多张不同表面故障的绝缘子伞盘图像的分类。

该方法的主要步骤：① 进行图像预处理，将航拍绝缘子伞盘图像的 RGB 颜色模型转换为 HSI 空间模型，将颜色的三种基本属性（色调、饱和度、亮度）分离，并选择亮度图像作为卷积神经网络的输入图像。② 进行绝缘子串的分割，用文献［54］中同样的方法，将定位后的绝缘子图像分割为多个伞盘图像，并以多个伞盘图像作为测试集，建立绝缘子伞盘图像库。③ 建立一个 7 层的卷积神经网络，输入层是一个 32×32 大小的亮度图像，输出层包含 4 个神经元代表 4 种分类。④ 训练卷积神经网络，如图 5-106 所示，将四种绝缘子伞盘图像（正常、掉串、裂纹和含噪）作为卷积神经网络输入，利用卷积层C1、C2、C3 进行特征提取，下采样层 S1、S2 进行特征映射，从而提取绝缘子伞盘图像特征，继而将其输入到神经网络中，实现对绝缘子伞盘图像的分类。

为了验证该方法的有效性，分别进行了表面故障分类实验（实验一）和三种神经网络性能对比实验（实验二）。

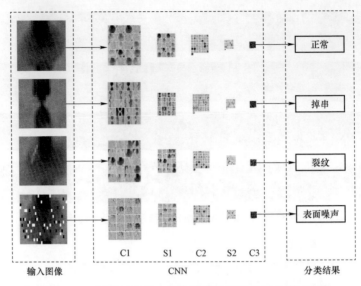

图 5-106　四种绝缘子伞盘图像的特征提取及分类过程图

实验一：将定位后的绝缘子图像分割为多个伞盘图像；以航拍绝缘子伞盘图像库作为训练集，训练卷积神经网络参数；以多个伞盘图像作为测试集输入到卷积神经网络进行表面故障的分类。卷积神经网络收敛时的迭代次数为 3，且误分率低于 2%，如图 5-107 所示。因此，基于卷积神经网络的绝缘子状态检测方法能够同时实现对多张不同表面故障的绝缘子伞盘图像的分类，且分类正确率高。

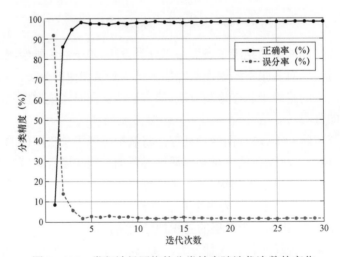

图 5-107　卷积神经网络的分类精度随迭代次数的变化

表 5-23　　　　　　　　　　　三种神经网络的分类性能比较

方　　法	训练时间（s）	收敛次数	分类精度（%）
基于卷积神经网络的绝缘子状态检测方法	4	3	98.4
基于深度卷积神经网络的绝缘子状态检测方法	353	12	95.2
基于 BP 神经网络的绝缘子状态检测方法	20	110	96.2

实验二：为了验证方法在绝缘子伞盘图像故障分类应用的有效性，将基于卷积神经网络的绝缘子状态检测方法与基于反向传播（BP）神经网络的绝缘子状态检测方法及基于深度卷积神经网络的绝缘子状态检测方法的分类性能进行了比较。由表 5-23 可知，对于样本数量较少，且图像库中图像较小时，较 BP 神经网络及深度卷积神经网络，基于卷积神经网络的绝缘子状态检测方法的分类精度高，训练耗时短，且迭代次数少，能够很好地解决目前表面故障分类方法计算复杂及处理的绝缘子表面故障类型单一的问题。因此对于小样本集且要求较高的分类精度时，卷积神经网络得到了更好的分类性能。

（3）基于显著性和自适应形态学的玻璃绝缘子掉片故障检测算法。在绝缘子掉片故障检测方面，现有方法对于图像拍摄距离与角度不固定情况下的绝缘子故障检测并不适用。结合玻璃绝缘子独特的颜色特征、梯度特征和掉片区域具有明显的视觉上的缺失性，提出一种基于显著性和自适应形态学的玻璃绝缘子掉片故障检测算法[41,55]。算法首先利用融合颜色特征与梯度特征的显著性算法定位绝缘子；依据玻璃绝缘子颜色特征建立颜色模型，在绝缘子定位区域进行精细分割；再根据绝缘子面积占比进行自适应形态学处理，从而突显掉片区域，准确定位故障点。

依据玻璃绝缘子具有的特殊颜色分布规律，其颜色分布如图 5-108 所示。

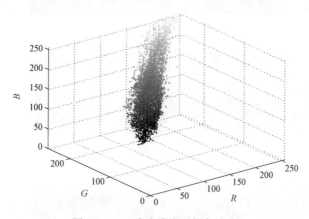

图 5-108　玻璃绝缘子颜色分布

通过对颜色分布的分析，总结出 3 条规则并以此建立玻璃绝缘子颜色模型，如式（5-1）所示。

$$\begin{cases} 60 \leqslant R \leqslant 180 \\ 100 \leqslant B \leqslant 200 \\ 30 \leqslant G - R \leqslant 65 \end{cases} \tag{5-1}$$

其中，R、G、B 分别为绝缘子的红、绿、蓝颜色分量。运用上述颜色模型对显著性检测定位的绝缘子区域进行精细分割。

一个绝缘子串中相邻绝缘子片之间的间距相等，当发生掉片故障时，故障区域的宽度约为正常相邻绝缘子片间宽度的 3 倍。因此，绝缘子掉片故障从人的视觉感受来描述就是在绝缘子区域出现了一个明显的缺口。由于航拍角度和距离的多变性，绝缘子片间间距各不相同，因此通过绝缘子片间的间距大小自适应的选择不同的结构元素尺寸，达到突显故

障区域的目的。设定 6 种面积占比与形态学结构元素尺寸之间的对应关系，见式（5-2）

$$\begin{cases} m \leqslant 0.2 & size:45 \\ 0.2 < m < 0.3 & size:35 \\ 0.3 \leqslant m < 0.4 & size:30 \\ 0.4 \leqslant m < 0.6 & size:25 \\ 0.6 \leqslant m < 0.7 & size:15 \\ m \geqslant 0.7 & size:10 \end{cases} \quad (5-2)$$

式中　m——绝缘子区域最小包围矩形内的绝缘子面积占比；

　　　$size$——形态学闭运算的结构元素的尺寸。

对 100 幅分辨率为 800×531 像素的航拍图像进行算法测试，部分测试效果如图 5-109 所示。

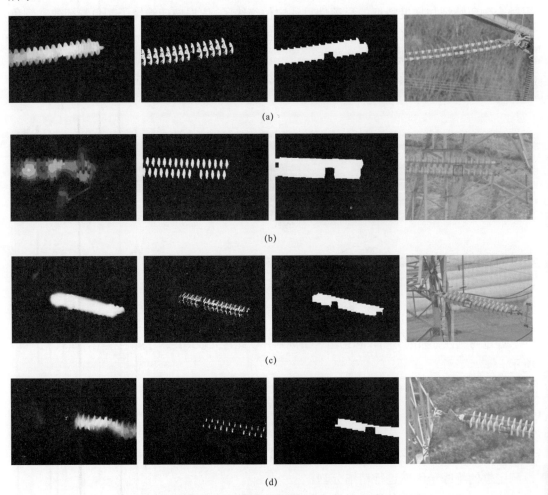

图 5-109　绝缘子掉片故障定位结果

（a）显著性检测定位绝缘子；（b）颜色模型精细分割绝缘子；
（c）自适应形态学处理绝缘子；（d）掉片故障检测结果

实验结果表明，对于不同背景、不同拍摄距离、不同拍摄角度的航拍图像，只要掉片故障区域的缺口特性明显，自适应形态学算法就可以对故障进行准确定位。该算法没有复杂的计算，算法主体部分只使用了简单的数学形态学算法，保证检测效果的同时将计算用时降到了最低，提供了实时检测的可能性。

（4）基于空域形态特征的绝缘子掉串故障识别方法。针对绝缘子掉串故障，提出了一种基于空域形态特征的绝缘子掉串故障识别方法[56]，该算法流程如图 5－110 所示。

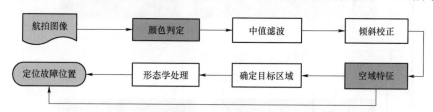

图 5－110　绝缘子掉串故障识别方法流程图

首先利用玻璃和陶瓷绝缘子本身颜色特征建立颜色模型，对图像进行分割。其中，通过设定相对应的 R、G、B 各分量的阈值，建立玻璃绝缘子与陶瓷绝缘子在 RGB 颜色空间中的颜色模型，分别用式（5－3）和式（5－4）：

$$\begin{cases} 78 \leqslant R \leqslant 173 \\ 115 \leqslant B \leqslant 175 \\ 30 \leqslant G - R \leqslant 65 \end{cases} \tag{5－3}$$

$$\begin{cases} 175 \leqslant R \leqslant 235 \\ 165 \leqslant G \leqslant 225 \\ 5 \leqslant R - B \leqslant 20 \end{cases} \tag{5－4}$$

其中，R 为红色分量；G 为绿色分量；B 为蓝色分量。

然后进行中值滤波、倾斜校正等图像处理。根据绝缘子在空域中的特征，对绝缘子目标区域进行定位，并对目标区域进行形态学处理。接着依据故障部位独特的空域特性，建立判决式 1 和 2。最后确定故障部位的坐标，定位故障点。

判决式 1：$X_{\min\_distence}(i) = \|X_{\_\min}(i) - X_{\_\min}(i-1)\| + \|X_{\_\min}(i) - X_{\_\min}(i+1)\|$

判决式 2：$Y_{\min\_distence}(j) = \|Y_{\_\min}(j) - Y_{\_\min}(j-1)\| + \|Y_{\_\min}(j) - Y_{\_\min}(j+1)\|$

将本方法在故障特征有遮挡、不同背景与拍摄距离、不同材质的绝缘子等情况下进行实验，可以看出本方法具有较强的鲁棒性。实验结果如图 5－111～图 5－114 所示。

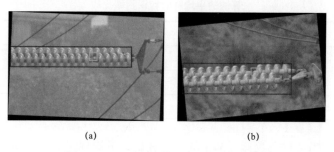

(a)　　　　　　　　　　　(b)

图 5－111　不同遮挡情况下的识别效果

（a）片间无遮挡；（b）片间有遮挡

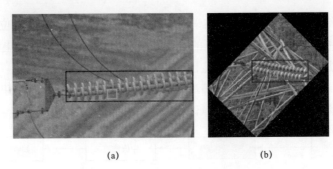

（a）　　　　　　　　　　（b）

图 5-112　不同背景下的识别效果

（a）纯净背景；（b）复杂背景

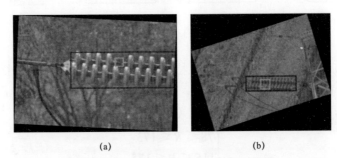

（a）　　　　　　　　　　（b）

图 5-113　不同拍摄距离下的识别结果

（a）近距离拍摄；（b）远距离拍摄

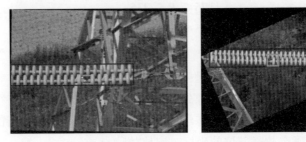

图 5-114　陶瓷绝缘子掉串故障识别

对 74 张现场采集的绝缘子掉串图像（其中玻璃样本 42 张，陶瓷样本 32 张）进行故障识别（每张图中有一处掉串故障），并计算其平均耗时、识别率。将本节算法在平均耗时以及识别率上，与文献［57］、文献［55］所提方法进行对比，见表 5-24。

表 5-24　　　　　　　　　　　　算法的平均耗时和识别率比较

算法	平均耗时（s）	识别率（%）
文献［57］	1.957	65.4
文献［55］	0.525	92.4
本节算法	**0.677**	**91.8**

可以看出，本节方法与文献［57］的算法相比，平均耗时有明显降低，识别率有明显地提高；与文献［55］相比，虽然文献［55］算法的识别率较高，平均耗时较低，但该算

法只能用于玻璃绝缘子一种形式的识别,而本节算法是识别目标包括玻璃和陶瓷两种形式的绝缘子,样本集也由这两种绝缘子图像构成,虽在性能上略有下降,但是能够同时识别出两种形式的绝缘子,适用范围更加广泛,有更好的应用前景。

（5）基于多显著性集成的绝缘子闪络故障识别方法。本节提出一种基于多显著性集成的绝缘子闪络故障识别方法[58,59],可准确识别和定位绝缘子的闪络位置。该方法的主要步骤和流程如图 5-115 所示。

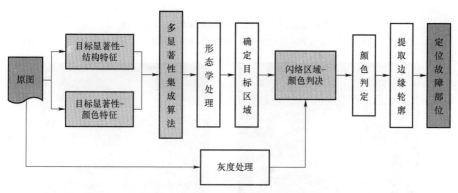

图 5-115　方法基本和流程图

首先分别建立绝缘子颜色特征和结构特征模型,并集成为 F-PISA[60]（Fast-Pixelwise Image Saliency by Aggregating）算法对绝缘子目标区域进行分割,由颜色模型和结构模型所集成的 F-PISA 算法主要采用式（5-5）进行显著图的计算:

$$\tilde{S}^l(p) = U^c(p) \cdot D^c(p) + U^g(p) \cdot D^g(p) \tag{5-5}$$

其中, $\tilde{S}^l$ 是初始稀疏显著图; p 为像素点; $U^c(p)$ 是基于颜色特征的显著值; $U^g(p)$ 是基于结构特征的显著值; $D^c(p)$ 和 $D^g(p)$ 分别是基于颜色和结构特征的空间先验知识。

然后利用形态学算法对目标区域进行处理,突出遭到闪络损坏的绝缘子表面区域。

最后,对闪络区域进行颜色判决,由于经过灰度处理后的图像,闪络部位与其他部位的颜色分布有着显著的差异,因此对其颜色分布进行统计分析,建立颜色判决式,见式（5-6）。最终准确定位故障部位。

$$G(i,j) = \text{imgRgbRotateGray}(i,j)$$
$$\begin{cases} G \geqslant 200, \ G' = 255 \\ G < 200, \ G' = 0 \end{cases} \tag{5-6}$$

其中, i, j 为灰度图的像素点坐标。

为了验证该方法的可行性,对于故障特征不明显、不同拍摄距离等各种情况下的输电线路航拍图像进行了绝缘子闪络故障识别,识别情况如图 5-116、图 5-117 所示。

对识别结果进行统计,计算其平均耗时、识别率、准确率,并将本节算法与单纯使用边缘轮廓对闪络损坏部位进行识别定位的边缘算法进行对比,具体识别结果见表 5-25。由此可以看出,本方法平均耗时较短,效率比较高,识别率和准确率也相对较高。

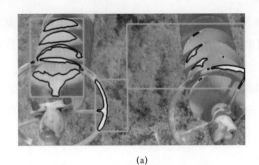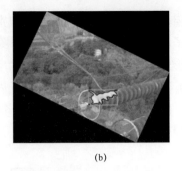

（a） （b）

图 5-116　故障特征不明显情况的识别结果

(a) 绝缘子片间有遮挡且部分损坏区域面积较小情况；(b) 损坏部分与正常部分分界不明显情况

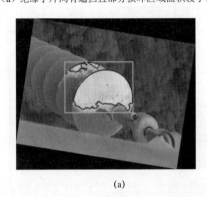

（a） （b）

图 5-117　不同拍摄距离下的识别结果

（a）近距离拍摄；（b）远距离拍摄

表 5-25　　　　　　　　算 法 时 耗 与 准 确 率

算法	识别每张图片平均耗时（s）	识别每个闪络平均耗时（s）	识别率（%）	准确率（%）
本节算法	2.322	0.347	92.7	85
边缘算法	4.658	0.486	70	64.2

　　实验结果表明，对于绝缘子闪络故障，本方法能够较好地识别出其故障位置，且算法鲁棒性较强，具有一定的实用价值。但该方法基于颜色特征对故障部位进行分割，在一定程度上容易受背景环境的影响，因此仍需研究普适度更高的图像精细分割方法，以进一步降低复杂背景的影响。

　　（6）基于 SURF 特征的玻璃绝缘子自爆缺陷检测方法。SURF 算法[61]除具有 SIFT 算法的尺度不变性和对噪声的鲁棒性外，更兼具实时性。因此，本节比对正常绝缘子片和缺陷绝缘子片的特征点分布情况，研究了基于 SURF 特征的玻璃绝缘子自爆缺陷检测方法，该算法流程图如图 5-118 所示。

　　具体实现步骤如下：

　　1）根据 SURF 特征的有关理论，提取原始绝缘子串图像的 SURF 特征点，为了减少误报，用最小二乘法直线拟合来校正绝缘子串的方向，使图像中的绝缘子串保持水平。

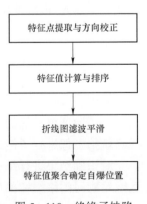

图 5-118　绝缘子缺陷检测算法实现步骤

2）根据特征点的分布计算特征值并排序，绘制折线图，通过低通滤波对折线平滑化，并用均值聚合的方法简化折线，为了减少大的波动对最终检测结果的影响，将折线图看做信号波形，引入巴特沃斯低通滤波器对折线图进行平滑化。

3）用特征值的最小值确定绝缘子的自爆位置。

为了验证该方法的可行性和有效性，从航拍绝缘子图像中抽取了 31 张，截取出绝缘子串进行自爆缺陷检测，分别进行绝缘子自爆方法检测、误定位图像分析，与 HARRIS 检测算法效率比较实验。

1）绝缘子自爆方法检测结果。对 31 张绝缘子串图像进行检测，结果见表 5-26。

表 5-26　　　　　　　　　　　　　　绝缘子图像检测结果

输入的总图片数	精确定位（S）	准确定位（A）	未能定位（U）	准确检测率	精确检测率
31	18	10	3	90.32%	58.10%

表 5-26 中，分 3 种情况，精确定位是指最后标记的中心恰好是自爆位置；准确定位是指最后的自爆位置在标记内，或者距离标记很近；未能定位是指自爆位置不在标记内，距离标记位置较远。其中，前两种情况都可视作成功定位。由表可见，90%左右的图片能检测到故障位置，这些图片中，一半以上能够精确定位，另外有 3 张图片出现误定位。

2）误定位图像分析。将参与检测的 31 张图像按顺序编号后，结果见表 5-27。

表 5-27　　　　　　　　　　　　　　绝缘子图像检测结果

图像编号	1	2	3	4	5	6	7	8	9	10	11
检测结果	S	S	S	S	S	U	S	A	S	A	S
图像编号	12	13	14	15	16	17	18	19	20	21	22
检测结果	S	S	S	U	A	A	S	S	S	A	U
图像编号	23	24	25	26	27	28	29	30	31		
检测结果	S	A	A	A	S	A	S	A	S		

从表 5-27 中可以看出，6、15、22 号三张图出现误定位，其中误定位结果如图 5-119 所示，从上到下分别是 6、15、22 号图像。

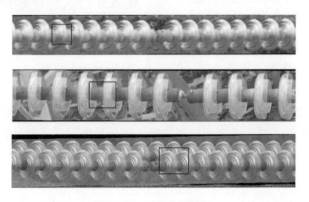

图 5-119　误定位结果

经过分析，造成误定位的主要原因：图片尺寸小，分辨率低，以 15 号图片为代表，这类误定位只能通过拍摄更清晰的图像来避免；背景复杂，边缘信息干扰，以 6 号图片为代表，这类误定位可以在拍照时，对焦到绝缘子串上来避免。绝缘子重叠，邻串相互影响，以 22 号图片为代表，这类误定位需要在粗定位算法中加以改进，尽可能提取出单串绝缘子，从而减少重叠的影响。

3）与 HARRIS 检测算法效率比较。HARRIS 角点检测算法是一种有效的图像角点（特征点）提取算法。选取前 10 张图片，用上述方法分别提取特征点，比较执行时间见表 5-28，可以看出，SURF 算法在提取特征点时，执行时间很短，同时注意到 SURF 算法能够提取到数量较多的特征点，其效率优于 HARRIS 算法。

表 5-28　　　　　　　　　　HARRIS 和 SURF 执行时间对比　　　　　　　　　　单位：s

图像编号	1	2	3	4	5	6	7	8	9	10
HARRIS	11.97	7.10	7.72	11.31	8.98	15.02	16.69	23.24	7.36	4.38
SURF	3.23	1.38	3.24	3.16	2.24	6.57	4.45	7.31	2.67	1.24

自爆缺陷绝缘子的特征点集中在中心轴附近，根据特征描述设计了识别算法，通过特征点提取、方向校正、特征值计算、低通滤波平滑图线、特征值聚合等步骤，成功定位到了自爆的绝缘子。然后分析了出现误定位的原因，并提出了改进方案。通过和 HARRIS 算法进行对比，发现 SURF 算法的特征点提取效率很高。最终，经实验验证该方案是可行的。

2. 深度方法

（1）基于 Mask R-CNN 的输电线路绝缘子掉片检测方法。基于语义的深度学习算法，已经成为目前图像分割和检测成果较多和研究的主要方向。Mask R-CNN 模型[62]针对图像分割任务增加了一个分割掩码层 Mask，使网络能够更加准确地做到像素级的预测，并且该方法主要关注生成的目标方向问题和边界框的精度问题，因此本节提出了基于 Mask R-CNN 的绝缘子故障检测方法。Mask R-CNN 流程简图如图 5-120 所示。

图 5-120　Mask R-CNN 流程简图

实现步骤如下：

1）使用 FPN 网络提取多尺度的特征图。

2）利用 RPN 网络提取候选 ROI（Region Of Interest）区域。

3）利用 ROI Align 操作进行精细化 ROI 特征图归一化。

4）将最终获得的 ROI 特征图输入检测分支，实现目标检测、识别和语义分割。

如图 5-121 所示，对于绝缘子掉片故障，如果是使用常规的目标检测标记方式，则标记的是图中的框线。但是使用语义分割的标记方式，则标记的是轮廓点线。对于电力小部件，由于背景复杂多变，当背景与目标颜色比较接近时会对识别造成很大的干扰。而语义分割的这种方法，更多考虑的是绝缘子掉串部分的轮廓信息，而不会受到颜色的干扰。

图 5-121　绝缘子掉片的方框标记和轮廓标记

　　由于缺陷部件数量非常少，因此在这里以绝缘子掉片故障进行实验分析。实验分别采用 Mask R-CNN 和 FPN-SSD 进行对比实验，实验结果见表 5-29。

表 5-29　　　　　　　　　　　　　　绝缘子掉串的实验结果

方法	精度（mAP，%）
Mask R-CNN	84.9
FPN-SSD	83.1

　　从实验结果可以看到，Mask R-CNN 精度比 FPN-SSD 高出 1.8%。这可能是因为缺陷部分在图像中占比很小，而且很多存在遮挡和背景颜色重合等问题，这种情况下采用语义分割的方法更能够获取缺陷部分的轮廓信息。

　　如图 5-122 所示为绝缘子掉片故障语义分割结果，由于该图中背景色与绝缘子颜色比较接近，而且两串绝缘子交织在一起，因此使用 FPN-SSD 算法的结果是产生了漏检，但是利用 Mask R-CNN 能够检测出来。

　　（2）基于深度特征表达的绝缘子表面缺陷分类方法。文献［63］研究正常、破损、裂纹和污秽等多种绝缘子的分类方法，针对绝缘子表面缺陷的特性，提出了利用多区块深度卷积特征的绝缘子表面缺陷检测方法。该方法对绝缘子图像通过预训练完成的深度

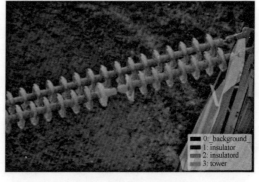

图 5-122　Mask R-CNN 对掉片绝缘子识别结果

卷积神经网络提取多区块深度特征，并对 RBF 核 SVM 分类器进行训练。整个方法的流程如图 5-123 所示。

　　由于绝缘子具有极大变化的视角与角度，与一般物体的图像数据不同，绝缘子目标具有不同的长宽比、外形与方向，为了提高准确率，将网络的输入进行了改进，将输入图像进行随机区块划分，并通过镜像操作进行扩增。得到若干个区块图像后，将这些区块图像尺寸调整至网络输入的大小，进行前向运算抽取特征。假设输入图像为 I，该图像被划分为区块图像集 $P = \{p_1, \cdots, p_i, \cdots\}$，$i = 1, 2, \cdots, N$，其中 p_i 代表 N 个区块中的第 i 个区块图像。以 $\Phi(\cdot)$ 表示深度特征提取，其对应的输出为 4096 维度的 $\Phi(p_i)$，特征集为

Features = {Φ(p_1), ···, Φ(p_i), ···} ∈ Rd，接着利用 Average pooling Ψ(I)=∑Φ(p_i)/N ∈ Rd，从而得到图像的最终表达。

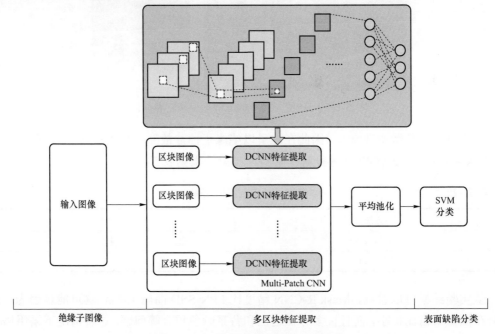

图 5－123　绝缘子表面缺陷分类流程

在数据库中每一类随机抽取 30%作为训练，剩余 70%作为测试样本。特征提取自全连接层，图 5－124 显示了正常与缺陷绝缘子的 fc6 和 fc7 特征。

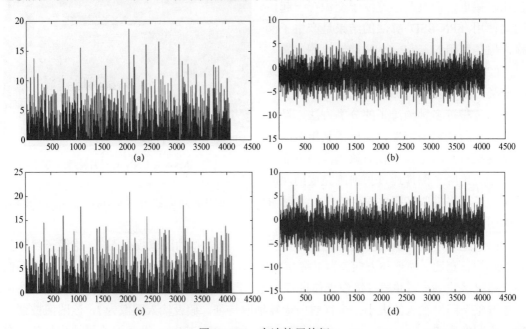

图 5－124　全连接层特征

（a）正常绝缘子的 fc6 层特征；（b）正常绝缘子的 fc7 层特征；（c）缺陷绝缘子的 fc6 层特征；
（d）正常绝缘子的 fc7 层特征

首先对分类准确率进行分析，分类结果见表 5-30，混淆矩阵如图 5-125 所示。利用 ImageNet 预训练模型的 fc6 层特征达到 98.71% 的结果，准确率远超过其他方法。同时也与手工特征 Bag-of-Features 进行了比较，Bag-of-Features 的混淆矩阵如图 5-125（a）所示，从表格可以看出本节所提方法超过了 Bag-of-Features 的准确率 6.87%，采用相同条件下基于多区块卷积神经网络 fc7 层特征准确率达到了 97.8333%，相比 fc6 略低了 0.8762%。相比于直接使用 CNN 深度特征，利用多区块的方法可以提高 0.64% 的准确率。通过对比图 5-125（b）与图 5-125（c）的混淆矩阵可以直观地看出明显的改进，结果说明多区块的方法能够提高深度卷积特征的区分度。

表 5-30　　　　　　　　　　　　　绝缘子表面缺陷分类结果

方法	分类准确率（%）
Bag-of-Features	91.8333
Pre-trained CNN-fc6	98.0687
Pre-trained CNN-fc7	97.1667
Non Pre-trained CNN－fc6	91.3737
Non Pre-trained CNN－fc7	89.8810
本节方法 Multi-Patch CNN-fc6	**98.7095**
本节方法 Multi-Patch CNN-fc7	**97.8333**

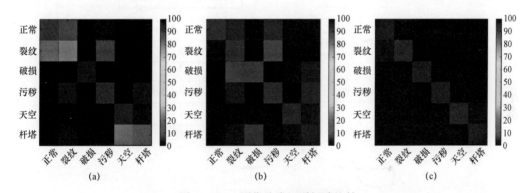

图 5-125　图像分类混淆矩阵比较
（a）Bag-of-Features；（b）ImageNet 预训练模型特征；（c）多区块深度特征

利用绝缘子数据随机初始化训练模型的准确率明显低于 ImageNet 预训练的模型结果，之间的差距达到 6.95%。实验说明大规模的图像数据库可以更好地优化网络的权值参数，因此在小数据样本下，可以考虑通过大规模图像数据库进行预训练，在预训练模型的基础上直接进行特征抽取或者微调的方法。实验结果同时验证了深度卷积特征的强大的泛化能力。

小结

本节分别从传统和深度方法两方面对绝缘子目标、缺陷检测进行研究，并提出了一系列检测方法。实验结果表明，无论是传统方法，还是深度方法，均能实现对绝缘子的目标、缺陷检测，但相对来说，深度方法检测性能更好。

5.3.4 绝缘子跟踪

近年来，计算机视觉技术和无人机技术取得的重大突破，使得无人机巡检逐步取代人工巡检，成为未来智能化巡检的发展趋势。无人机巡检的主要目的是对输电线路的关键部件工作状态实施高效地监控，尤其是绝缘子的脱落、开裂、老化、污损等故障，能否及时检测排查均依赖于对绝缘子的准确跟踪和快速清晰成像。本节以航拍输电线路中的绝缘子为研究对象，介绍了针对航拍视频中绝缘子的四种跟踪方法。

5.3.4.1 基于 Mean Shift 的目标跟踪方法

Mean Shift 算法[64]是一种自适应梯度上升搜索峰值的算法，同时也属于模板匹配算法。Mean Shift 算法在搜索目标的过程中使用迭代的方法来搜索目标模型的候选区域。

1. 方法概述和原理框图

绝缘子跟踪本质，是指对视频或图像中绝缘子区域进行跟踪，确定绝缘子所在的位置。本节研究了基于 Mean Shift 的目标跟踪方法研究，Mean Shift 算法主要流程如图 5－126 所示。

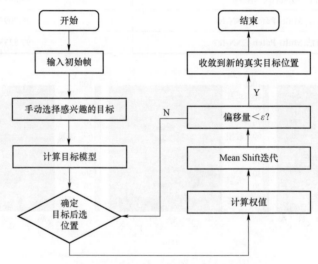

图 5－126　Mean Shift 目标跟踪算法流程

初始化算法：确定被跟踪目标的初始位置和相关的跟踪窗口尺度参数。在下一帧跟踪结果到来这段时间段内，计算提取核函数直方图特征为目标区域的候选模型，然后计算权值系数和更新新的目标位置，接着对两次计算得到的相似度做出判别，输入读取下一帧，回到步骤一，完成迭代，直到整个算法结束。

2. 具体步骤描述

首先选定初始帧，确定初始迭代位置和目标模型。由于 Mean Shift 算法属于局部搜索匹配算法，所以该算法的计算量并不大，只需要首选确定目标模型 q_u，计算量主要集中在对 $p_u(y)$ 的计算。将视频切割成很多帧，每一帧所包含的图片在每次计算的过程中需要迭代 N 次，Mean Shift 算法具体步骤：

（1）对跟踪的目标对象建立目标模型 $\{\hat{q}_u(\hat{y}_0)\}_{N=1\cdots m}$，选定初始位置 y_0，初始化目标位置，计算候选目标模型 $\{p(y_0)\}_{N=1\cdots m}$，迭代次数 $n=0$，估计 $\rho[\hat{p}(y_0),\hat{q}]$。

（2）计算权重系数 $w_{i=1\cdots m}$，更新候选目标位置 y_1，并计算新的目标位置。

（3）规定最大迭代次数和阈值，判断 $|y_1-y_0|<\varepsilon$ 或者迭代次数满足 $n>N$，就可以停止迭代，如果不满足这两个条件，那么有 $y_0\leftarrow y_1$，$n=n+1$ 并且返回第二步。

3. 实验结果和分析

改变目标中心的位置，调整核函数窗口的大小，实现对绝缘子目标的跟踪，实验中切割了 20 帧视频，结合图 5−127 来分析。

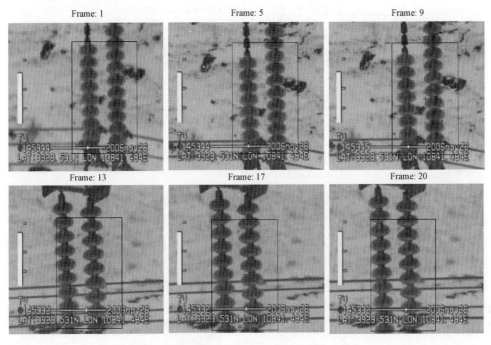

图 5−127　绝缘子跟踪结果图

从图 5−127 可以看出，跟踪窗口选择的比较大，目标的运动方向也不固定。跟踪窗口的运动速度有时落后于绝缘子的运动速度，并且这次的跟踪窗口比较大。由于目标运动不规律，跟踪窗口的运动方向也在变化。跟踪过程中并没有对整个视频进行跟踪，只截取了一段视频，又将视频切割成 20 帧，所以跟踪结果是以帧的形式出现的。

5.3.4.2　基于局部二值模式特征和时空上下文的航拍绝缘子跟踪方法

1. 方法概述和原理框图

针对时空上下文跟踪（Spatio-Temporal Context，STC）算法[65]的灰度特征不能很好地完成航拍图像特征表达问题，本节提出了[66]一种基于局部二值模式（LBP）特征[67]和时空上下文的航拍绝缘子跟踪方法。其中为解决绝缘子大尺度变化问题，实现一种尺度更新策略，该尺度更新策略依靠对每一帧图像尺度赋予权重实现，并且将时空上下文算法应用到航拍绝缘子跟踪中，提取细致表征绝缘子的 LBP 特征代替灰度特征，改进了原尺度更新策略对绝缘子大尺度变化能力处理不足的问题。具体方案流程如图 5−128 所示。

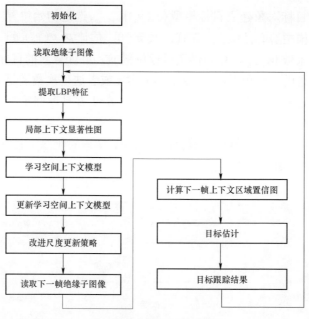

图 5-128　方案流程图

2. 具体步骤描述

首先提取绝缘子图像的 LBP 特征，步骤：划分检测窗口，得到小区域；比较每个小区域像素与相邻的 8 个像素值的大小，得到 LBP 二进制码，转换成十进制；计算每个小区域的直方图，即每个十进制数字出现的概率，然后归一化处理；最后将归一化后的直方图连接成一个特征向量，得到检测窗口的 LBP 纹理特征。综合绝缘子的特点，本节选取 $R=1$，$P=8$ 作为 LBP 算子，绝缘子 LBP 特征提取结果如图 5-129 所示。

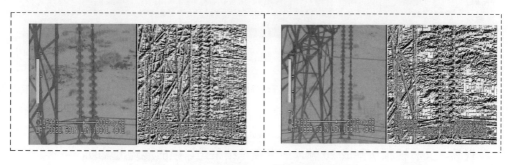

图 5-129　绝缘子 LBP 特征提取结果图

然后学习上下文模型，具体步骤：

（1）建立目标和其局部上下文区域的时空关系之间的数学模型，获得目标和其周围区域低级特性的统计相关。

（2）将这种时空关系与注意焦点相结合，在新的视频帧中评估目标出现的置信图，通过计算置信的最大值获得目标在新一帧中的位置。

（3）进行 STC 尺度更新策略，读取下一帧绝缘子图像并计算下一帧上下文区域置信图，从而完成绝缘子目标跟踪。

3. 实验结果和分析

为了验证本节算法的有效性，对原算法、本节算法、LBP 特征+原尺度更新策略算法、灰度特征+改进尺度更新策略算法在航拍绝缘子视频序列上进行了测试比较。跟踪结果如图 5-130 所示，跟踪误差曲线如图 5-131 所示。

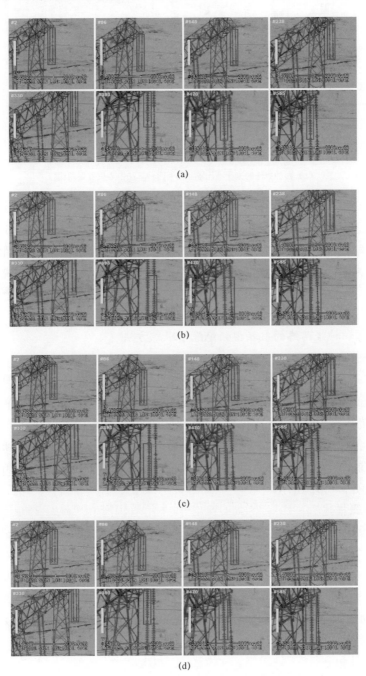

图 5-130　绝缘子视频序列跟踪实验结果

(a) 原算法结果；(b) 本节算法结果；(c) LBP+原尺度更新策略算法结果；(d) 灰度特征+改进尺度更新策略算法结果

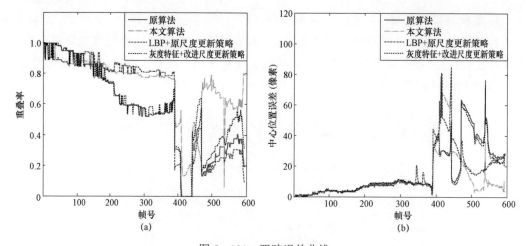

图 5-131　跟踪误差曲线
（a）四种算法的重叠率比较；（b）四种算法中心位置误差比较

从重叠率来看，LBP 描述的绝缘子较灰度特征有更高的重叠率，可见 LBP 特征对绝缘子的表达优于灰度特征。在 470 帧之前曲线差别并不大，但是在 470～595 帧内，本节方法曲线重叠率最高，表明该算法在绝缘子大尺度变化的情况下有较高的跟踪准确度。从中心位置误差来看，本节的算法中心位置误差最低，并且差别较大，再次说明本节算法对绝缘子尺度变化的适应性最好。综上所述，通过重叠率和中心位置误差两个角度验证了本节算法对绝缘子跟踪大尺度变化效果最显著。

5.3.4.3　基于卷积神经网络的航拍视频绝缘子跟踪方法

1. 方法概述和原理框架

在已有基于卷积神经网络跟踪方法的基础上，研究了基于 STCT[68]（Sequentially Training Convolutional Networks for Visual Tracking）的跟踪方法来实现航拍绝缘子的跟踪方法[66]，STCT 跟踪方法将 CNN 每个卷积核对应的特征图看做一个基分类器，CNN 的训练过程就是将各个基分类器集成学习的过程，最终通过集成学习的方法得到最终的跟踪分类器，并且通过两个不同 CNN：CNN-E 和 CNN-A 对目标分别提取特征和目标定位。具体跟踪方案如图 5-132 所示。

2. 具体步骤描述

首先，初始化初始目标位置、CNN-E、CNN-A 和 SPN（Scale Proposal Network）网络等。然后，当输入第 t 帧图像时，首先要获取以第 $t-1$ 帧图像为中心的矩形框，输入到 CNN-E 提取特征，将提取的特征输入到 CNN-A 中得到响应热图，在响应热图中找到响应最大值，其最大值第 t 帧目标所在的位置就是目标所在的位置。接着进行阈值判别，当大于设定的阈值时，进行在线更新，否则当前位置为中心两倍大小区域，通过 SPN 网络获得最终尺寸。

3. 实验结果和分析

本节的 STCT 跟踪方法是基于 Caffe 框架实现的，对绝缘子数据集进行跟踪实验，图 5-133（a）和（b）是该算法在不同季节下航拍绝缘子上的结果图。

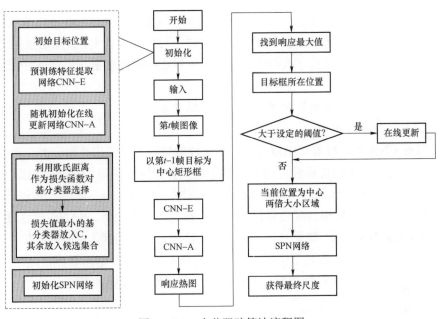

图 5 – 132 本节跟踪算法流程图

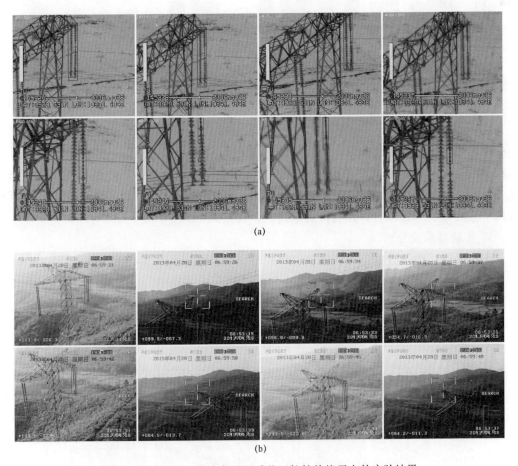

图 5 – 133 STCT 算法在不同季节下航拍绝缘子上的实验结果

（a）该算法在冬季航拍绝缘子上的结果；（b）该算法在夏季航拍绝缘子上的结果

实验结果表明，该算法能够很好地解决周围环境与光照变化对绝缘子跟踪的影响。但是从冬季航拍绝缘子可以看出，在 400 帧后的绝缘子尺度变化较大，该算法虽然能够跟踪到绝缘子，但是不能适应绝缘子尺度变化，说明该算法中的尺度更新策略不好，这是将来工作中需要解决的问题。

5.3.4.4 基于递归神经网络的航拍视频中绝缘子跟踪方法

1. 方法概述和原理框架

由于目前 CNN 的跟踪器对相似的干扰物比较敏感，主要关注类间分类。为了解决这个问题，提高相似干扰的鲁棒性，研究了基于递归神经网络的航拍绝缘子跟踪方法[66]，该方法是基于 SANet（Structure-Aware Network for Visual Tracking）算法[69]实现的。SANet 算法可以用目标的自结构信息区分目标与相似干扰物，特别的是，SANet 算法通过 RNN（Recurrent Neural Network）建模目标的结构，将建模后的结构嵌入 CNN 结构中，以此提高相似干扰的鲁棒性。考虑到不同层次的卷积层从不同的角度刻画目标，通过利用多个 RNN 分别从不同的层次对目标建模。具体跟踪框图如图 5−134 所示。

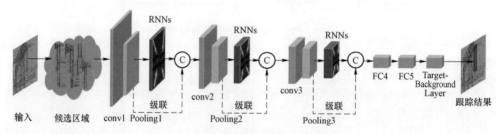

图 5−134　本节跟踪算法流程图

2. 具体步骤描述

首先输入航拍绝缘子图像，通过 CNN 进行特征提取，并使用三个独立的 RNN 对目标物体的自结构信息建模，利用目标物体的自结构信息增强目标物体与其相似物的判别性；然后将目标物体的 RNN 特征与 CNN 特征合并，以此提升跟踪器的判别力；最后通过两个全连接层和目标—背景层得到最终的跟踪结果。

3. 实验结果及分析

采用冬季绝缘子数据集对该算法进行验证。实验结果如图 5−135 所示。

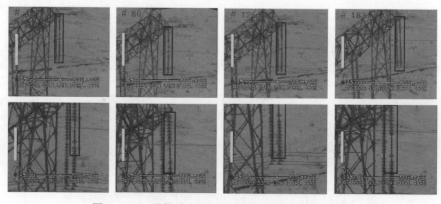

图 5−135　该算法在冬季绝缘子数据集上的结果图

冬季绝缘子视频序列的最大特点是绝缘子尺度会发生很大的变化,多种其他先进的跟踪算法是无法解决这个问题的,但是该算法通过 RNN 对绝缘子建模,然后与 CNN 模型相结合解决了绝缘子尺度变化问题,虽然出现一定的偏移,但是满足能够准确跟踪目标的条件。由于运用了 RNN,所以特征提取很费时间,并且实时性不能满足实际工程应用,这是未来急需解决的问题。

》》小结

本节从原理框架、方法步骤和结果分析三方面介绍了航拍视频中绝缘子跟踪的四种方法,分别是基于 Mean Shift、局部二值模式特征和时空上下文、卷积神经网络、递归神经网络的跟踪方法。虽然目前已经能够较为准确地实现绝缘子跟踪,但是在实时性和精确度上仍然有很大的提升空间,需要更高质量的数据驱动和更有针对性的方法。

5.4　导地线视觉检测

导地线是输电线路中的重要元件,可以输送用户所需的电力,同时依靠它形成电力网络,有助于平衡各地电力供应。导地线一般可以分成圆线同心绞架空导线、型线同心绞架空导线、镀锌钢绞线和光纤复合架空地线四类。由于长期处在复杂恶劣的野外环境中,导地线表面会出现一些异常表象,常见的有断线、损伤(断股、散股、磨损等)、腐蚀、有异物等,这些异常表象会影响导地线的线路载流量、引发电晕、降低线路的机械性能,因此对导地线缺陷进行检测,是保证输电线路正常运行必不可少的任务。

依据目前课题组所掌握的航拍输电线路导地线缺陷图像,将导地线缺陷分成断股、涨股、散股和跳股四种缺陷,由于输电线路导地线缺陷图片较少,在输电线路导地线缺陷图片标注过程中,将上述四种缺陷统一起来,标记为 bjsb strands,在后面的实验环节不再区分。

由于导地线缺陷传统检测方法面临检测难度大、人工耗时耗力、缺陷图片不易采集的问题,本节研究了基于 Faster R-CNN 模型[70]的输电线路导地线缺陷检测方法,检测流程如图 5－136 所示。

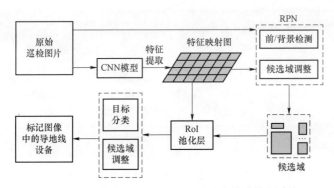

图 5－136　基于 Faster R-CNN 导地线缺陷检测流程

首先简单介绍导地线缺陷检测流程，输入输电线路数据集中的原始图片，通过 CNN 层提取得到图片的特征映射图，并将其输入区域策略建议网络 RPN。然后利用 Softmax 激活函数计算特征映射图中每一个特征点属于线夹目标的概率，并在原始输入图像中映射出若干尺寸不一的候选区域；将候选区域以及特征映射图输入感兴趣区域 ROI 池化层，在池化层中将候选区域映射为固定维度的特征向量，并再次利用 Softmax 激活函数判断候选区域中的物体类别，同时利用特征映射图作为位置索引，识别各个候选区域在原图中的位置，当图中的某个物体的候选区域发生重合时，特征映射图可以用来辅助调整候选区域的尺寸和位置从而标记巡检图像中出现的输电线路导地线，并使标记框尽量准确。

本节采用经过 VOC 公共数据集训练参数后的 Faster R-CNN 模型，首先，在该模型的基础上进行微调，并仿照前面章节提到的调整深度模型的超参数步骤微调适用于导地线缺陷检测的超参数，在此不再赘述。然后，进行基于微调后的 Faster R-CNN 导地线缺陷检测实验，实验结果如图 5-137 所示。

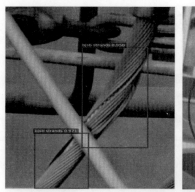

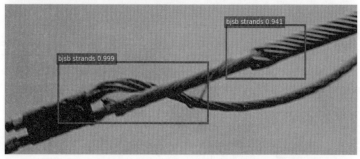

图 5-137 基于微调后的 Faster R-CNN 导地线缺陷检测实验结果

通过上述实验结果可以看出，该微调模型能够检测出导地线中所包含的缺陷且准确率较高,说明本节所提出的方法能够实现对导地线缺陷的检测,但对有遮挡的导地线缺陷时,易出现漏检,所以如何准确检测出遮挡情况下的导地线缺陷是接下来需要重点研究的工作。

5.5　金具视觉检测

金具[1]作为输电线路的重要组成部分,与其他关键部件一起对智能电网的建成起着十分关键的作用。因此,利用深度学习模型进行金具视觉检测[72],以及提高深度学习模型在实际应用中检测的精度和准度等性能,均为目前迫切需要解决的问题。本节主要介绍了防震锤、均压环、间隔棒和线夹的视觉检测研究。

5.5.1　防震锤视觉检测

防震锤[72]是输电线路上重要的金具之一,其两头为锤形,中间由长条形铁块相连接,如图 5-138 所示,可以用来维持输电线路上导线的稳定性,有效地延长其使用期限。但输电线路长期处于复杂的野外环境之中,防震锤很容易发生缺陷问题,从而影响整个输电线路的安全,因此对防震锤进行目标检测是保证其正常运行必不可少的环节。由于传统的目标检测方法存在多种不足,所以本节将深度学习和输电线路防振锤部件的识别结合在一起,研究了两种检测方法,即基于 YOLOv3 模型的防震锤检测和基于 CN-CNN 网络的防震锤检测。

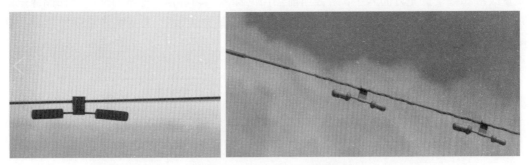

图 5-138　输电线上的防震锤

1. 基于 YOLOv3 模型的防震锤检测

(1)方法概述及原理框图。本节研究基于 YOLOv3 的防震锤检测方法。YOLOv3[73] 是 one-stage 的目标检测方法,它在同一个预测框中完成目标边界和目标类别的判断,分别运用均方差和二值交叉熵的方法作为损失函数。在精度方面 YOLOv3 通过改善特征提取网络,加入更多的提取层和 shortcut 层,并利用多尺度检测方法对原始图像进行上采样,从而有效地提高了对小目标的检测能力,在保持极快速率的同时,显著提高了精度。

(2)具体步骤描述。首先使用 labelImg 软件对航拍图像进行标注,将防震锤类别取名为 shockproof hammer,以此构建防震锤数据集。然后使用该数据集进行训练 YOLOv3 模型,对于不同的激活函数分别进行模型训练,直到损失函数达到收敛。最后使用训练好的 YOLOv3 模型进行防震锤图片的测试，得到最终的检测结果。

（3）实验结果和分析。本节分别采用线性整流函数（ReLU）的两个变种 Leaky ReLU 和 ELU 函数，以及 tanh 函数的变种 Hardtan 函数作为激活函数，对防震锤的检测结果如图 5-139 所示。

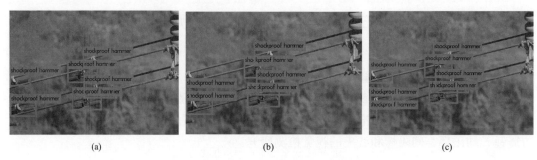

图 5-139　对防振锤的检测结果

（a）使用 Leaky ReLU；（b）使用 ELU；（c）使用 Hardtan

通过使用三个激活函数改进 YOLOv3 模型对防震锤数据集进行训练与测试，可以发现：由于防震锤本身形状简单，特征明显，使用 Leaky ReLU 函数进行特征提取的效果表现更加优异，但在处理有遮挡的物体时，Hardtan 函数表现得更加优异。

2. 基于 CN-CNN 网络的防震锤检测[74]

（1）方法概述及原理框图。目前，很多巡检航拍图像的背景复杂多变、目标不明显、干扰多，背景干扰问题会更加严重，高品质的图像样本非常有限。本方案从训练样本库的质量改善和数量扩充方面入手，结合当前热门的深度学习算法，对电力巡检航拍图像中的防振锤部件进行识别，以达到提高检测速率和检测精度的要求。方案整体流程如图 5-140 所示。

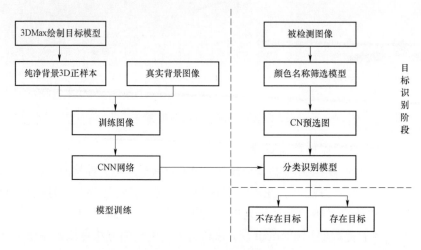

图 5-140　方案整体流程图

（2）具体步骤描述。首先对防振锤目标进行建模，然后通过旋转、平移等方式获得三维无死角目标样本，丰富样本库。另外，针对目前的 Faster-R-CNN 等深度学习方法识别率较低的问题，结合同一目标具有颜色自相似性的特征，提出了一种基于颜色名称分割方式提供目标建议框的深度学习算法，进行电力巡检航拍图像中防振锤的识别定位。具体步骤如下。

前期步骤：首先利用 3DSMAX 软件进行防振锤样本的绘制，从而得到纯净背景的训练样本。然后将纯净背景的训练样本和符合要求的防振锤真实样本混合组成训练样本库。最后利用 CNN 网络进行识别模型的训练。

检测步骤：首先被检测图像通过颜色名称筛选模型得到 CN 预选图。然后将 CN 预选图送入已经训练好的 CNN 识别模型中。最后得到防振锤的最终检测结果。

其中，颜色名称筛选模型采用的是 HSV 颜色空间，根据输电线路应用场景具体设计，相应的筛选模型见表 5-31。

表 5-31　　　　　　　　　　HSV 空间颜色名称筛选模型

项目	灰色	白色	红色		黄色	绿色	青色	蓝色	紫色
h_{min}	0	0	0	156	11	35	78	100	125
h_{max}	180	180	10	180	34	77	99	124	155
s_{min}	0	0	43		43	43	43	43	43
s_{max}	255	30	255		255	255	255	255	255
v_{min}	0	221	46		46	46	46	46	46
v_{max}	220	255	255		255	255	255	255	255

（3）实验结果和分析。将本节的算法和文献［75］、文献［76］算法效果进行比较。目标识别效果图和检测参数对比分别如图 5-141 和表 5-32。

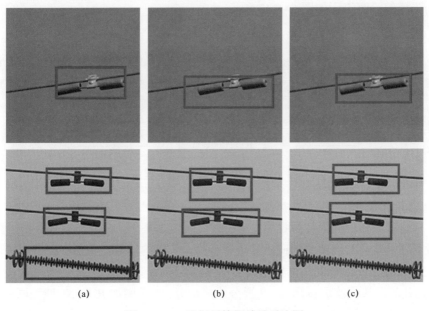

图 5-141　防振锤检测效果对比图

（a）本节算法；（b）文献［75］算法；（c）文献［76］算法

表 5-32   识 别 性 能 参 数 比 较

方法	检测时间（张/s）	准确率（%）
文献［75］	1.1	85.1
文献［76］	0.8	82.3
本节方法	0.033	91.7

在深度学习样本库的扩充方面，应用 3DSMAX 绘图软件，绘制防振锤的 3D 模型，通过对模型的旋转、平移等操作获得高真实目标的纯净背景的样本图像。样本的纯净背景很好地符合了后期 CN-CNN 网络对样本的要求。

为了实现更精确、准确率更高的输电线路关键设备的识别，提出了基于颜色名称生成预选图像的方法，并与卷积神经网络结合组成 CN-CNN 网络。与现有的目标检测算法相比，大大缩减了在开阔图像中进行目标定位的时间，且目标定位的准确率达到了 91.7%，远高于现有的深度学习算法的识别准确率。

5.5.2 间隔棒视觉检测

间隔棒可以保持传输线分线的间距，防止线间的鞭梢，抑制微风振动，进行二次跨距振荡。它是输电线路的重要金具，是保证电力正常运输的重要环节。因此对输电线路上的间隔棒检测具有重要的价值。传统的人工检测方法劳动强度大、效率低，将基于深度特征的目标检测方法应用于间隔棒检测具有重要价值。

1. 方法概述和原理框架

本节研究了基于深度特征的间隔棒检测，设计了一种基于 R-FCN 模型[77]的间隔棒检测方法。本节使用 50 层和 101 层残差网络作为主干网络，多层卷积网络并存的卷积神经网络。间隔棒的检测流程如图 5-142 所示。

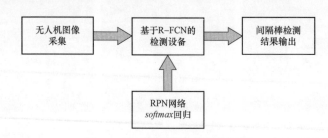

图 5-142 间隔棒的检测流程图

2. 具体步骤描述

（1）构建所需要的间隔棒数据集，从典型金具数据集上，提取出含有所要检测的间隔棒的图片 203 张，并对图片中的间隔棒进行标注，从而构建数据集用于模型训练。本节使用标注软件 labelImg 进行间隔棒数据集的标注。

（2）构建间隔棒训练测试网络，主要分成三部分：主干网络 R-FCN、残差网络和 ReLU 激活函数。针对检测而言，主干网络 R-FCN 是一个精度高检测速率快的高效检测模型，如图 5-143 所示；残差网络选取 ResNet 网络，如图 5-144 所示，将网络建立成输入、

shortcut connection、输出，可以解决加深网络深度是梯度的消失问题；激活函数选取 ReLU 函数，可以很好地解决梯度消失问题，得到一个稳定的收敛速度状态。

（3）使用构建好的间隔棒数据集进行训练与测试网络，从而完成间隔棒的检测。

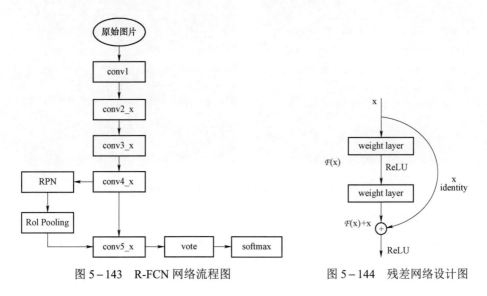

图 5-143　R-FCN 网络流程图　　　　　图 5-144　残差网络设计图

3. 实验结果及分析

基于 R-FCN 的间隔棒检测训练，主要针对 ResNet 50 和 ResNet 101 两种残差网络，检测结果如图 5-145 所示。

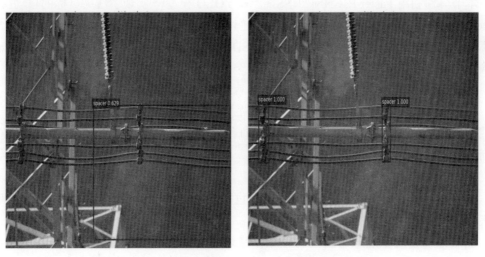

图 5-145　左侧 ResNet50 网络与右侧 ResNet101 网络

接着进行训练方式有无 ohem（online hard example mining）的对比检测实验，ohem 是针对艰难的小样本、复杂参数进行检测的。对不同残差网络受到 ohem 的影响进行实验比对，结果如图 5-146 所示。

图 5-146　左侧无 ohem 情况，右侧有 ohem 情况

实验结果说明：基于 R-FCN 模型的间隔棒检测方法可以实现对间隔棒比较准确的检测，ResNet 101 网络对目标间隔棒的检测效果最好；训练数据集图片数量的增加可以适当地提升检测能力；但在端到端的训练模式中加入 ohem 会影响检测，并未起到增益效果。

5.5.3　线夹视觉检测

1. 方法概述

本节分别利用 Faster R-CNN[70]、SSD[78]和 YOLO 模型[79]实现了线夹目标的自动检测。Faster R-CNN 检测的核心思路是通过区域建议策略在待检测的输电线路图像中提取含有目标概率更高的区域，进而检测目标。而 SSD 和 YOLO 都是基于回归思想，在给定输入图像后，直接在图像的多个位置上回归出这个位置的目标边框和目标类别。

2. 具体步骤描述

与前文间隔棒的视觉检测步骤类似，首先构建输电线路线夹数据集，然后分别基于上述三种模型，使用该线夹数据集对模型进行训练，待训练结束后，对线夹数据集进行测试，从而完成最终的线夹检测。

3. 实验结果和分析

实验采用的输电线路线夹图像数据集，包括并沟线夹、预绞式悬垂线夹、压缩型耐张线夹以及提包式悬垂线夹四类线夹。

然后分别通过上述三种模型对该数据集进行训练与测试，结果分别如图 5-147～图 5-149 所示。

实验表明 Faster R-CNN 基本可以检测到线夹，但是相对速度较慢。SSD 和 YOLO 模型的准确率基本能达到 Faster R-CNN 的检测效果，同时检测速度得到了极大地提升，然而 YOLO 对小目标的识别效果不够好，泛化能力偏弱，定位易出现误差，但 SSD 在 YOLO 的基础上，增加了不同尺度的卷积层，提高了模型检测的精度。

图 5-147　基于 Faster R-CNN 模型的输电线路线夹检测结果

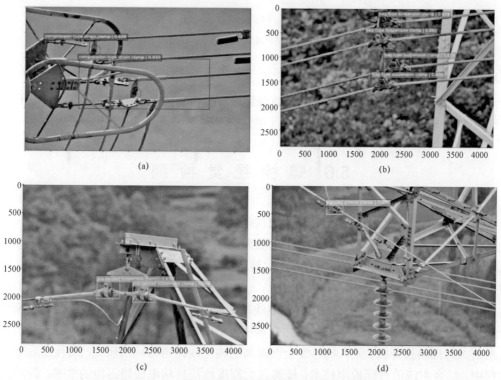

(a)

(b)

(c)

(d)

图 5-148　基于 SSD 模型的输电线路线夹检测结果

（a）提包式悬垂线夹检测效果；（b）压缩型耐张线夹检测效果；（c）预绞式悬垂线夹检测效果；（d）并沟线夹的检测效果

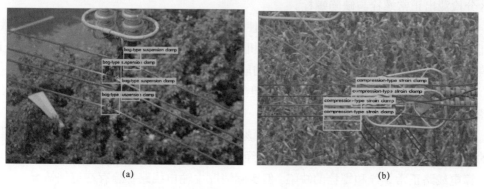

(a)

(b)

图 5-149　基于 YOLO 模型的输电线路线夹检测结果（一）

（a）提包式悬垂线夹检测效果；（b）压缩型耐张线夹检测效果

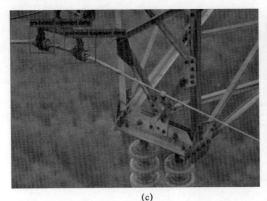

（c）　　　　　　　　　　　　　　　　　（d）

图 5－149　基于 YOLO 模型的输电线路线夹检测结果（二）

（c）预绞式悬垂线夹检测效果；（d）并沟线夹的检测效果

>> **小结**

本节介绍了基于深度模型的金具（防震锤、间隔棒和线夹）视觉检测方法。由于本节所研究的方法比较基础，因此未来在金具视觉检测方面还需要进一步地研究。

5.6　螺栓视觉检测

螺栓作为输电线路中的故障高发紧固件，能够起到紧密连接输电线路各个部件以及维持整个线路稳定的作用，但由于其庞大的数量与所处环境复杂等情况容易造成螺栓缺陷，从而影响输电线路的正常运行[80]。因此，需要定期对输电线路中的螺栓进行检修以保证整个线路正常运行。

传统的螺栓巡检主要通过人工对输电线路上的螺栓状态进行逐一排查，由于螺栓分布分散且规格多种多样，极大地增加了检修难度，不仅耗时费力而且效率也不高。目前，电力系统大力推动直升机、无人机等安全度极高的输电线路巡检应用研究，而且在后期处理过程中，结合主流的目标检测技术，能够很大程度地提高输电线路巡检的效率。针对上述情况，本节研究一种基于 Faster R-CNN[70]的螺栓缺陷检测方法，实验结果证明该方法能够区分检测出正常螺栓与缺陷螺栓。

首先对 Faster R-CNN 模型进行训练，使用所构建的螺栓缺陷数据集对模型进行微调，待训练出最优权重。而测试过程的 anchor 机制参数、阈值参数与训练时设置一致时，IOU 阈值设为 0.5，因为螺栓目标对于所处理的航拍图像而言相对较小，模型检测目标容易丢失，这样可以尽量避免螺栓漏检情况。基于微调后的 Faster R-CNN 模型的螺栓测试结果如图 5－150 所示。

实验结果显示，对于正常螺栓而言，该微调模型检测的准确率高达 96%，而缺销螺栓的检测也能达到 94%以上，这充分说明经过微调后的 Faster R-CNN 模型能够有效地检测出输电线路正常螺栓和螺栓的缺陷。但实际情况中输电线路螺栓存在遮挡情况，该方法存在漏检情况，所以螺栓缺陷检测仍需深入研究。

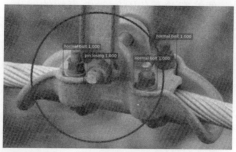
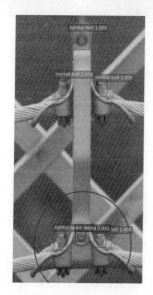

图 5-150　微调后的 Faster R-CNN 测试结果

5.7　异物视觉检测

输电线路常见的故障主要来自输电线上的异物。近年来，各地因为风筝、气球、塑料袋、条幅等异物悬挂输电线路上，进而危及输电安全的事件频发。输电线路异物搭挂会缩短高压电的极限放电距离，且在雨雪天气中，会因异物潮湿导致相间短路或单相接地，甚至会导致大规模停电。所以，及时识别线路上的异物非常必要。

5.7.1　基于 LSD 及多特征约束的输电线异物识别方法

随着生态环境的逐步改善，鸟类数量日益增多，在输电线杆塔上的活动也越来越频繁。特别是在春季，鸟儿在杆塔上大量筑巢。鸟儿筑巢，经常使用干燥的树枝、导电的铁丝等，并在输电线中间飞行穿梭。当导电的铁丝划蹭电线或掉落于电线之间时，就会形成闭合回路，导致线路短路。此外，遇到大风对流天气，搭筑的鸟巢四散飘零，落在高压电线或绝缘子上，也会形成大电流闭合回路，进而造成短接事故。因此，及时清理驻扎在杆塔上的鸟巢，便能有效避免跳闸触电事故的发生。本节研究了一种基于 LSD[81]（Line Segment Detector，线分割直线段检测器）及多特征约束的输电线异物识别方法。该方法的流程如图 5-151 所示。

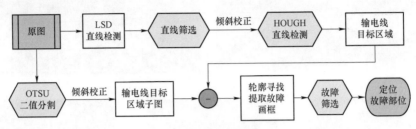

图 5-151　输电线异物搭挂故障识别方法流程图

具体步骤如下：

（1）对原图像进行 LSD 直线检测，并对检测到的直线依照输电线特征进行直线筛选，进而框出输电线所在区域，获得其连通域图。

（2）对原图进行 Otsu 二值分割，获得二值图上对应的电线所在区域的连通域子图。

（3）将所得到的连通域图与连通域子图相减，并进行形态学闭运算。对形态学处理后的图像进行轮廓寻找，提取出故障画框。

（4）对所提取的故障外框依照异物特征进行故障筛选，进而定位故障部位。

为了证明该方法的有效性，进行了异物检测实验，结果如图 5-152 所示。本实验样本库包含 100 张图像，其中异物故障样本有 48 张（每张图片至少有一处异物），将 100 张样本平均分为 5 组导入算法程序，进行识别并统计识别个数和运行时间，进而计算出识别率和时耗。

表 5-33　　　　　算法的正确率和平均耗时

组别	样本		被正确分类的样本数		识别正确率（%）	平均每个异物的识别时耗（s）
	正常	异物	正常	异物		
1	8	12	8	10	90	0.111
2	9	11	8	9	85	0.098
3	10	10	10	9	95	0.112
4	11	9	11	7	90	0.095
5	12	8	11	8	95	0.11
平均					91	0.105

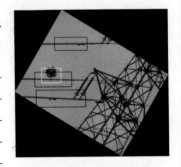

图 5-152　输电线异物故障识别与定位

从表 5-33 可以看出，本方法在上述实验中具有更高的准确性和更低的时耗，并且具有很强的鲁棒性。

5.7.2　基于 HARRIS 角点检测和形态学处理的输电杆塔上鸟巢识别方法

本节研究一种基于 HARRIS 角点检测[82]和形态学处理的输电杆塔上鸟巢识别方法。

方法的流程如图 5-153 所示。

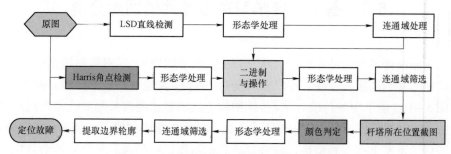

图 5-153 输电杆塔上鸟巢识别方法流程图

主要步骤如下：

（1）对图像进行 LSD 直线检测并进行直线筛选。

（2）对原图像进行 HARRIS 角点检测，将前面所得图像进行二进制与操作。

（3）经形态学处理和连通域筛选，确定并在原图中截出杆塔所在的目标区域，依据杆塔独特的颜色分布建立颜色判决式，对目标区域进行颜色判定。

（4）进行形态学处理和连通域筛选，确定鸟巢位置，并提取位置边界框。

本节同进行了鸟巢检测的相关实验，结果如图 5-154 所示，本实验数据集中包含 100 张航拍杆塔图像，其中有 50 张包含鸟巢故障的样本（每张图片至少有一处鸟巢）。将 100 张样本分为 5 组导入算法程序，进行识别并统计计算出识别正确率和平均时耗。

图 5-154 鸟巢定位
识别结果

表 5-34　　　算 法 性 能 分 析 表

组别	样本		被正确分类的样本数		识别正确率（%）	平均每个鸟巢的识别时耗（s）
	正常	鸟巢	正常	鸟巢		
1	12	8	11	7	90	0.059
2	11	9	10	9	95	0.092
3	10	10	10	9	95	0.077
4	9	11	7	10	85	0.066
5	8	12	6	12	90	0.078
平均					91	0.074

由表 5-34 可以看出，本节方法在上述实验中均得到了较好的识别正确率和平均时耗，具有较强的鲁棒性。

》》小结

本节仅对输电线异物搭挂和输电杆塔上的鸟巢进行识别与定位。虽然所采用的相关算法简单且复杂度低，但运行时耗短、准确率高，能够满足实际应用需求。

5.8 基于深度学习关键部件的同时分割

输电线路中许多电力部件的运行状态直接影响着输电安全,对航拍图像进行语义分割可以为后期的其他高级视觉任务提供技术支持。目前,输电线路航拍图像分割算法大多数采用如图 5-155 所示中的传统方法。传统的输电线路航拍图像分割算法预处理过程复杂,算法步骤较多,效率低,自动化程度不高;由于航拍图像中绝缘子、金具、杆塔等目标之间在某些低阶特征上存在相似性,导致目标分割精度低;很难同时分割多个目标。所以,研究人员逐渐开始采用深度神经网络对图像目标进行分割。本节以输电线路航拍图像为研究对象,针对目前输电线路航拍图像关键部件分割的研究现状和存在的问题,提出了两种同时分割方法,即基于 FCN 的航拍输电线路关键部件语义分割方法[83]和基于 FCIS(Fully Convolutional Instance-aware Semantic Segmentation,全卷积实例语义分割)的输电线路图像分割方法。

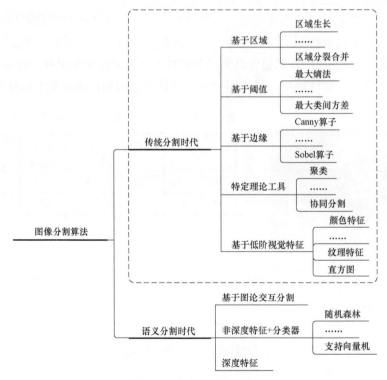

图 5-155 图像分割算法

5.8.1 基于 FCN 的航拍输电线路关键部件语义分割方法

针对传统的输电线路航拍图像背景复杂而带来的特征提取困难,提出了基于 FCN 的航拍输电线路关键部件语义分割方法研究。它不需要复杂的预处理过程,不需要依赖具有专业领域背景的人来选取特征,可以实现任意大小图像端到端的输出,通用性较高。本节主要研究工作以输电线路航拍图像为研究对象,通过构建一个比较小的输电线路航拍图像语义分割数据集训练深度全卷积网络模型,以及完成对全卷积网络模型的改进,实现了当前输电线路分割算法中一种模型即可分割绝缘子、杆塔、输电线的目的,改善了传统分割方法过程复杂,普适性不高,泛化能力弱,精度不高等缺点。

1. 基于全卷积网络的输电线路航拍图像的分割方法

(1)方法概述及原理框架。为了解决传统分割算法过程复杂,人工选取特征对多类目标普适性较低的问题,本节研究了基于全卷积网络的输电线路航拍图像语义分割方法,采用基于迁移学习[84]的深度模型训练方法,如图 5-156 所示,从而实现主要部件的分割。FCN 对图像进行像素级别的分类,与 CNN 相比,最大的不同是 FCN 去除了全连接层,将网络实现全卷积化,利用转置卷积实现上采样,利用跳级结构融合目标的特征信息。

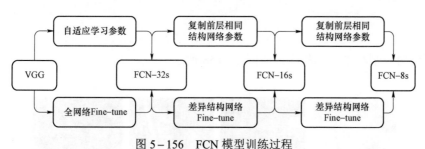

图 5-156　FCN 模型训练过程

(2)具体步骤描述。

1)深度迁移学习。

输电线路航拍图像与其他图像相比,不同的拍摄角度、不同光照、不同背景都会造成特征分布发生改变。利用深度迁移学习方法,凭借少量的语义分割标注数据,不需要从头开始训练,可以将公共数据集上训练好的模型迁移到输电线路航拍图像的语义分割任务上,并根据关键部件的深度特征进行学习,对网络参数进行灵活调整,实现模型进行自适应更新,获得一个可完成任务的语义分割模型。

2)FCN 模型的训练。

深度网络针对输电线路航拍图像进行深度迁移时,会固定原始网络特征提取的相关层,修改网络的输出层,更改学习参数,使网络训练速度会极大地加快,而且对提高分割任务也具有很大的促进作用。如图 5-156 所示,FCN-32s 网络需将 VGG 进行全网络Fine-tune,实现 FCN-32s 网络的自适应学习参数。FCN-16s 在特征提取阶段的前几层网络,网络是固定的,可以直接复制 FCN-32s 模型中的部分参数,在不同结构的上采样阶段进行 Fine-tune。FCN-8s 训练过程同 FCN-16s 训练过程。

除此之外,在训练过程中很容易发生过拟合现象,采用 Dropout 随机丢弃 CNN 中的神经元和神经元之间的连接。在 FCN 中,将全连接层改成卷积层,输电线路航拍图像训练过程中从稀疏网络中删除节点,有效地避免了输电线路航拍图像在训练中的过拟合问题,如图 5-157 所示。

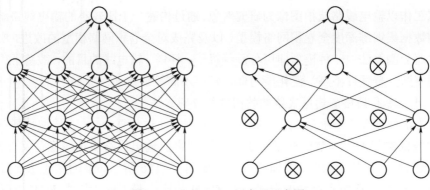

图 5 – 157　Dropout 层实现示意图

（3）实验结果及分析。在对输电线路航拍图像语义分割任务进行迁移学习时，选取 VGGNet 为网络结构的初始模型，结合输电线路航拍图像语义分割数据集进行训练与测试。

1）将图像 1 和图像 2 分别输入 FCN – 32s、FCN – 16s、FCN – 8s 网络，分别得到输电线路图像的分割结果。实验结果如图 5 – 158 所示。

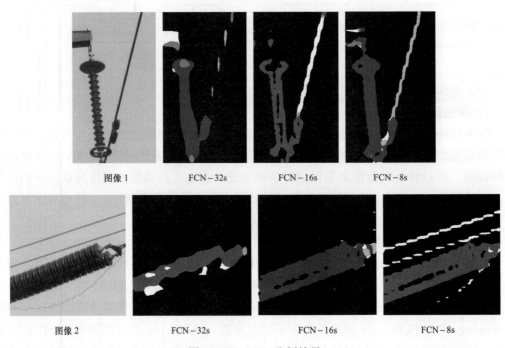

图 5 – 158　FCN 分割结果

从结果可以看出，FCN – 8s 网络中，3 级网络跨层连接，融合浅层特征信息，与前两者相比，图像 1 绝缘子内错误分割的像素被解决，图像 2 中的导线也能较好地分割出来。所以 FCN – 8s 网络的分割效果最好。

2）采用该网络对自建数据集进行分割，结果如图 5 – 159 所示。

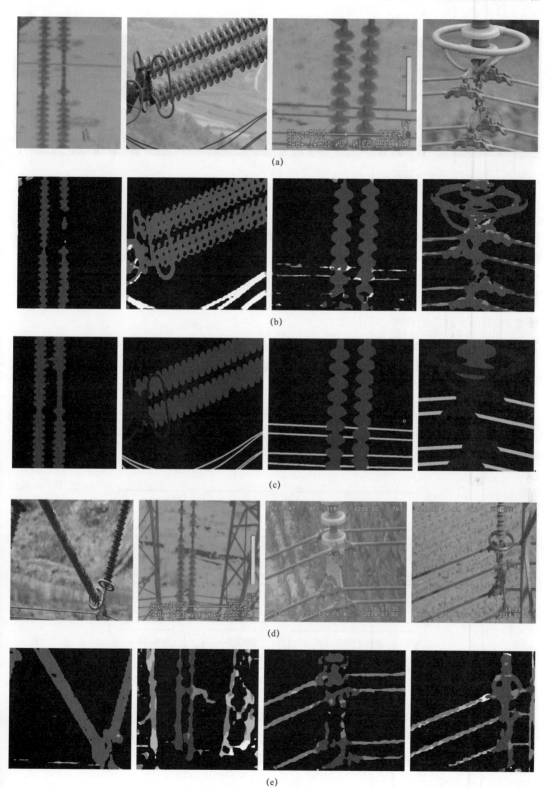

图 5-159　FCN-8s 分割结果（一）

（a）原始图像 1；（b）分割结果 1；（c）标签图像 1；（d）原始图像 2；（e）分割结果 2

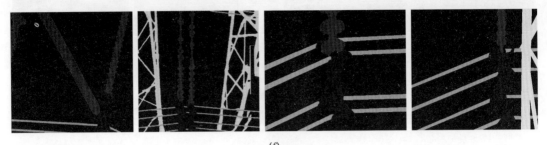

(f)

图 5-159 FCN-8s 分割结果（二）

（f）标签图像 2

由图 5-159 可以看出，FCN-8s 对输电线路航拍图像具有很好的鲁棒性，能对关键部件完成初步分割。传统方法中需要对图像进行预处理，而 FCN 模型则不需预处理过程，可以直接滤除航拍图像中的文字信息，完成对关键目标的分割，但是其分割精度还有很大的提升空间。当输电线路目标相互遮挡，目标较小时，目标边缘缺失，同时，很大一部分像素存在分类错误的状况。

2. 基于改进 FCN 的航拍输电线路语义分割方法

（1）方法概述和原理框架。针对如何在同较少样本数量下提高输电线路分割精度，改善目标边缘缺失并提升像素分类准确率，并结合 FCN 模型目前存在的问题，本节提出了基于改进 FCN 的航拍输电线路语义分割方法，在网络结构方面采用多尺度采样网络，利用不同大小空洞的膨胀卷积对图像进行上采样，提升神经网络的感受野，膨胀卷积[85]的多尺度采样网络如图 5-160 所示。

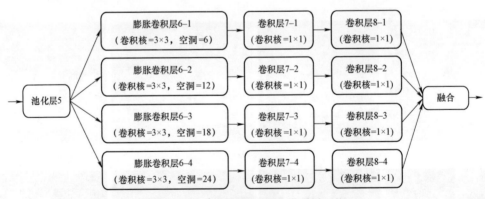

图 5-160 膨胀卷积的多尺度采样网络

同时，采用条件随机场（Conditional Random Field，CRF）对目标边缘的像素进行判别，将深度网络模型与概率图模型[86]的结构化预测能力相结合，通过将深度网络与 CRF 两个模块进行级联，实现输电线路关键部件的准确分割。改进的 FCN 语义算法分割框图如图 5-161 所示。

（2）具体步骤描述。算法分为训练阶段和原始航拍图像分割阶段。训练阶段将输电线路原图和标签图输入到改进的全卷积网络中，当模型的损失函数收敛到一定程度时，会通

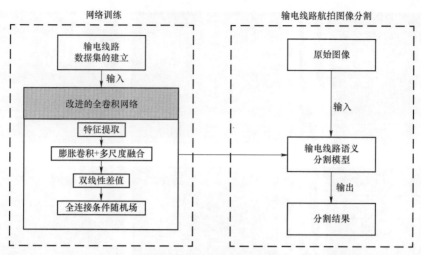

图 5-161　输电线路航拍图像改进 FCN 语义分割算法框图

过标签图像学习到一个输电线路航拍图像语义分割的参数模型。输电线路图像分割阶段，原始图像按照预定网络结构和语义分割参数模型的计算得到分割结果。

（3）实验结果和分析。为了验证 FCN 在上采样过程中加入多尺度膨胀卷积的有效性，本实验选取 3 张分割难度较大的输电线路航拍图像。图 5-162 是对 3 张输电线路航拍图像 FCN 与膨胀卷积多尺度上采样分割的结果。

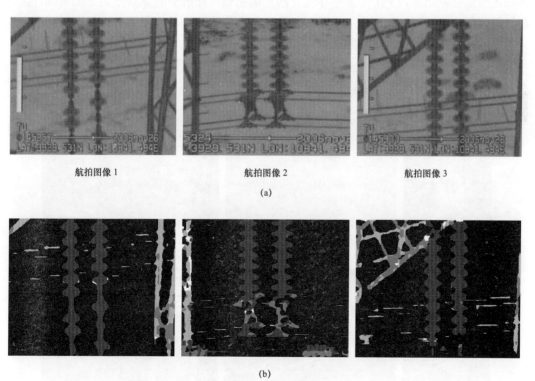

图 5-162　FCN 与膨胀卷积多尺度上采样结果（一）

（a）原始图像；（b）FCN 分割结果

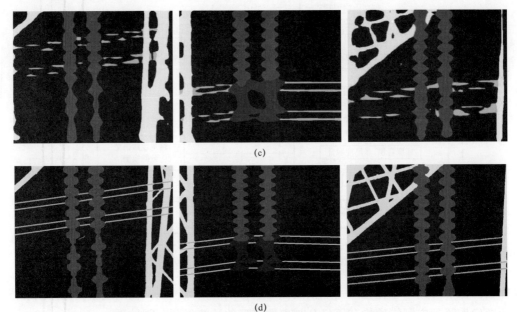

(c)

(d)

图 5-162　FCN 与膨胀卷积多尺度上采样结果（二）

（c）膨胀卷积上采样分割结果；（d）标签图

　　图 5-162 中（c）与（b）相比，能很好地将输电线路中绝缘子、杆塔、金具对应的区域正确地分割出来，3 张图像中导线分割更加完整，杆塔中的像素分类更加精确。尤其在航拍图像 2 中，在加入膨胀卷积后，对导线和金具的分割具有很大的提升，很好地去除了 FCN 分割结果中的文字冗余信息。

　　在深度模型对输电线路航拍图像像素进行预测和分类后，加入条件随机场对绝缘子、金具边界像素进行判别。分割结果如图 5-163 所示。

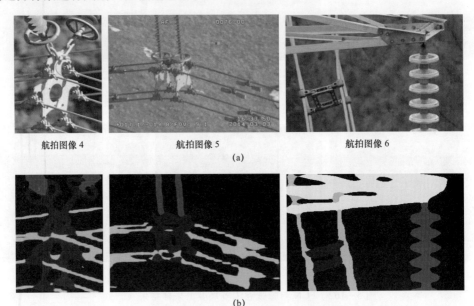

航拍图像 4　　　　　航拍图像 5　　　　　航拍图像 6

(a)

(b)

图 5-163　膨胀卷积多尺度上采样与加入 CRF 模型分割结果（一）

（a）原始图像；（b）膨胀卷积上采样分割结果

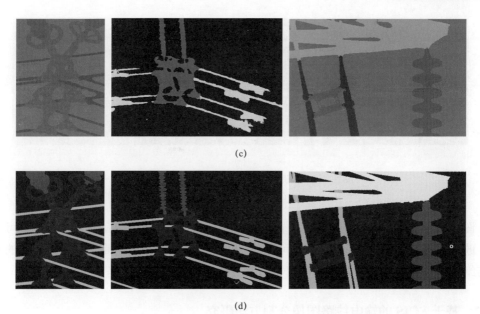

图 5-163　膨胀卷积多尺度上采样与加入 CRF 模型分割结果（二）
（c）加入 CRF 模型分割结果；（d）标签图

图 5-163（c）与（b）相比，整体目标细节更加丰富，导线分割更加平滑，边界像素分类更加准确。航拍图像 4 均压环内部的支撑部件在加入 CRF 模型后可以完整地分割出来，与人工标注的标签图像更加接近。航拍图像 5 分割效果较差，但是与之前相比，导线和金具部分的分割表现均有显著提升。航拍图像 6 中导线间的间隔棒分割细节与之前相比有所提升，但是由于杆塔的遮挡，导线被错误地分割为杆塔的一部分。

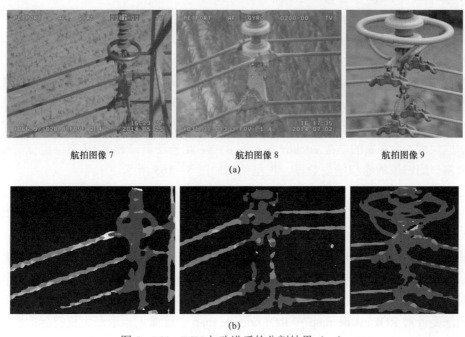

图 5-164　FCN 与改进后的分割结果（一）
（a）原始图像；（b）FCN 分割结果

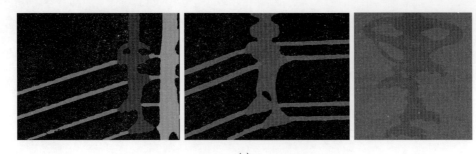

(c)

图 5-164　FCN 与改进后的分割结果（二）

(c) 改进后的分割结果

图 5-164 给出了 FCN 与改进后输电线路航拍图像的分割结果，从实验中对比可以看出，改进后的 FCN 算法对相同图像可以获得更好的分割效果。但是当航拍图像中的导线非常细小，存在严重遮挡时，本节算法对其分割还存在一定的缺陷。

5.8.2　基于 FCIS 的输电线路图像分割方法研究

对输电线路图像进行同时分割与检测，在获得更为精确的位置信息和类别判断的基础上，再对输电线路的状态进行监测以及故障诊断是具有重大意义的。本节方法主要以输电线路图像中的导线、绝缘子、金具和杆塔为研究对象，研究了基于微调 FCIS 模型和改进的输电线路图像分割方法研究，以所构建的输电线路分割与检测数据集为基础，对 FCIS 模型进行复现后，mAP 值为 0.504，改变 RPN 网络中 anchor 的长宽比和尺度大小后，mAP 值提升至 0.513，引用 ROI Align 算法后，mAP 值进一步提升至 0.5292。

1. 基于微调 FCIS 模型的输电线路分割方法

（1）方法概述和原理框架。考虑到输电线路视觉范围内绝缘子、导线和细小金具的固有特征，对 FCIS 模型中的 RPN 网络进行微调。本节首先研究了基于 FCIS 模型及其微调的主要部件分割方法，FCIS 模型是在 R-FCN[77]的基础上加以改进的模型，最大特点是位置敏感区域前景/背景得分图（position sensitive score maps）。目前，虽然对 FCIS 模型进行复现能够基本实现分割，但是精度并不是很高，需要对 FCIS 模型进行微调，本节改进的 RPN 网络采用 6 种不同的长宽比组合和 5 种缩放尺度，一共有 24 个 anchor。为了配合新的缩放尺度，设置新的基准 anchor 大小为 8×8，此外还需修改 RPN 网络测试文件中分类层和窗口回归层的卷积输出数量。模型结构如图 5-165 所示。

（2）具体步骤描述。图像输入 FCIS 模型后，首先经卷积层提取图像的初步特征，然后利用这些特征，一边经过 RPN 网络提取 ROI 区域，一边再经过一些卷积层生成特征图（position sensitive score maps）。针对图像分割任务，直接对上述两类 map 通过 softmax 分类器进行分类，得到 ROI 中的目标前景区域（mask）；针对图像分类任务，将两类 map 中的 score 逐像素取最大值，得到一个 map，然后再通过一个 softmax 分类器，得到该 ROI 区域对应的图像类别。在完成图像分类的同时，还顺便验证了 ROI 区域检测是否合理，具体做法是针对 ROI inside map 和 ROI outside map 中逐像素点取最大值得到的图像，如果求得平均后分数还是很低，那么，可以断定这个检测区域是不合理的。

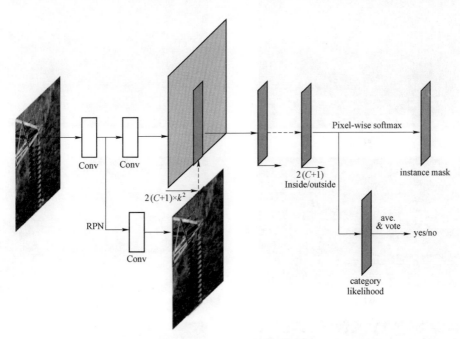

图 5 – 165　FCIS 模型结构图

（3）实验结果和分析。基于上述方案，完成了改进 anchor 前后输电线路图像中导线的定位对比实验，对比结果如图 5 – 166 所示。

通过实验结果对比发现，改变 anchor 的长宽比及尺度大小对定位效果还是有一定的提升，改进 anchor 长宽比及缩放尺度后，导线的 AP 值提升了 3.1%，但改进后的 mAP 值相较于改进 RPN 网络前的 mAP 值仅有 0.9%的提高，达到了 0.513，由此可以看出，改进 anchor 的长宽比及缩放尺度后，对导线定位效果的提升是最为明显的。

2. 基于改进 FCIS 模型的输电线路分割方法

（1）方法概述。考虑到输电线路图像中细小金具的特征信息难以提取和 FCIS 模型中输入图像的 ROI 与特征图中的 ROI 对应位置不匹配的问题，本节对基于 FCIS 模型特征信息损失问题主要做两点改进，首先针对 ROI 位置不匹配问题，选择采用双线性插值法替代最邻近插值法，虽然造成了一定程度上的扭曲和增加冗余信息，但是信息细节的损失相对较小[87]。虽然双线性插值法在一定程度上解决了位置不匹配的问题，但是目标候选区域的特征信息经过池化层或映射层后仍会产生较大损失，针对此问题，进行的另一改进是在 FCIS 模型内引入 ROI Align[88]中的梯度回传算法，实现了 position sensitive ROI Align 算法。

（2）具体步骤描述。

1）双线性插值法。具体来说，就是要对浮点坐标位置取整，扩充成整数型的坐标，利用双线性插值方法对特征 ROI 进行缩放，再固定到一定尺寸，从而将整个特征聚集过程转化为一个连续的操作，利用双线性插值法求取坐标和坐标值的方法，如图 5 – 167 所示。

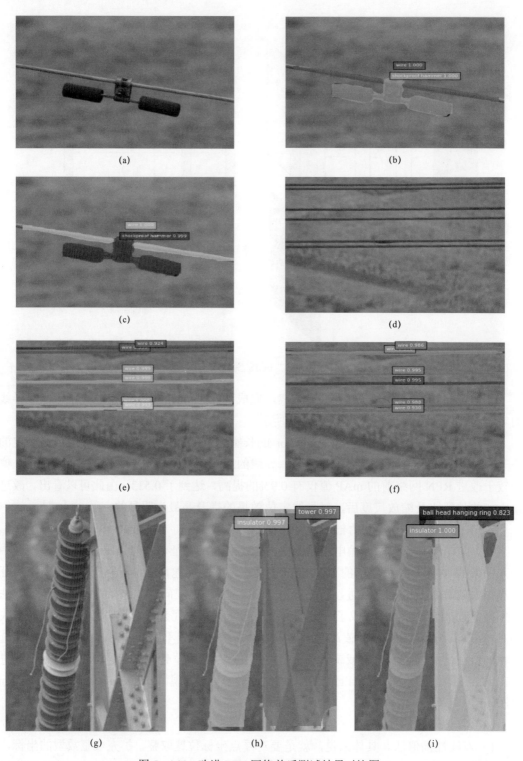

图 5-166　改进 RPN 网络前后测试结果对比图

（a）、（d）、（g）数据集原图；（b）（e）未改变 anchor 长宽比的测试结果图；（c）、（f）改变 anchor 长宽比后的结果图；
（h）未改变 anchor 尺度的结果图；（i）改进 anchor 不同尺度的结果图

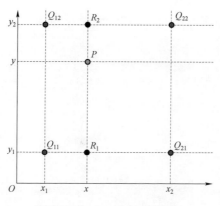

图 5-167　双线性插值法

2）PS2-ROI Align。将 ROI Align 算法的部分特点应用到 FCIS 模型内，实现了位置敏感区域前景/背景-ROIAlign（position sensitive inside/outside-ROI Align）算法，如图 5-168 所示，主要是通过卷积层的进一步回传，得以提升主干网络对特征信息提取的影响，从而保证池化后的特征信息更具有代表性，最终达到提高分割与检测精度的目的。在 FCIS 模型中，若 ROI 的边界坐标值和每个 ROI 中所有矩形单元格的边界值保持浮点数形式的情况下，掩码支路由原来 1/4 倍的缩放映射变为同等大小的映射，再对浮点型坐标取整。

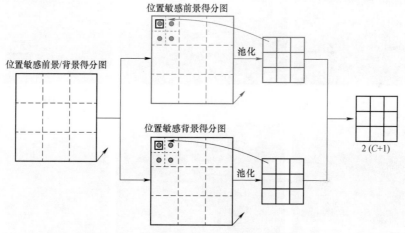

图 5-168　位置敏感区域前景/背景-ROI Align

（3）实验结果和分析。本节基于改进后的 FCIS 模型进行实验，图 5-169 给出了 3 张测试图像的结果对比。

从检测和分割两方面对实验结果进行分析。对于检测方面，未改进之前 FCIS 模型对较大尺度的目标都能进行有效地检测，但对于占空比较小或特征不明显的目标物体则容易将其忽略；对于分割方面，分割需要对目标进行像素分类，更依赖于主干网络对特征的提取。虽然池化层的存在会造成部分信息的损失，但是，对在进行位置及其改进回传算法后，在解决小尺度或较大尺度目标的检测与分割问题上均得到了较为明显地改善（分割效果提升尤其明显）。

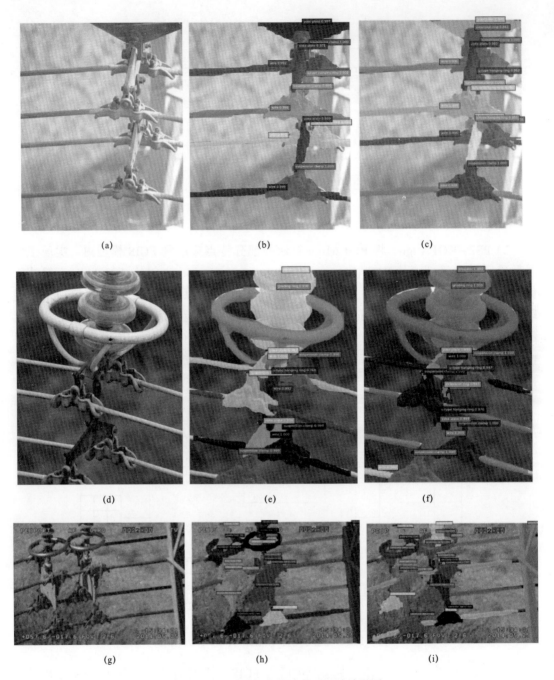

图 5-169　改进回传算法前后测试结果图

（a）、（d）、（g）原图；（b）、（e）、（h）未改进回传算法的结果；（c）、（f）、（i）改进回传算法后的结果

》》小结

针对输电线路的关键部件分割，本节主要研究了两种同时分割方法，即基于 FCN 的航拍输电线路关键部件语义分割方法和基于 FCIS 的输电线路图像分割方法。通过相关实验，结果表明两种方法均能满足对关键部件的分割要求，达到较好的分割效果。

本　章　小　结

无人机巡检、输电线路在线监测、激光雷达扫描和高分辨率光学卫星等视觉处理系统已得到广泛应用，利用计算机视觉和人工智能技术，实现对输电线路设备及其周围环境的图像和视频的智能分析，对于保障输电线路运行安全十分必要。

目前，电力视觉技术在输电线路的应用相对广泛。本章首先介绍了输电线路基础知识和分析了四种输电线路视觉处理系统；接着重点研究了绝缘子视觉处理方法，包括分割、识别、目标检测、缺陷检测和跟踪等方法；然后简述了导地线、金具、螺栓、异物等的视觉检测方法；最后研究了输电线路关键部件的同时分割方法。

本　章　参　考　文　献

［1］　赵强，左石. 输电线路金具理论与应用［M］. 北京：中国电力出版社，2013.

［2］　Q/GDW 1906—2013，输变电一次设备缺陷分类标准［S］. 北京：国家电网公司，2014.

［3］　赵振兵，齐鸿雨，聂礼强. 基于深度学习的输电线路视觉检测方法研究综述［J］. 广东电力，2019，32（9）：11 – 23.

［4］　徐磊. 基于超像素的航拍绝缘子图像协同分割方法［D］. 保定：华北电力大学，2016.

［5］　Rother C，Minka T，Blake A，et al. Cosegmentation of image pairs by histogram matching incorporating a global constraint into MRFs［C］. IEEE Conference on Computer Visional and Pattern Recognition，2006，1：993 – 1000.

［6］　Qi Y，Xu L，Zhao Z，et al. A cosegmentation method for aerial insulator images［C］. 10th Chinese Conference，IGTA 2015，Beijing，China，June 19 – 20，2015，CCIS 525，pp. 113 – 122.

［7］　谭磊，王耀南，沈春生. 输电线路除冰机器人障碍视觉检测识别算法［J］. 仪器仪表学报，2011，32（11）：2565 – 2571.

［8］　赵振兵，徐磊，戚银城，等. 基于 Hough 和 C – V 模型的航拍绝缘子自动协同分割方法［J］. 仪器仪表学报，2016，37（2）：189 – 197.

［9］　Grady L. Random walks for image segmentation[J]. IEEE Transactions on Pattern Analysis and Machine Intelligence，2006，28（11）：1768 – 1783.

［10］　郑永濠. 基于复杂网络社区的绝缘子图像分割识别研究［D］. 保定：华北电力大学，2017.

［11］　Girvan M，Newman M. Community structure in social and biological networks[J]. Proc of the National Academy of Science，2002，99（12）：7821 – 7826.

［12］　Levinshtein A，Stere A，Kutulakos K，et al. Turbopixels: Fast superpixels using geometric flows［J］. IEEE Transaction on Pattern Analysis and Machine Intelligence，2009，31（12）：2290 – 2297.

［13］　Wu Q. An active contour model based on texture distribution for extracting inhomogeneous insulators from aerial images［J］. IEEE Transaction on Geoscience and Remote Sensing，2014：3613 – 3626.

［14］　Wu J，Li X，Jiao L，et al. Minimum spanning trees for community detection［J］. Physica A-Statistical Mechanics and Its Applications，2013，392（9）：2265 – 2277.

［15］　Scholkopf B，Smola A，Muller K. Nonlinear component analysis as a kernel eigenvalue problem［J］. Neural Computation，1998，10（5）：1299 – 1319.

［16］ Chan T，Zhu W. Level set based shape prior segmentation［C］. IEEE Computer Society Conference on Computer Vision and Pattern Recognition，2005，2：1164−1170.

［17］ 许磊磊. 基于 RPCA 优化的航拍绝缘子检测与识别研究［D］. 保定：华北电力大学，2017.

［18］ Zhao Z，Xu G，Qi Y. Representation of binary feature pooling for detection of insulator strings in infrared images［J］. IEEE Transactions on Dielectrics and Electrical Insulation，2016，23（5）：2858−2866.

［19］ Rosten E，Drummond T. Machine learning for high-speed corner detection［C］. European Conference on Computer Vision，2006：430−443.

［20］ Leutenegger S，Chli M，Siegwart R. BRISK：Binary robust invariant scalable keypoints［C］. IEEE International Conference on Computer Vision，2011：2548−2555.

［21］ Jégou H，Douze M，Schmid C，et al. Aggregating local descriptors into a compact image representation［C］. IEEE Conference on Computer Vision and Pattern Recognition，2010：3304−3311.

［22］ Zhao Z，Xu G，Qi Y. Multi-scale hierarchy deep feature aggregation for compact image representations［C］. ACCV 2016 Workshop on Interpretation and Visualization of Deep Neural Nets，Taipei，Taiwan，Part Ⅲ，LNCS 10118，pp. 557−571，2017.

［23］ Huo Z，Yang X，Xing C，et al. Deep age distribution learning for apparent age estimation［C］. Proceedings of the IEEE Conference on Computer Vision and Pattern Recognition. 2016：17−24.

［24］ 戚银城，赵振兵，杜丽群，等. 基于 VGGNet 和标签分布学习的航拍目标分类方法［J］. 电力建设，2018，39（02）：109−115.

［25］ 王磊. 基于图像特征和标签分布学习的航拍绝缘子识别定位方法研究［D］. 保定：华北电力大学，2017.

［26］ 范晓晴. 基于多深度模型的航拍绝缘子图像识别方法研究［D］. 保定：华北电力大学，2018.

［27］ Zhao Z，Fan X，Qi Y，et al. Multi-angle insulator recognition method in infrared image based on parallel deep convolutional neural networks［C］. The 2017 Chinese Conference on Computer Vision，Tianjin，China，2017.10，Part Ⅲ，CCIS 773，pp.303−314.

［28］ Lin K，Lu J，Chen C，et al. Learning compact binary descriptors with unsupervised deep neural networks［C］. IEEE Conference on Computer Vision and Pattern Recognition，2016：1183−1192.

［29］ 朱建清，林露馨，沈飞，等. 采用 SIFT 和 VLAD 特征编码的布匹检索算法［J］. 信号处理，2019，35（10）：1725−1731.

［30］ Zhao Z，Liu N. The recognition and localization of insulators adopting SURF and IFS based on correlation coefficient［J］. Optik，2014，125（20）：6049−6052.

［31］ Zhao Z，Cui Y，Liu N，et al. Localization of multiple power line insulators based on shape feature points and equidistant model in aerial images［C］. IEEE Fourth International Conference on Multimedial Big Data（BigMM），Xi'an，China，2018.09，pp. 1−5.

［32］ Zhao Z，Liu N，Wang L. Localization of multiple insulators by orientation angle detection and binary shape prior knowledge［J］. IEEE Transactions on Dielectrics and Electrical Insulation，2015，22（6）：3421−3428.

［33］ 刘宁. 航拍图像中绝缘子定位与状态检测研究［D］. 保定：华北电力大学，2016.

［34］ Mokhtarian F，Suomela R. Robust image corner detection through curvature scale space ［J］. IEEE Transactions on Pattern Analysis and Machine Intelligence，1998，20（12）：1376－1381.

［35］ 周建英，吴小培，张超，等. 基于滑动窗的混合高斯模型运动目标检测方法 ［J］. 电子与信息学报，2013，35（7）：1620－1656.

［36］ 徐国智. 基于深度特征表达的绝缘子红外图像定位方法研究 ［D］. 保定：华北电力大学，2017.

［37］ Zhao Z，Xu G，Qi Y，et al. An intelligent on-line inspection and warning system based on infrared image for transformer bushings ［J］. Recent Advances in Electrical & Electronic Engineering，2016，9（1）：53－62.

［38］ 伍洋. 基于机器学习的航拍图像绝缘子识别方法研究 ［D］. 保定：华北电力大学，2016.

［39］ Zhai Y，Wu Y，Chen H，et al. A method of insulator detection from aerial images ［J］. Sensors & Transducers，2014，177（8）：7－13.

［40］ 翟永杰，伍洋. 基于 3D 模型和 AdaBoost 算法的绝缘子检测 ［J］. 传感器世界，2014，20（10）：11－14.

［41］ 王迪. 航拍图像中绝缘子检测与定位方法研究 ［D］. 保定：华北电力大学，2017.

［42］ 翟永杰，王迪，伍洋，等. 基于骨架提取的航拍绝缘子图像分步识别方法 ［J］. 华北电力大学学报（自然科学版），2015，42（03）：105－110.

［43］ 翟永杰，王迪，赵振兵，等. 基于空域形态一致性特征的绝缘子串定位方法 ［J］. 中国电机工程学报，2017，37（05）：1568－1578.

［44］ 程海燕，韩璞，王迪，等. 一种电网巡检航拍图像中绝缘子定位方法 ［J］. 系统仿真学报，2017，29（06）：1327－1336.

［45］ 程海燕，韩璞，董泽，等. 无人机航拍电力部件图像准确分类 ［J］. 计算机仿真，2018，35（08）：424－428.

［46］ Alexe B，Deselaers T，Ferrari V. Measuring the objectness of image windows ［J］. IEEE Transactions on Pattern Analysis and Machine Intelligence，2012，34（11）：2189－2202.

［47］ 赵振兵，崔雅萍，戚银城，等. 基于改进的 R－FCN 航拍巡线图像中的绝缘子检测方法 ［J］. 计算机科学，2019，46（03）：159－163.

［48］ Wang X，Shrivastava A，Gupta A. A-Fast-RCNN：Hard positive generation via adversary for object detection ［C］. IEEE Conference on Computer Vision and Pattern Recognition，2017：3039－3048.

［49］ Qi Y，Du L，Zhao Z，et al. Insulator detection based on SSD with the default box adaptively selection ［C］. Proceedings of 2nd International Conference on Computer Science and Application Engineering 2018，October 2018，Hohhot，China，pp. 1－4.

［50］ Zhao Z，Zhang L，Qi Y，et al. A generation method of insulator region proposals based on edge boxes ［J］. Optoelectronics Letters，2017，13（6）：466－470.

［51］ Mokhtarian F，Suomela R. Curvature scale space based image corner detection［C］. 9th European Signal Processing Conference，Rhodes，1998，pp.1－4.

［52］ 翟永杰，李海森，苑朝，等. 使用改进的区域候选网络识别航拍图像中绝缘子目标的方法 ［J］. 浙江电力，2018，37（12）：74－81.

［53］ 刘业鹏，吴童桐，贾雪健，等. 基于特征金字塔算法的输电线路多尺度目标检测方法 ［J］. 仪器

仪表用户，2019，26（01）：15-18.

[54] Hu W，Qi H，Zhao Z，et al. A method for detecting surface defects in insulators based on RPCA [C]. The 9th International Conference on Image and Graphics，Shanghai，China，2017.09，Part Ⅱ，LNCS 10667，pp.163-173.

[55] Zhai Y，Wang D，Zhang M，et al. Fault detection of insulator based on saliency and adaptive morphology [J]. Multimedia Tools and Applications，2017，76（9）：12051-12064.

[56] Zhai Y，Chen R，Yang Q，et al. Insulator fault detection based on spatial morphological features of aerial images [J]. IEEE Access，2018，6：35316-35326.

[57] 王银立，闫斌. 基于视觉的绝缘子掉串缺陷的检测与定位 [J]. 计算机工程与设计，2014，35（2）：583-587.

[58] 陈瑞. 基于航拍图像的输电线路关键部件故障识别方法 [D]. 保定：华北电力大学，2019.

[59] Zhai Y，Cheng H，Chen R，et al. Multi-saliency aggregation-based approach for insulator flashover fault detection using aerial images [J]. Energies，2018，11（2）：340.

[60] Shi K，Wang K，Lu J，et al. PISA: Pixelwise image saliency by aggregating complementary appearance contrast measures with spatial priors [C]. IEEE Conference on Computer Vision and Pattern Recognition，2013：2115-2122.

[61] Bay H，Ess A，Tuytelaars T，et al. Speeded-up robust features（SURF）[J]. Computer Vision and Image Understanding，2008，110（3）：346-359.

[62] He K，Gkioxari G，Dollár P，et al. Mask R-CNN[C]. Proceedings of the IEEE International Conference on Computer Vision and Pattern Recognition，2017：2961-2969.

[63] Zhao Z，Xu G，Qi Y，et al. Multi-patch deep features for power line insulator status classification from aerial images [C]. IEEE International Joint Conference on Neural Networks，Vancouver，Canada，2016.07，pp.3187-3194.

[64] 宁纪铸，李鹏飞. 一种基于角点的 Mean Shift 相标跟踪算法[J]. 计算机应用研究，2009，26（11）：4348-4351.

[65] Zhang K，Zhang L，Liu Q，et al. Fast visual tracking via dense spatio-temporal context learning [C]. European Conference on Computer Vision，2014：127-141.

[66] 王磊. 基于递归神经网络的航拍视频中绝缘子跟踪方法研究 [D]. 保定：华北电力大学，2018.

[67] 李松，蔡航，于蒙. 基于自适应局部二值模式的纹理特征提取方法[J]. 计算机应用与软件，2019，36（09）：226-231.

[68] Wang L，Ouyang W，Wang X，et al. STCT: Sequentially training convolutional networks for visual tracking [C]. IEEE Conference on Computer Vision and Pattern Recognition，2016：1373-1381.

[69] Fan H，Ling H. SANet: Structure-aware network for visual tracking[C]. IEEE Conference on Computer Vision and Pattern Recognition Workshops，2017.

[70] Ren S，He K，Girshick R，et al. Faster R-CNN: Towards real-time object detection with region proposal networks [C]. Advances in Neural Information Processing Systems，2015：91-99.

[71] 戚银城，江爱雪，赵振兵，等. 基于改进 SSD 模型的输电线路巡检图像金具检测方法 [J]. 电测与仪表，2019，56（22）：7-12，43.

［72］ 王淼. 输电线路图像上防震锤检测算法研究［D］. 北京：北京交通大学，2017.

［73］ Redmon J，Farhadi A. YOLOv3：An incremental improvement. arXiv preprint arXiv：1804.02767，2018.

［74］ 张木柳. 基于航拍图像的输电线路关键部件识别与故障检测［D］. 保定：华北电力大学，2018.

［75］ 焦红. 直升机巡检输电线路图像中防振锤的识别定位［D］. 大连：大连海事大学，2011.

［76］ 蒋励. 直升机巡检输电线路中防振锤的图像检测技术研究［D］. 哈尔滨：哈尔滨理工大学，2014.

［77］ Dai J，Li Y，He K，et al. R-FCN：Object detection via region-based fully convolutional networks ［C］. Proceedings of the 30th Conference on Neural Information Processing Systems，2016：379 − 387.

［78］ Liu W，Anguelov D，Erhan D，et al. SSD：Single shot multibox detector［C］. European Conference on Computer Vision，2016：21 − 37.

［79］ Redmon J，Divvala S，Girshick R，et al. You only look once：Unified，real-time object detection ［C］. IEEE Conference on Computer Vision and Pattern Recognition，2016：779 − 788.

［80］ Nguyen V N，Jenssen R，Roverso D. Automatic autonomous vision-based power line inspection：A review of current status and the potential role of deep learning［J］. International Journal of Electrical Power & Energy Systems，2018，99：107 − 120.

［81］ Gioi R G V，Jakubowicz J，Morel J M，et al. LSD：A line segment detector［J］. Image Processing on Line，2012，2（4）：35 − 55.

［82］ Mikolajczyk K，Schmid C. Scale & affine invariant interest point detectors［M］. Kluwer Academic Publishers，2004.

［83］ 赵振兵，李胜利，戚银城，等. 一种改进 FCN 的输电线路航拍图像语义分割方法［J］. 中国科技论文，2018，13（14）：1614 − 1620.

［84］ Pan S，Yang Q. A survey on transfer learning［J］. IEEE Transactions on Knowledge & Data Engineering，2010，22（10）：1345 − 1359.

［85］ Chen L，Papandreou G，Kokkinos I，et al. Deeplab：Semantic image segmentation with deep convolutional nets，atrous convolution，and fully connected crfs［J］. IEEE Transactions on Pattern Analysis and Machine Intelligence，2018，40（4）：834 − 848.

［86］ 张晓雪. 基于概率图模型的图像语义分割技术研究［D］. 厦门：厦门大学，2014.

［87］ Dai J，He K，Sun J. Instance-aware semantic segmentation via multi-task network cascades［C］. IEEE Conference on Computer Vision and Pattern Recognition，2016：3150 − 3158.

［88］ He K，Georgia G，Piotr D，et al. Mask R-CNN［J］. IEEE Transactions on Pattern Analysis and Machine Intelligence，2020，42（2）：386 − 397.

第**6**章

变电站视觉检测

智能变电站的建设作为新一代电力系统建设最核心的部分,其投入使用后可及时掌握设备状态参数和运行数据。在智能变电站中,当设备出现故障时,会发出预警并提供状态参数等,在一定程度上降低运行管理成本,减少隐患,提高设备运行的可靠性[1]。

近年来,电力视觉技术在智能变电站中的应用涉及以下场景:

变电站视觉检测系统是实现电网的设备工况远程监视、远程操作辅助监视、现场工作行为监督、事故和障碍辅助分析、应急指挥和演练、反事故演习、安全警卫、各类专项检查等功能的重要技术手段,也是实现电网运行管理信息化的基础。

变电站设备、环境人员检测是保证变电站安全运行、提高供电可靠性的一项基础工作。近几年来,变电设备热故障的上升趋势越来越明显,实践证明,红外热像检测技术能够有效检测变电设备的热故障,因此红外图像检测系统也开始在变电站得到应用。利用红外图像检测系统与可见光图像检测系统可以实现对变电设备的远程、实时、在线检测。

变电站视频检测和机器人巡检系统逐渐普及,由摄像头采集图像数据并传回集控站或监控中心,由值班人员进行分析并处置。当探测到有人非法闯入、违章操作等行为时,通过视频了解具体报警情况并根据预设的联动策略进行联动控制,及时发出报警信息,同时保存事发时的现场图像,供日后查询。然而,多数变电站图像检测系统以监视为主,过度依靠人工方式发现异常,缺少对检测内容的自动分析和判断,限制和削弱了检测效果。随着变电站无人化要求的提高,传统的视频检测系统处理实时性较差、报警精确度低、响应时间长、录像数据分析困难等缺陷和弊端越来越突出,变电站中视频检测系统的智能化也变得尤为重要。

智能化视频检测系统,是指在传统视频监测系统的基础上,运用计算机视觉和视频分析技术,根据用户要求对摄像机拍摄的视频图像进行处理,自动对图像中的目标进行检测和识别。智能视频检测系统的使用减少了无谓的人力消耗和通道资源浪费,极大地提高了视频分析处理的实时性和准确性,已经成为视频检测系统发展的趋势,计算机视觉和图像处理技术为智能视频检测的实现提供了有效的支持。

本章首先介绍变电站基础知识,给出了几种变电站视觉检测系统,在此基础上获取图像源数据,采用计算机视觉技术对设备的可见光图像和红外图像信息、环境的可见光图像信息进行分析处理。其中,包括图像配准与融合、图像分割、特征提取、目标检测和识别等技术，利用先进的深度学习技术实现变电站检测视频的异常分析，及时发现各种异常和隐患，提高变电站运行的智能化水平。

6.1 变电站基础知识

本节简要介绍变电站的作用、变电站的构成、智能变电站的概念及特点，为后续研究内容奠定基础。

6.1.1 变电站的作用

变电站是电网中的线路连接点，是实现变换电压、交换功率和汇集、分配电能的设施。变电站主要由变压器、配电装置和测量控制系统等部分构成，是电网的重要组成部分和电能传输的重要环节，对保证电网的安全、经济运行具有举足轻重的作用，主要体现在以下几方面。

（1）实现电力传输的转换和分配。通过变电站的主变压器使适合长距离输电的高电压与适合短距离输电和用户应用的较低电压之间转换，使不同层次、不同电压等级的电网互相耦合和链接，构成电网的纵向结构，使电能在不同电压等级的电网间传送和转换。

（2）实施电网监控和运行操作。调度机构是电网的中枢神经，调度的操作指令、意图必须通过变电站来执行和贯彻。电网运行方式的转换、电网的日常操作和管理、潮流的控制、电网事故的处理都是通过控制、调整变电站的一、二次设备实现的。

（3）提供电网运行、维护的关键信息。变电站提供日常运行、维护和事故处理所积累的数据，是电网规划、扩建和日常维护管理时需要大量的电网运行数据、资料等信息的来源。

变电站是发电厂和用户之间的关键纽带，是进行高低压变换、电能集中与分配、控制电流流向和调整电压的重要场所。

6.1.2 变电站的构成

变电站主要由一次系统、二次系统和辅助系统构成。

一次系统主要由主接线、变压器、断路器、隔离开关、互感器、避雷器、无功补偿设备、气体绝缘封闭组合电器（Gas Insulated Switchgear，GIS）等构成。

二次系统主要包括用于电网故障快速调整的继电保护系统、用于电网正常运行信息传输和操作控制的测控/远动系统、用于电网事故分析的故障录波/故障测距和故障信息系统，是用于电费计量、经济结算的计量系统等。

变电站辅助系统，是指为变电站一、二次设备运行提供支持、支撑和保障的设备系统，以及针对某些不安全因素而设置的专用设备，主要包括站用交流系统、站用直流系统、视频监控系统、消防报警系统、防盗保卫系统和环境监测控制系统[2]。

6.1.3 智能变电站的概念及特点

智能变电站即采用先进、可靠、集成、低碳、环保的智能设备，以全站信息数字化、通信平台网络化、信息共享标准化为基本要求，自动完成信息采集、测量、控制、保护、计量和监测等基本功能，并可根据需要支持电网实时自动控制、在线分析决策、协同互动等高级功能，实现与相邻变电站、电网调度等互动的变电站[2]。

与常规变电站相比，智能变电站具有节能、环保、结构紧凑、自动化水平高、消除大量安全隐患等优点，其实现了一、二次设备的智能化、运行管理的自动化，更深层次体现出坚强智能电网的信息化、自动化和互动化的技术特点[3]。

智能变电站采用智能设备，增加了人员安全性、提高了系统可靠性，能有效减少安装调试成本，提高工作效率。同时，智能变电站的建设和实施便于向电力用户提高稳定、可靠、经济的电力供应，直接经济和间接经济效益显著。

6.2　变电站视觉检测系统

变电站视觉检测系统是用计算机实现对变电站重要电气设备和场景的图像的感知、识别和分析，进而检测系统的特定运行状况，得出检测结果[4,5]。实际应用中，在变电站安装摄像器件、获取电气设备实物图像、通过感知和恢复物体的几何性质、姿态结构、运动情况、相互位置等实时图像，对其进行识别、描述、解释，进而做出判断。变电站视觉检测系统是为更好、更安全地实现变电站无人值守而开展研究和应用的，是传统遥视系统功能的智能化扩展或高级应用，实现对变电站重要设备和环境的在线检测和智能分析，实现基于计算机视觉技术的智能识别和检测自动化。

变电站视觉检测是变电站安全监控的主要手段之一。目前，各种视觉检测系统正逐步在各等级变电站中普及应用，主要是在传统遥视基础上，通过人工智能和计算机视觉技术实现智能化的分析处理。以下主要描述在线式与机器人巡检两种典型变电站视觉检测系统，后面再分别研究各种变电站视觉检测系统针对设备、环境人员异常的智能化分析处理方法。

6.2.1 在线式视觉检测系统

随着电力系统规模的逐步扩大，变电站设备数量众多，对设备状态检测实时性的要求进一步提高。近年来，一些基于实时状态的变电站在线检测系统正在变电站中普及应用，利用 CCD（Charge Coupled Device，电荷耦合器件）可见光摄像机采集变电设备运行时的图像，由计算机自动分析判别电力设备的运行状态。目前，主要的变电站在线检测系统包括红外图像检测系统、可见光检测系统，以及红外与可见光结合的双通道检测系统。

红外图像在线检测系统集光电成像技术、计算机技术、图像处理技术于一身，通过接收变电设备发出的红外辐射，然后显示其热像，并对其进行智能图像处理，用户可通过热像或处理结果准确判断设备表面的温度分布和故障情况，这种检测方法具有准确、实时、快速等优点。

利用可见光进行图像检测可以获取更加真实的信息,随着计算机视觉技术的进步和日趋成熟,基于变电设备可见光图像分析获取设备运行状态越来越必要。为了发挥红外与可见光图像检测的优势,以红外传感器和可见光 CCD 传感器为核心器件构造双通道检测的实际系统,实现红外图像与可见光图像配准,不但可以显示设备的热像,还可利用可见光图像进行精确定位,能做到真正的全面实时在线检测,提高检测的准确度与有效性。

6.2.2　变电站巡检机器人

目前,很多变电站实现了少人或无人值班,但一定程度上都还存在因无人在现场及时监视、巡视而带来的一系列问题,在线检测系统大多数针对重要设备区域进行检测,但也存在检测不到的死区,在室外变电站表现得尤为明显。为了避免变电站人工及在线检测系统发生漏检、误检等现象,运用机器人在一定程度上代替人工对变电站实行自动巡检成为变电站巡检的发展趋势。这是向智能变电站过渡、向智能电网发展的必然阶段。

变电站巡检机器人主要应用于室外变电站,代替运行人员进行巡视检查,巡检机器人可以携带红外热像仪、可见光 CCD、拾音器等检测与传感装置,以自主和遥控方式,连续地完成高压变电设备的巡测,及时发现外部机械或电气异常,准确提供变电设备事故隐患和故障先兆诊断分析的有关数据,大幅度提高变电站安全运行的可靠性。

变电站巡检机器人在应用中也存在一些技术问题。表现在以下几方面[6-8]:① 仪表识别能力不理想;② 不具备设备外表缺陷检查功能;③ 机器人位置不理想,获取的图像无法提供高质量的信息,无法完成识别;④ 巡检机器人采集的各种数据都传给基站处理,巡检机器人移动部分的分析处理功能薄弱,既增加了无线网络传输的数据量且服务器端积累大量原始数据,又无法体现巡检机器人的前端移动体智能性。需要通过一定的算法提高变电站巡检机器人自身的图像处理与识别能力是进一步提升机器人智能的关键技术。

6.3　变电站设备图像配准与融合

6.3.1　基于超列的变电设备红外与可见光图像配准研究[9]

随着电网规模的日益扩大,变电设备数量逐年增长,为了准确获知其运行状态,在检修过程中会获取大量的红外与可见光图像。红外与可见光图像可以采集图像的不同信息,红外图像反映了设备的温度状态,而可见光图像反映了设备的外观状态。研究表明通过检修人员人工地对其进行分析,效率较低,无法准确及时反映缺陷,但如果将红外与可见光图像进行配准,可以获得图像较为丰富的互补信息,从而更加有利于变电设备的故障检测。

由于红外与可见光图像来源于不同的时间、角度,并且存在很大的灰度差异,传统的图像特征在配准时不能很好地完成任务。为了更加准确、及时地获取其运行状态,必须对其进行智能处理。本节通过利用计算机视觉手段对基于超列的红外与可见光图像进行配准处理。实验证明，采用的图像配准技术对变电设备缺陷检测具有很好的效果，能够达到准确、及时地获知变电设备运行状态的要求，大幅度提高变电设备检测效率，实现智能化的目的。

本节以变电设备红外与可见光图像为对象，主要研究工作超列基础上基于 Triplet loss 的训练方法和研究基于端到端学习的图像配准方法。

1. 基于超列的红外与可见光图像配准方法

针对传统特征（如 SIFT 和 SURF 特征）不能有效实现多模态图像配准的情况，设计了一种基于超列的红外与可见光图像配准方法。超列技术是一种把卷积神经网络和提取坐标点的特征描述子结合到一起的方法，使得图像特征表达更加全面。为了解决其灰度差异大，难以获取一致性特征的问题，在提取关键点的特征描述子时使用卷积神经网络 VGG - 16 模型，超列模型如图 6-1 所示，可以观察到底层的特征图含有很多细节信息，而顶层的特征图更多的表达语义信息，超列可以把不同层的特征融合为一列特征向量，从而对特征做更全面、精细的表达。同时设计了一种相似度度量方法，可以减小配准的搜索范围，提升配准精度，实现从传统特征到高层特征的改进。算法流程如图 6-2 所示。

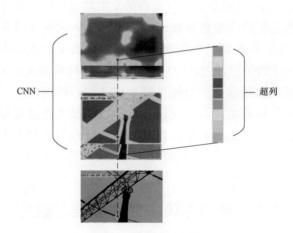

图 6-1　超列示意图

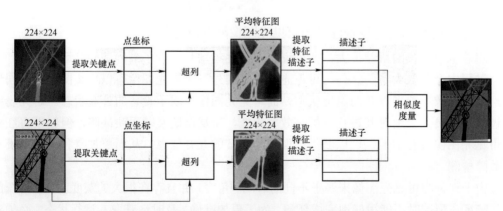

图 6-2　基于超列的红外与可见光配准方法示意图

因此，基于超列的红外与可见光配准方法具体步骤如下：

（1）角点检测。作为配准中的第一步，关键点的选取对配准结果具有很大的影响。为了尽可能多地获取红外与可见光图像的同名点，本节采用 Harris 角点检测的方法对红外与可见光图像提取关键点，如图 6-3 所示。

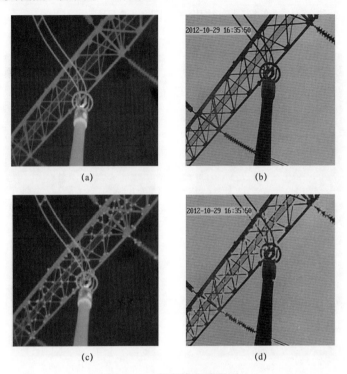

图 6-3　角点检测效果图

（a）变电设备红外原图；（b）变电设备可见光原图；（c）取点后的红外图像；（d）取点后的可见光图像

（2）深度特征提取。 采用基于超列的深度学习模型（基于初始权重的 VGG-16 网络），依次输入红外与可见光图像，提取其 Conv1-1、Conv2-1、Conv4-2、Conv4-3 层特征图，对所有特征图进行下采样，使其与原图大小一致，然后将其平均为一张特征图，如图 6-4 所示。

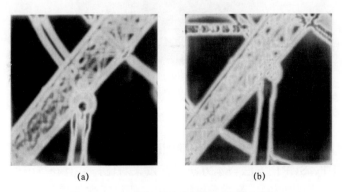

图 6-4　红外与可见光图像平均特征图

（a）红外图像平均特征图；（b）可见光图像平均特征图

（3）相似度度量。在传统的相似性度量方法上增加了空间上的距离约束。得到特征描述子后，采用欧氏距离作为度量，并加入空间坐标差作为约束。

（4）几何变换。对于某个特征点，通过欧氏距离选取其中最小距离点与该点共称为匹配点对。然后对匹配点对进行粗匹配，紧接着用 Ransac 进行精匹配。最后根据精匹配的点建立误差方程，进行仿射变换得到结果，如图 6-5 所示。

(a)

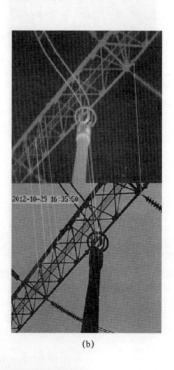
(b)

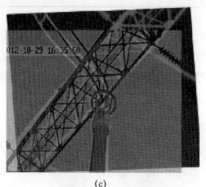
(c)

图 6-5　配准效果示意图

（a）粗匹配；（b）精匹配；（c）配准结果图

为了验证基于超列的红外与可见光图像配准方法的优良性，采用在同一对红外与可见光图像上使用 SIFT、SURF 方法与本方法进行效果对比，并且在 SIFT、SURF 中加入了相似度度量方法，使用相同的度量参数，得到相应的精匹配结果与配准效果图，如图 6-6 所示。

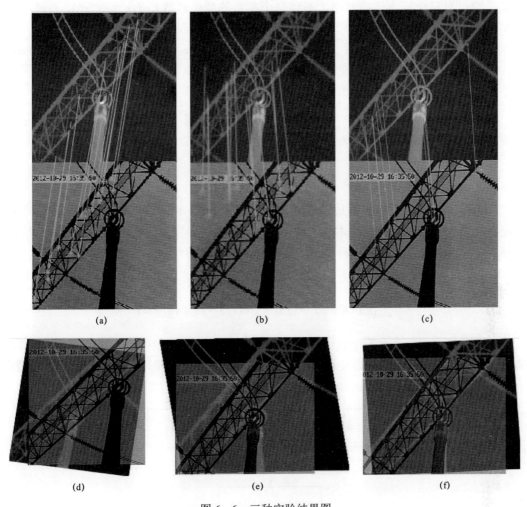

图 6-6　三种实验结果图

(a) SIFT 精匹配结果；(b) SURF 精匹配结果；(c) 超列精匹配结果；
(d) SIFT 实验结果；(e) SURF 实验结果；(f) 超列实验结果

　　从三组对比图中可以观测到，SIFT 方法的配准效果最差，SURF 方法虽然可以检测出两对正确点对，但是在仿射变换中，最少需要三对正确的点对才能实现正确的变换，因此 SURF 也不能完成红外与可见光图像配准任务，所以三种方法配准效果最好的是本节所提的基于超列的红外与可见光图像配准方法。

　　2. 基于 Triplet loss 的红外与可见光图像配准方法

　　相较于 SIFT、SURF 等传统方法，前面提到的基于超列的红外与可见光图像配准方法取得了较高的配准精度。但由于基于初始权值的 VGG-16 模型很难学习到红外与可见光图像的相似度，无法提取到一致性特征，针对此问题，提出了基于 Triplet loss 的红外与可见光图像配准方法。

　　Triplet 描述的是一个三元组之间的构成关系，包括从训练数据随机选取的样本数据（Anchor）、与该样本同类样本（Positive）和不同类样本（Negative），分别记为 x^a、x^p

和 x^n，通过对每个样本训练网络，得到每个参数的特征函数： $f(x_i^a)$、$f(x_i^p)$、$f(x_i^n)$，如图 6-7 所示。

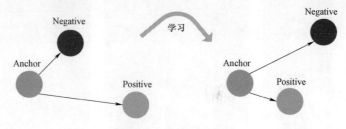

图 6-7 Triplet 示意图

Triplet loss 模型的主要作用就是通过学习让目标样本和正样本之间的特征差异尽可能小，而让目标样本和负样本之间的特征差异尽可能大，该差异大小用两者之间的距离表示，另外，规定这两种差异必须大于某个最小的临界值 α，Triplet loss 的公式见式（6-1）：

$$\sum_i^N [\| f(x_i^a) - f(x_i^p) \|_2^2 - \| f(x_i^a) - f(x_i^n) \|_2^2 + \alpha] \qquad (6-1)$$

本节设计了一个基于 Triplet loss 训练的网络，通过训练，使得不匹配图像块的欧氏距离与匹配图像块的欧氏距离之差远大于某个阈值，从而使网络提取到红外与可见光图像的一致性特征。测试部分将训练好的权重应用到网络中。整体方案如图 6-8 所示。

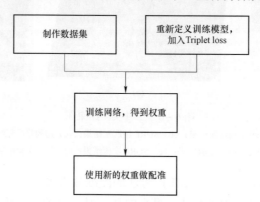

图 6-8 基于 Triplet loss 的红外与可见光图像配准

因此，基于 Triplet loss 的红外与可见光图像配准方法的具体步骤如下：

（1）制作红外与可见光数据集，从实际场景中采集了 15 对红外和可见光图像，采用传统的方法逐一进行配准，并根据不同比例把一对配准好的图像切成许多图像块。

（2）重新定义网络模型，加入 Triplet loss。

（3）训练改进的模型并进行微调。

（4）将训练好的权重加载到第一小节的方案中，进行实验结果测试与分析。

为了验证基于 Triplet loss 的红外与可见光图像配准方法的有效性，做了三组实验。第一组是对两幅红外与可见光的杆塔图像进行配准，并分别对基于原始权重（方法 1）和基于 Triplet loss 的权重（方法 2）两种方法进行对比实验，实验结果如图 6-9 所示；第二、三组分别是对两幅红外与可见光的跳线、绝缘子图像进行配准，同样基于两种方法进行对比实验，实验结果如图 6-10、图 6-11 所示。

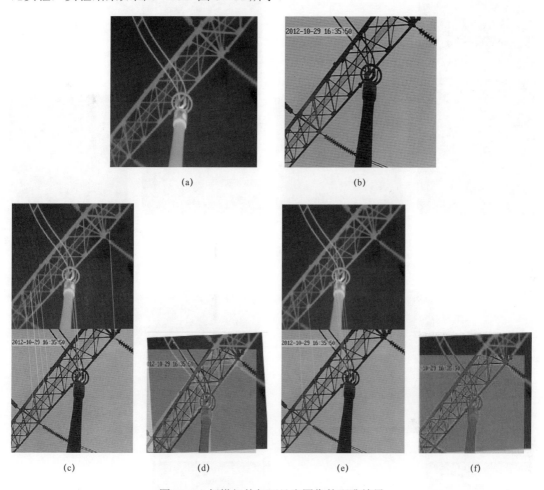

(a)　　　　　　　　　　　(b)

(c)　　　　(d)　　　　(e)　　　　(f)

图 6-9　杆塔红外与可见光图像的配准结果

（a）参考图像；（b）待配准图像；（c）方法 1 精匹配结果；（d）方法 1 镶嵌结果；
（e）方法 2 精匹配结果；（f）方法 2 镶嵌结果

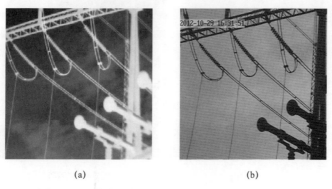

(a)　　　　　　　　　　　(b)

图 6-10　跳线红外与可见光图像配准结果（一）

（a）参考图像；（b）待配准图像

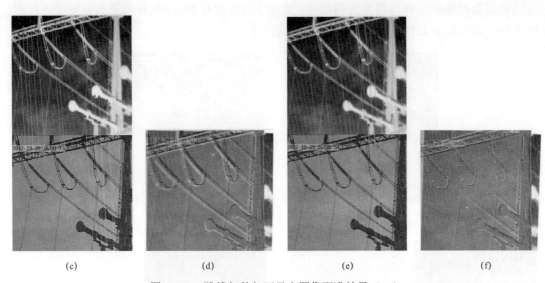

（c）　　　　　　　（d）　　　　　　　（e）　　　　　　　（f）

图 6-10　跳线红外与可见光图像配准结果（二）

（c）方法 1 精匹配结果；（d）方法 1 镶嵌结果；（e）方法 2 精匹配结果；（f）方法 2 镶嵌结果

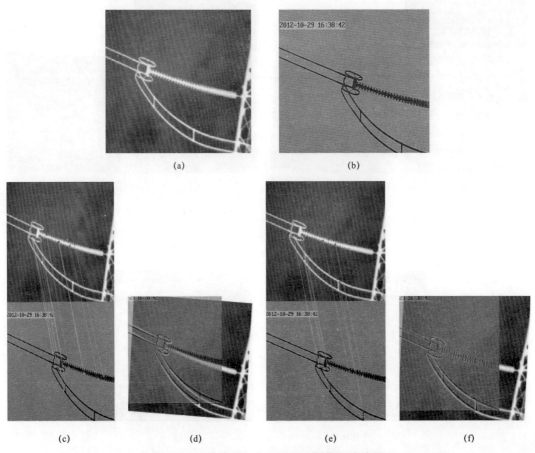

（a）　　　　　　　　　　　　　　　　（b）

（c）　　　　　　　（d）　　　　　　　（e）　　　　　　　（f）

图 6-11　绝缘子红外与可见光图像配准结果

（a）参考图像；（b）待配准图像；（c）方法 1 精匹配结果；（d）方法 1 镶嵌结果；

（e）方法 2 精匹配结果；（f）方法 2 镶嵌结果

从实验结果中可以看出，图 6-9～图 6-11（a）、（b）的差别在于其具有不同的灰度模式和一定的文本干扰，在空间上有相对较大的平移与尺度变换，为配准增加了一定的难度，但绝缘子图像中还含有十分精细且不易逐一对准的绝缘子串，为配准实验带来额外的难度。通过对比数据与镶嵌效果可以得到，基于 Triplet loss 的配准效果要好于基于初始权重的配准效果。实现了更加精准鲁棒的配准，实验结果表明该方法能准确完成变电设备红外与可见光图像配准任务，实现了更加精准鲁棒的配准，由此可见，该方法能准确完成变电设备红外与可见光图像配准任务。

3. 基于端到端学习的配准方法

基于超列的变电设备红外与可见光图像配准方法，虽然取得了较高的配准精度，但整体过程繁琐，计算量大，实时性比较差，仍需改进。针对该方法未能达到在线实时监测的要求，提出了基于端到端学习的配准方法。端到端的学习方法是把所有模块一体化的学习方法，忽略中间过程，用单个神经网络代替它。假设输入一对图像，目的是获得配准后的图像，那么端到端的学习可以省略很多传统方法的步骤，增加模型适用性，便于模型训练，提高实时性。

端到端学习的配准方法的整体流程如图 6-12 所示，使用一种新的卷积神经网络结构，用于估计两幅输入图像之间的几何变换参数。针对原始模型训练时只能输入一种目标，无法对红外与可见光图像同时进行训练的问题，本节设计了一种多输入训练方法，可以同时训练这两种模态的图像，从而更好地提取红外与可见光图像的一致性特征，得到红外与可见光图像之间更精确的变换参数，更好地完成变电设备红外与可见光图像端到端的配准任务。

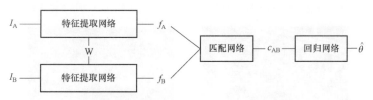

图 6-12　基于端到端学习的配准示意图

基于端到端学习的配准方法具体步骤如下：

（1）使用 VGG-16 网络进行特征提取，只选取中间特征提取层的结果。为了取得一对图像的特征，使用孪生网络，也就是权值共享的双 VGG-16 网络。

（2）制作特征融合网络，使用基于最近邻距离比率的匹配策略判断上述步骤提取特征的匹配程度，使用匹配层连接描述符之间的关系，既保留了空间信息，又结合了不同位置特征之间的比较信息。

（3）回归网络可以根据输入的融合特征图直接估计两个输入图像的几何变换参数，该网络使用一个神经网络，搭建两个卷积层，其次是批量正则化和 ReLU 进行非线性变换，并在最后添加一个全连接层来回归变换参数。

（4）在对匹配网络进行训练时，采用全监督训练方式和合适的损失函数，通过随机梯度下降与反向传播的方式进行优化，得到最小损失函数值，从而完成网络参数的学习与训练。

为了验证基于端到端学习方法的有效性，选取了大量的样本进行实验测试，做了三组实验，分别是红外与可见光的杆塔、跳线和绝缘子图像配准实验，并进行基于方法 1 和方法 2 的对照实验，实验结果如图 6-13～图 6-15 所示。

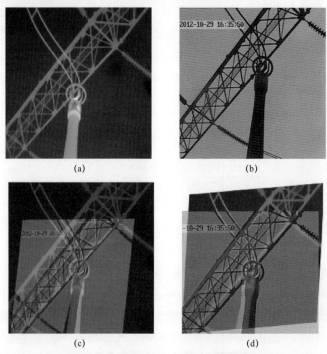

图 6-13　杆塔红外与可见光图像配准结果

（a）参考图像；（b）待配准图像；（c）方法 1 镶嵌图；（d）方法 2 镶嵌图

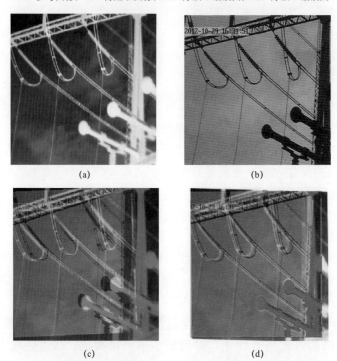

图 6-14　跳线红外与可见光图像配准结果

（a）参考图像；（b）待配准图像；（c）方法 1 镶嵌图；（d）方法 2 镶嵌图

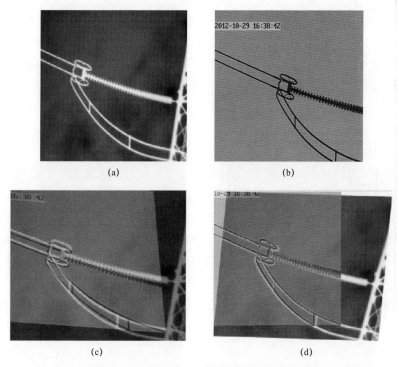

图6-15　绝缘子红外与可见光图像配准结果

（a）参考图像；（b）待配准图像；（c）方法1镶嵌图；（d）方法2镶嵌图

从图6-13可以明显看出，方法1中，很多细节部分并未重合，而方法2中，均压环与绝缘子串部分基本重合，杆塔处有些许偏移，整体重合效果优于方法1；图6-14中，方法1的部分细线并未重合，方法2两幅图像的重叠区域基本上得到了重合，但是仍有些许细节部分没重合；图6-15中，方法1的绝缘子串部分并未重合，而方法2的重叠区域基本得到重合。通过对两种方法进行对比实验，可以得到基于本节方法的配准效果要好于基于初始权重的配准效果，表明该方法能完成变电设备红外与可见光图像配准任务。

本节以在检修过程中获取的红外与可见光图像数据为研究对象，通过基于超列的红外与可见光图像配准方法和端到端学习的配准方法，对红外与可见光图像配准任务中的特征表达等涉及的关键技术进行研究，获得初步成果，完成了红外与可见光图像的配准工作。

6.3.2　基于指导滤波的绝缘子红外与可见光图像融合研究[10]

随着传感器技术的应用与发展，多传感器模式已经逐渐代替了单一可见光模式。由于多传感器模式生成的图像之间存在着互补性和冗余性，需要多源图像融合技术生成更适合视觉特性的图像全面描述场景。图像融合是将两个或多个由不同成像机理的传感器获得的同一场景且已严格配准后的图像通过特定方法生成一幅包含输入图像信息的全新的关于此场景的描述。在电力设备中，红外与可见光图像融合是一种常见的图像融合技术，融合结果能够将二者各自的优点结合起来，便于后续精确的目标定位与识别。

由于绝缘子具有支撑导线和阻止电流通过的功能，是变电设备中不可缺少的元件之一，并且绝缘子可见光图像能够清晰地反映场景信息和边缘信息，但不具有热信息，因此，将绝缘子红外与可见光图像融合能够提高热故障定位精度。本文主要研究了两种绝缘子红外与可见光图像融合方法，分别是基于 NSCT（Non Subsampled Contourlet Transform，NSCT）的图像融合方法和基于联合稀疏的红外与可见光图像融合方法，改进了现有融合规则，完成了绝缘子红外与可见光图像的融合实验，为进一步提高绝缘子故障检测精度奠定了基础。

1. 基于 NSCT 的图像融合方法

NSCT 由非下采样金字塔滤波器（NSP）和非下采样方向滤波器组（NSDFB）组成，前者实现多尺度分解，后者实现多方向分解，分解后的图像具有平移不变性、多方向性等优点，经过 NSCT 分解得到的高低频子带图像与源图像尺寸相同，有利于融合方法的设计和实现。针对绝缘子图像的独有特点，绝缘子红外与可见光图像融合过程中存在伞盘边缘信息模糊，亮度低和对比度差等问题，提出了基于 NSCT 的图像融合方法。图像经过 NSCT 分解，低频子带主要继承了源图像能量信息，高频子带主要包含源图像边缘信息。

作为图像融合的基础，为了解决绝缘子红外与可见光图像融合过程存在的边缘不清晰、亮度低、对比度不明显等问题，研究并实现了两种融合方法，最后从主客观两方面对实验结果进行比较分析。

（1）基于 NSCT 和经典指导滤波的绝缘子红外与可见光融合方法。

源图像经过 NSCT 分解之后可以得到低频子带图像和不同方向的高频子带图像，此时，融合规则的选择至关重要。针对高低频系数具有各自的特点，需要设计合理的融合规则，本节低频使用局部能量规则，高频使用经典指导滤波规则，完成绝缘子红外与可见光图像融合。考虑到低频子带系数和高频子带系数的特点，以及红外与可见光图像融合过程中存在的问题，针对绝缘子图像，本节融合方法如图 6-16 所示。

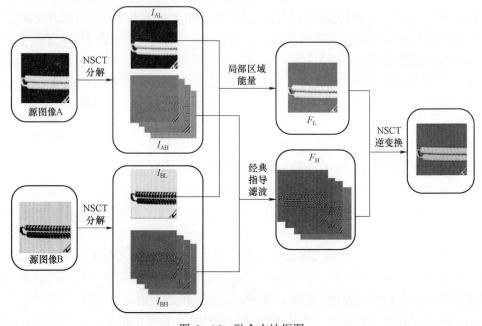

图 6-16　融合方法框图

该融合方法的具体步骤：

1）将红外图像 A 和可见光图像 B 经过 J 级 NSCT 分解，分别得到红外图像的低频子带系数 I_{AL} 和高频子带系数 I_{AH}，可见光图像的低频子带系数 I_{BL} 和高频子带系数 I_{BH}。

2）对低频子带系数 I_{AL} 和 I_{BL} 按照区域相关能量的融合规则进行融合，得到新的低频子带系数 F_L。

3）对高频子带系数 I_{AH} 和 I_{BH} 分别作为指导图像和输入图像带入经典指导滤波中，得到新的高频子带系数 F_H。

4）将新的低频子带系数 F_L 和高频子带系数 F_H 过 NSCT 逆变换得到融合结果。

为了验证本节方法的有效性，对来自现场的变电设备绝缘子红外与可见光图像进行了实验。本节选择了三种对比方法：方法一基于 CT，低频子带和高频子带的融合规则与本文的相同；方法二是基于 NSCT，低频子带采用平均灰度值的规则，高频子带使用最大值法；方法三也是基于 NSCT，低频和高频子带的融合规则都是经典指导滤波。实验结果如图 6-17 所示。为了客观地估计不同方法的融合性能，本节给出梯度、均值、熵和互信息四个评价指标，实验数据见表 6-1。

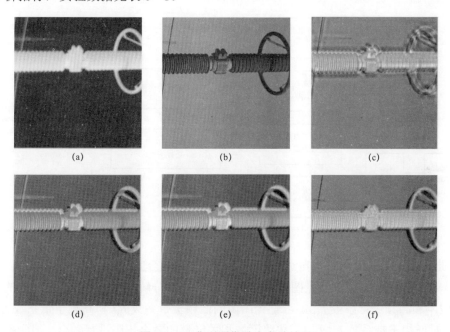

图 6-17 典型图像融合实验结果

（a）绝缘子红外图像；（b）绝缘子可见光图像；（c）方法一；（d）方法二；（e）方法三；（f）本节方法

表 6-1　　　　　　　　　　　现场绝缘子图像融合实验评价指标

参数名称 方法	梯度	均值	熵	互信息
方法一	5.8881	141.7810	4.4943	1.1981
方法二	1.7062	84.8935	4.0958	8.1024
方法三	1.4343	84.8926	4.0865	8.7422
本节方法	1.9445	145.3235	4.5065	13.3142

从融合结果来看,四种方法都能进行绝缘图像伞盘边缘信息的提取和红外热信息的融合。方法一主观上可以看到虚影,融合的效果不够平滑。方法二和方法三都是基于 NSCT 的,融合后的图像亮度信息低,热信息所占比例较小。本节方法的实验结果显示融合图像的边缘保持良好,消除了绝缘子红外图像正面的虚影信息,具有清晰的伞盘边缘信息。同时由于使用了经典的指导滤波,也保留了高亮度信息。评价指标表同样表明本节方法保持了图像的边缘信息,亮度信息融合得很好,从源图像中继承的信息量最大。因此,本节所提出的方法不仅在典型的红外与可见光图像融合中适用,并在绝缘子红外与可见光图像的融合中占较大的优势。

(2)基于 NSCT 和参数自适应选择指导滤波的融合方法。

在基于 NSCT 和经典指导滤波的方法中,经典指导滤波未达到参数的自适应选择,同时也没有考虑局部区域能量在概率上的相关性,本节研究了基于 NSCT 和参数自适应选择指导滤波的融合方法,高频子带系数采用参数自适应选择指导滤波,在保边去噪的同时,完成参数的自适应选择,低频子带系数采用区域相关能量方法,融合框图如图 6-18 所示。

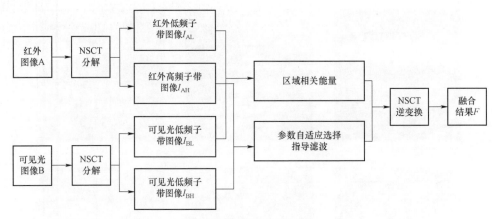

图 6-18 融合方法框图

因此,基于 NSCT 和参数自适应选择指导滤波的融合方法的具体步骤如下:

1)将红外图像 A 和可见光图像 B 经过 J 级 NSCT 分解,分别得到红外图像的低频子带系数 I_{AL} 和高频子带系数 I_{AH},可见光图像的低频子带系数 I_{BL} 和高频子带系数 I_{BH}。

2)对低频子带系数 I_{AL} 和 I_{BL} 按照区域相关能量的融合规则进行融合,得到新的低频子带系数 F_L。

3)对高频子带系数 I_{AH} 和 I_{BH} 分别作为参数自适应选择指导滤波的指导图像和输入图像,从而得到新的高频子带系数 F_H。

4)将新的低频子带系数 F_L 和高频子带系数 F_H 经过 NSCT 逆变换,得到最终的融合图像。

为了验证本节方法的有效性,采用五种方法对现场绝缘子红外与可见光图像进行了实验,方法一基于离散小波变换 DWT;方法二是基于 TA 变换的,低频子带和高频子带的融合规则与本文的相同;方法三是基于 NSCT 与经典指导滤波 GF,高频和低频都采用指导滤波作为融合规则；方法四是基于 NSCT 与双边滤波（BF），高频采用 BF，低频采用局部相关能量；方法五是基于 GFF。实验结果如图 6-19 所示。同样地，给出均值、熵、边缘强度和互信息四个评价指标，实验数据见表 6-2。

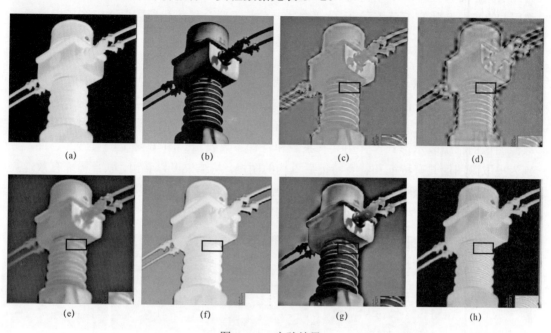

图 6-19　实验结果

（a）绝缘子红外图像；（b）绝缘子可见光图像；（c）DWT；（d）TA-GF；（e）NSCT-GF；
（f）NSCT-BF；（g）GFF；（h）本节方法

表 6-2　　　　　　　　　　第二组绝缘子图像融合实验评价指标

方法 ＼ 参数名称	均值	信息熵	边缘强度	互信息
DWT	94.2002	4.6812	66.1532	0.6497
CT-GF	97.5914	4.6460	80.7075	0.4413
NSCT-GF	98.1342	4.3339	20.1558	0.5979
NSCT-BF	96.4297	4.5769	28.1558	0.5979
GFF	97.2897	4.9103	58.6086	0.7376
本节方法	98.1576	4.9618	59.7484	1.1692

从实验结果可以看出，基于 DWT 和 TA 的融合结果出现虚影，主观效果不好。从融合规则的选择上，参数自适应选择指导滤波能够保持并加强图像的边缘信息，解决绝缘子红外图像轮廓不明显，可见光图像无热信息的问题。从整体看，本节基于 NSCT 和参数自适应指导滤波的方法融合结果在提高亮度和保持边缘的同时，对比度有所提高，绝缘子伞盘正面边缘明显。表 6-2 中四项指标也说明了本节方法优于其余五种方法。因此，该方法能够将可见光伞盘边缘信息与红外热信息很好地融合在一起，融合结果绝缘子伞盘正面边缘信息清晰，边缘强度较大，亮度较高。

2. 基于联合稀疏的红外与可见光图像融合

NSCT 属于多尺度稀疏，训练字典属于规定的数学模型，不能考虑图像之间的特性，因此低频子带存在稀疏不完全的问题，而联合稀疏的核心思想是通过训练超完备字典将图像用共有部分和特有部分表示，因此研究了一种基于联合稀疏和参数自适应选择指导滤波的融合方法。

该融合方法采用 JSM－1 联合稀疏模型（共有特征和特有特征均稀疏），并采用最为常用的正交匹配追踪（OMP）方法来求最稀疏解。在求稀疏系数优化问题的时候采用样本学习字典的方法进行字典更新，在每一次求解稀疏系数的时候更新字典，用来恢复融合图像，以提高融合效果。图 6－20 为提取共有特征和特有特征的实验结果。用上述方法提取源图像的稀疏表示形式，并用共有系数和特有系数表示。图 6－20（c）、（d）、（e）分别为提取源图像共有特征和特有特征后重构的图像。从结果可以看出，联合稀疏有效地提取出红外图像中的外轮廓、可见光图像的伞盘正面边缘等特有特征和它们共有的绝缘子大致轮廓。

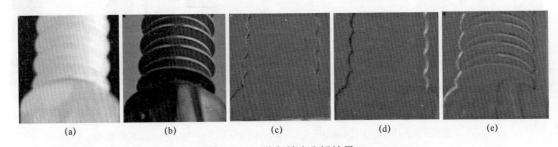

图 6－20　联合稀疏分解结果

（a）绝缘子红外图像；（b）绝缘子可见光图像；（c）共有特征；（d）红外特有特征；（e）可见光特有特征

本小节重点解决的是绝缘子红外与可见光图像融合中亮度和边缘问题，图像经过联合稀疏分解后，要选择相应的融合规则，完成对共有特征和特有特征系数的融合，本章给出如图 6－21 所示的融合方案。该方法的具体融合步骤如下：

（1）利用参数自适应选择指导滤波，源图像 I_1 作为指导图像，I_2 作为输入图像，得到增强结果 I_{1e}；同时，源图像 I_2 作为指导图像，I_1 作为输入图像，得到增强结果 I_{2e}。

（2）利用滑动窗口技术将源图像 I_1、I_2 分解为 $\sqrt{n}\times\sqrt{n}$ 的块矩阵，并将其重排为 n 维的列向量。

（3）对于源图像的第 j 个块矩阵 $x_i^j\,(i=1,2)$，分别求出其均值 $m_i^j\,(i=1,2)$，并获得新的块矩阵 $\bar{x}_i^j\,(i=1,2)$，输入联合稀疏系统得到共有系数 a_c^j 和特有稀疏表示系数 a_{u1}^j 和 a_{u2}^j。

（4）利用训练好的过完备字典 D，得到融合后的第 j 块稀疏系数 a_F^j，并求得融合后的第 j 个块矩阵 x_F^j，按逆滑框算法重构得到新图像 X_f。

（5）最终的融合图像 $I_F=I_{1e}+I_{2e}+X_f$。

为了验证基于联合系数和参数自适应选择指导滤波方法的有效性，与基于 NSCT 和参数自适应选择指导滤波的方法进行比较，定义为方法一。方法二选择联合稀疏和经典指导滤波的方法进行结合。方法三选择联合稀疏和自适应指导滤波进行结合。图像大小均选择 256×256 像素且经过严格配准的图像。字典大小均为 64×256。实验结果如图 6-22 所示。同样采用上述四个指标进行分析,实验数据见表 6-3、表 6-4。

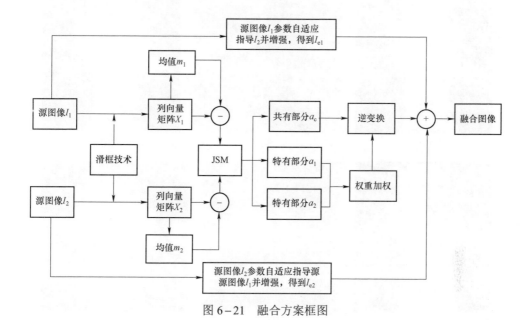

图 6-21　融合方案框图

第一组:

图 6-22　实验结果(一)

(a)绝缘子红外图像;(b)绝缘子可见光图像;(c)方法一;(d)方法二;(e)方法三;(f)本章方法

第二组：

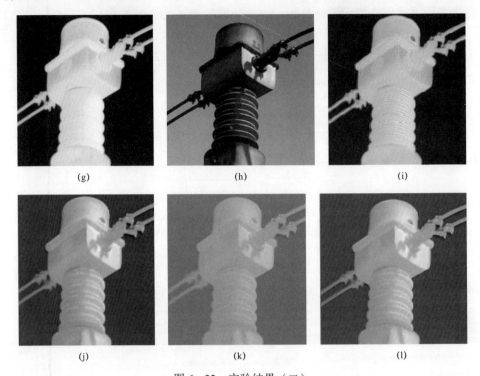

图 6-22　实验结果（二）
（g）绝缘子红外图像；（h）绝缘子可见光图像；（i）方法一；（j）方法二；（k）方法三；（l）本章方法

表 6-3　　　　　　　　　　　　　第一组图像融合实验评价指标

方法 \ 参数名称	均值	信息熵	边缘强度	互信息
方法一	0.3168	0.6639	0.2893	0.0510
方法二	0.4206	0.6621	0.3015	0.0471
方法三	0.2957	0.3428	0.3038	0.0424
本章方法	0.4258	0.6658	0.3112	0.0601

表 6-4　　　　　　　　　　　　　第二组图像融合实验评价指标

方法 \ 参数名称	均值	信息熵	边缘强度	互信息
方法一	0.3009	0.6234	0.3345	0.2342
方法二	0.3974	0.6042	0.2338	0.2370
方法三	0.2969	0.5638	0.2649	0.2399
本章方法	0.4741	0.5492	0.2697	0.2475

图 6-22 表明本节方法在亮度、边缘方面较其他方法都有所提高。从绝缘子伞盘的边缘上看，该方法保持了绝缘子可见光图像伞盘正面清晰的边缘，同时也包含了红外图像的热信息，而且能看到由于光照造成的导线阴影也在融合结果中有所体现，说明融合结果对

源图像的细节信息保留较好，对于光照造成的阴影部分能够清楚地体现出来。从表 6-3、表 6-4 来看，各项指标的数值也说明了本节方法对绝缘子红外与可见光图像融合的效果最好。总的来说，该方法整合了绝缘子伞盘的正面边缘信息，保留了源图像细节信息和亮度信息，增强了对比度，在保证主观视觉效果的同时提高了客观指标。

6.3.3　小结

本节主要研究了变电站设备红外与可见光图像的配准与融合的相关内容，并以绝缘子图片为对象进行实验论证。首先介绍了图像配准的相关技术并提出三个研究方法，针对目前传统特征不能有效实现多模态图像配准，提出了基于超列的红外与可见光图像配准方法，虽然取得了较高的配准精度，但无法提取到一致性特征，在超列的基础上提出了基于 Triplet loss 的红外与可见光图像配准方法，同时，针对超列未能达到在线实时监测的要求，又提出了基于端到端学习的配准方法，实验表明该方法在保证较高的配准精度时，也能达到实时性要求。

接着对红外与可见光图像的融合技术进行研究，针对绝缘子图像的独有特点，提出了基于 NSCT 的图像融合方法，通过 NSCT 分别与经典指导滤波、参数自适应选择指导滤波相结合进行绝缘子红外与可见光图像融合，结果表明两者能够很好地融合在一起。但由于 NSCT 属于多尺度稀疏，不能考虑图像之间的特性，提出了基于联合稀疏的红外与可见光图像融合方法，绝缘子图像融合结果亮度高、边缘清晰且边缘强度大，客观指标也较好。

通过对变电设备视频监测中获取的红外与可见光图片进行配准与融合，可以准确获知该设备的运行状态，更加有利于变电设备的故障检测和提高设备运行的可靠性。

6.4　变电站环境视觉检测

对变电站进行实时安全监控，是确保变电站安全、稳定工作的必要条件，除了变电站重要的设备监控外，变电站的环境视觉检测也是建设智能电网和保障变电站安全运行的一个组成部分。变电站的环境视觉检测系统涵盖对变电站周界人员行为、动物进入、火灾防范、防汛等内容，对人员的监控是非常重要的工作，而基于人工智能的人员识别能极大提升人员检测识别的准确度。本节主要针对变电站环境中的人员进行视觉检测和识别处理，内容包括进入主控室和作业区人员身份识别和认证，危险区域的行人入侵检测，作业施工过程中人员未佩戴安全帽等违法行为检测等，对人员异常行为及时给出预警，避免重大安全事故的发生。

6.4.1　基于卷积神经网络实时视频人脸识别[11,12]

对变电站监控视频人脸识别以达到智能变电站视频监控系统中对于人员身份识别的目的。适用于门禁和特定地点高清视频监控等系统。首先，针对视频人脸识别中识别准确率和实时性兼顾问题，提出了基于卷积神经网络（CNN）的实时视频人脸识别方法。构建了一个 6 层结构的 CNN 人脸识别网络，在视频帧中通过将 Adaboost 算法检测到的人脸输入所构建的 CNN 中进行人脸识别，结合 CUDA 并行计算架构，对算法进行加速。此外，为了更适用于实际视频监控情况，通过对 CNN 网络末尾 Softmax 分类器的分类结果进行多级判决，实现对未知人员判别。

1. CNN 结构设计

CNN 作为一种深度神经网络，有多层网络结构，每层又包含多个神经元，通过模拟视皮层中简单细胞和复杂细胞处理视觉信息的过程对图像进行从底层到高层的逐层特征提取。目前，CNN 拥有多种已取得良好识别效果的模型结构，如 LeNet5、VGG、ResNet 等。这些模型根据其网络结构中所包含层的数量具有不同的深度，网络层数越多，每层所包含的神经元数量越多，计算量越大。基本的 CNN 模型结构中包含卷积层、子采样层、全连接层和末端的分类层，通常情况下会选择 Softmax 分类器或 SVM 分类器作为分类层。

本节设计确定的网络结构为 6 层。如图 6-23 所示，分别为 2 个卷积层（C1、C2）、2 个子采样层（S1、S2）、1 个全连接层和 Softmax 分类层。

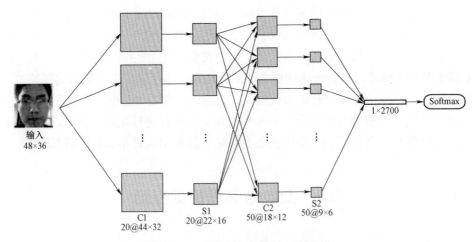

图 6-23　构建的卷积神经网络结构

C1 层由 20 个 5×5 大小的卷积核与输入人脸图像卷积得来，所包含特征图的个数为 20 个。输入的人脸图像大小为 48×36，因此 C1 层中每个特征图的大小为 $(48-5+1)\times(36-5+1)=44\times32$。

S1 层表示第一个子采样层，其中子区域大小为 2×2，因此，对 C1 层中大小为 44×32 的特征图进行子采样后得到的图像大小为 $(44\div2)\times(32\div2)=22\times16$。对应于 C1 层中的 20 个特征图，S1 层所包含的特征图个数为 20 个。

对应于 C1 层和 S1 层，C2 层由 50 个 5×5 大小的卷积核与 S1 层中得到的大小为 22×16 卷积得来，包含 50 个特征图，每个特征图的大小为 $(22-5+1)\times(16-5+1)=18\times12$。S2 层通过对 C2 层进行子采样得来，包含 50 个特征图，每一个的大小为 $(18\div2)\times(12\div2)=9\times6$。

根据全连接层的输入要求，将串接形成的一个 2700 维的特征向量作为全连接层的输入。全连接层神经元的个数将影响神经网络的训练速度和拟合能力，通过多次测试，确定神经元数量为 80、激活函数使用修正线性单元（Rectified Linear Units，ReLU）时，能得到较好的效果。

2. 基于 CNN 的视频人脸识别

设计的总体结构如图 6-24 所示。具体工作过程：① 视频序列输入后，使用 HaarAdaboost 检测算法对每一帧中的人脸进行检测，提取在视频图像中检测到的人脸坐标，对提取后所得的彩色人脸图像做灰度化处理并统一尺寸大小。② 将处理好的人脸图像输入已训练好的 CNN 模型中进行特征提取。③ 通过模型末尾的 softmax 进行预测并输出最终的识别结果。

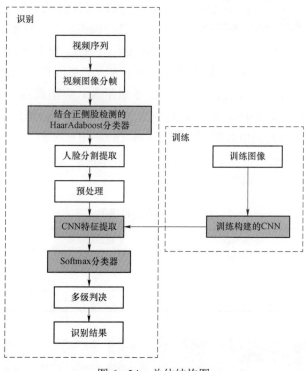

图 6-24 总体结构图

图 6-24 中，为了保证对视频中不同姿态的人脸进行检测进而识别，将针对正脸和侧脸的 HaarAdaboost 检测算法进行了结合；为了更加适应实际应用情况，对未知身份和已知身份进行更加准确地判断，在识别部分引入了多级判决进行开集人脸识别。

3. 基于 Softmax 多级判决的开集人脸识别

开集人脸识别要求对输入人脸样本是否属于已知人脸库做出判断，通过对 Softmax 分类器的分类结果设立多级阈值判决来实现开集人脸识别功能。在经过试验后，首先将最大值的阈值设置为 0.4，即各类别之中最大值低于 0.4 则判别为未知身份。在此基础上，为了充分利用样本与其他已知类别之间的相似度信息，进行了第二级判决，即对最大值与第二大值的差值小于 0.2 的人同样判别为未知身份。以 ORL 人脸数据库为例，共 40 个类别，因此，当有测试样本输入的时候会相应得到 40 个置信概率值，即当最大概率值大于 0.4，且与次大的概率值之间的差小于 0.2 时，才会判决此样本为最大概率值所对应的类别。

4. 实验结果和分析

为了验证本方法的性能，分别从识别准确率和实时性两方面进行了实验，从多个角度

图6-25 训练数据集

进行了验证。所采用的实验环境：CPU采用的是Intel Core i5-4590；GPU采用的是NVIDIA GeForce GTX950；内存为Kingston DDR3 8GB；Ubuntu14.04操作系统。使用自建视频数据库，分别从视频中人脸姿态变化、光照条件、距离等角度进行了实验。

在对视频进行测试实验之前，首先对所构建的CNN进行训练，训练数据集包括40个不同人的200张人脸图像，每人5张训练图像，图6-25为其中3名相关人员的训练图像。测试过程录制了3人的三段视频，视频中的人脸有表情姿态变化、光照变化和远近距离的不同。表6-5所示为总类别数为40的情况下，三人的识别错误率分别为1.7%、1.9%、2.2%，其中3人对应的编号分别为person0、person1、person2。图6-26所示为识别效果图，图6-26（a）、（b）、（c）分别对应0、1、2号，图中人脸框左上角为识别标签。实验结果表明，本方法能够在多姿态和环境变化较为剧烈的视频人脸中取得了较好的识别效果。

表6-5   视频序列的识别错误率

识别标签	总帧数	识别错误帧数	错误率（%）
Person0	635	11	1.7
Person1	467	9	1.9
Person2	524	12	2.2

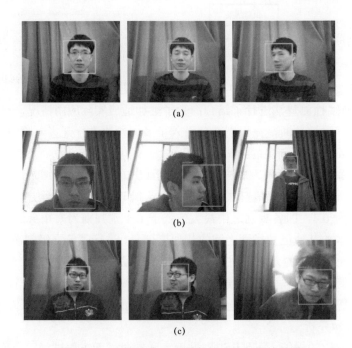

图6-26 不同姿态、光照条件下的识别效果图

针对开集视频人脸识别实验录制了 person1 具有表情姿态变化的共 181 帧人脸视频图像序列，分别进行了引入多级判决和未引入多级判决两种情况下的实验。实验结果见表 6-6。由表 6-6 可以看出，在未引入多级判决时，对于较为不确定的人脸强行输出识别结果，会导致识别错误，在引入多级判决后，在拒识率为 1.1% 的情况下，降低了识别错误率。

表 6-6　　　　　　　　　　　开 集 人 脸 识 别

项目名称	未引入多级判决	引入多级判决
正确识别（帧数）	179	178
错误识别（帧数）	3	1
No result	—	2
总计（帧数）	181	181
拒识率	0%	1.1%
识别错误率	1.7%	0.56%

图 6-27 为引入多级判决后，未知身份人员的效果图，其中左上角的 No result 识别标签表示在视频中检测到并进行识别的人脸被程序认定为未知身份。

针对 CNN 的训练过程以及视频人脸检测与识别的过程进行了加速测试，分别使用了两款 GPU 进行实验，NVIDIA GTX950 和 NVIDIA tesla K20。表 6-7 中给出了两款 GPU 的训练耗时和测试时平均每帧耗时，以及它们相对于 CPU 所分别获得的加速比。当只使用 CPU 进行测试时，每帧处理所需的时间平均为 0.2234s，即平均每秒钟处理的帧数不足 5 帧，使用 GTX950 进行测试时，每帧处理所需的时间平均

图 6-27　未知身份人员识别效果图

为 0.0327s，即平均每秒钟测试的帧数在 25 帧以上，满足了实时性的要求，使用 tesla K20 进行测试时，同样也满足实时性的要求，但 tesla K20 的成本大约是 GTX950 的 15 倍，因此，对于本系统而言，使用 GTX950 更加满足成本要求。

表 6-7　　　　　　　　　　　耗　时　比　较

处理核	Intel Core i5-4590	Core i5-4590 + GTX950	Core i7-4790 + tesla K20
训练耗时	151s	7.8s	5.6s
测试时平均每帧耗时	0.2234s	0.0327s	0.0284s
相对于 CPU 的加速比	—	19 倍	27 倍

5. 嵌入式人脸识别算法实现

将上面基于 CNN 的人脸识别方法移植嵌入式处理设备 Jetson TK1 中，从而达到智能

变电站系统中前端嵌入式视频分析处理,避免全部由后台服务器处理造成的巨大带宽和昂贵配置。

（1）Jetson TK1 结构原理。Jetson TK1 为英伟达公司于 2014 年推出的嵌入式开发套件，其搭载了四核 Cortex-A15 架构的 ARM 处理器和具有 192 个 NVIDIA KeplerTM 架构运算核心 Tegra K1 GPU，并且 Tegra K1 可以由传统 NVIDIA GPU 的编程语言 CUDA（Compute Unified DeviceArchitecture）驱动。这使得 Tegra K1 在拥有强大的移动处理性能的同时又具备了良好的开发支持环境。Jetson TK1 实物图如图 6−28 所示。

图 6−28　Jetson TK1 实物图

Jetson TK1 所具备的一块 Cortex A15 架构的四核 ARM 处理器，使其具有强大处理能力的同时功耗大大降低,最重要的是其所搭载的具有192个CUDA运算核心的嵌入式GPU可用于高性能并行运算。它同时支持 NVIDA 公司的 CUDA 架构编程语言，因而可以通过 CUDA 编程高效、便捷地完成 GPU 并行程序设计。同时，也为之前通过 CUDA 加速所实现的基于 CNN 的实时视频人脸识别方法提供了条件。

（2）移植所需软件环境。Jetson TK1 搭载的是基于 Linux 内核的 Ubuntu 操作系统 arm-ubuntu14.04（L4T），其所需软件环境如下：

1）arm-ubuntu14.04。

2）cuda6.5 toolkit。

3）Open CV。

4）theano。

5）matplotlib。

6）cv2。

（3）前端嵌入式处理的实验测试。本节将所实现的前端嵌入式视频分析处理方法与后台处理方法进行了比较。将人员身份识别的人脸识别算法分别在后台（PC 端）进行 CPU 处理、CPU+GPU 处理，以及前端嵌入式（Jetson TK1）处理。由于前端嵌入式开发套件 Jetson TK1 安装的 arm-ubuntu14.04（L4T）操作系统具有图像化操作界面，可以进行硬件外设连接，因此，需要的硬件包括显示器、键盘、鼠标、USB-Hub（需要拓展多个 USB 接口）、网线（上网以及后面通过 TCP/IP 协议传输结果）。

由于软件算法相同，其在不同平台上识别和检测准确率方面的效果相同，因此，只对其实时性方面进行比较。表 6-8 为人脸识别算法分别在只使用 CPU（Intel Core i5-4590）、使用 CPU+GPU（Intel Core i5-4590+GTX950）、使用 CPU+GPU（Core i7-4790+tesla K20）以及使用前端嵌入式设备 Jetson TK1 的耗时。由表 6-8 可知用前端嵌入式设备 Jetson TK1 中实现上面的人脸识别算法可以保证其实时性，同时相比于只使用后台 CPU 计算的方法，其处理速度更快。

表 6-8　　　　　　　　人脸识别算法前端嵌入式处理与后台处理实时性比较

处理核	Intel Core i5-4590	Core i5-4590+GTX950	Core i7-4790+tesla K20	Jetson TK1
训练耗时	151s	7.8s	5.6s	9.5s
测试时平均每帧耗时	0.2234s	0.0327s	0.0284s	0.0389s

6.4.2　变电站危险区域行人视觉检测

行人检测技术是计算机通过分析获取到的视频图像，判断其中是否包含行人并检测出每个行人的具体位置，从而能够自动且智能地对视频进行监控。目前，国内外研究者在行人检测工作中提出了许多算法，主要分为手工特征与分类器结合的检测算法和基于深度卷积神经网络的检测算法。

传统视频分析方法多依赖手工设计特征，存在大量错检、漏检情况，泛化能力较差。随着卷积神经网络的迅猛发展，基于深度学习的目标检测模型逐渐取代传统手工算法成为图像检测领域的主流趋势。林磊[13]等借鉴 SSD 的基础上，采用了全卷积大尺度的检测策略，运用迁移学习技术来解决变电站行人检测，取得了较好的实验结果；王强[14]运用改进的 YOLO-CRD 算法检测行人，在复杂的场景中也达到了较好的精度，实时性也满足要求，具备良好的性能；张汇[15]等提出基于 Faster R-CNN 的行人检测方法，实验表明提出的方法检测准确度更高、实时性更好。实例分割框架 Mask R-CNN 在 Faster R-CNN 模型基础上增加掩膜分支，定位信息精确，可以得到高质量的分割结果。本小节采用 Mask R-CNN 完成变电站环境的行人检测任务[16]。

1. Mask R-CNN 目标检测原理

Mask R-CNN 是一种对象通用的目标检测算法，可以用于构建实例分割框架做"目标检测""目标实例分割""目标关键点检测"等研究，具有优异的目标检测性能，算法整体结构如图 6-29 所示。首先，采用 ResNet 网络结合特征金字塔网络（Feature Pyramid Networks，FPN）提取输入图像的深层卷积特征图。然后将特征图送入区域建议网络（Region Proposal Networks，RPN）生成建议窗口，获得高质量的候选框，即预先找出图中目标可能出现的位置进行边框修正，把建议窗口映射到卷积特征图上。接着利用 ROIAlign 池化层将每个感兴趣区域（Region Of Interest，ROI）生成固定尺寸，实现输出的特征图和输入的感兴趣区域精准对齐，使目标定位信息更精确。最后，通过全卷积网络（Fully Convolutional Network，FCN）输出二值掩膜，全连接层输出预测框和类别。

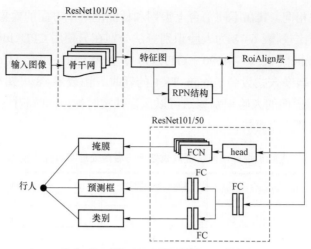

图 6-29　Mask R-CNN 模型网络结构

2. 实验结果

基于 Mask R-CNN 进行行人检测的处理流程如图 6-30 所示。首先训练 Mask R-CNN 目标检测模型，获取变电站监控视频，调用已训练好的 Mask R-CNN 模型，完成给定危险区域的目标检测。图 6-31 给出了某变电站区域出现行人的检测结果，较好地完成了检测和分割。

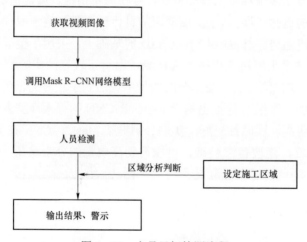

图 6-30　人员目标检测流程

图 6-31 给出的是目标较大时的检测结果，当距离较远或摄像头分辨率低时会出现视频质量低导致目标过小、目标边缘模糊问题而产生漏检，如图 6-32（a）和（b）分别给出了原始视频帧和原始视频帧的检测结果，可见原始视频帧中有两个行人目标，但只检测到右侧的一个，左侧行人产生漏检。解决措施是对输入图像进行增强处理，在视频检测前加入拉普拉斯卷积模块进行锐化操作，再进行目标检测。图 6-32（c）给出了原始视频帧经过拉普拉斯锐化操作得到的图片，可以看到边缘有明显增强的效果，与原始样本相比对比度清晰，将图 6-32（c）送入 Mask R-CNN 模型后得到图 6-32（d）的检测结果，有效消除了漏检。

图 6-31　人员目标检测实验结果

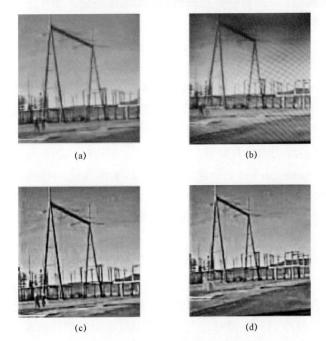

(a)　　　　　　　　　　　(b)

(c)　　　　　　　　　　　(d)

图 6-32　低质量视频行人检测结果

（a）原始视频帧；（b）原始视频帧的检测结果；（c）拉普拉斯锐化处理后的图像；（d）锐化处理后的检测结果

6.4.3　变电站作业施工现场安全帽佩戴检测

电力施工现场有严格的安全要求,其中设置危险禁入区域和佩戴安全帽是典型的防范措施。在可能引发火灾、爆炸、触电、高空坠落等事故的电力生产区域必须做好相关安全措施。根据《电力安全工作规程（变电站和发电厂电气部分）》规定[17]:"任何人进入生产现场（办公室、控制室、值班室和检修班组除外）,应戴安全帽"。对是否佩戴安全帽和危险区域人员入侵情况进行有效检测是电力施工现场安全监管的重要任务。传统监控系统依赖人工监察存在重大隐患,很多历史经验表明,电力建设中安全事故很大程度上是对安全监管不力造成的。随着视频智能监控系统在电力系统的普及,针对未戴安全帽研究智能化的视频分析方法实现对异常情况及时警示，可有效提高电力施工现场的作业安全。

安全帽检测方法已有相关研究，近几年，基于深度学习的安全帽佩戴检测方法逐渐取代传统方法。毕林[18]等学者构建卷积神经网络（CNN）实现安全帽佩戴情况检测，但在背景复杂、光照和摄像头拍摄的视频质量较差的情况下效果不理想。施辉[19]等学者基于YOLO V3 模型能够实现端到端的安全帽检测和识别，检测速度显著提高，但 YOLO V3模型直接对图像进行划分，导致定位信息粗糙。徐守坤[20]等学者提出了基于改进 Faster R-CNN 模型的多部件结合检测方法，剔除误检目标使精确度提升。本小节采用 Mask R-CNN 模型实现安全帽佩戴检测，该方法可实现实例分割，定位信息精确[16]。

1. 关键技术

基于 Mask R-CNN 模型实现安全帽佩戴检测的关键技术如下：

（1）ResNet+FPN。采用残差网络 ResNet 作为特征提取网络，结合 FPN 算法构建多尺度特征金字塔模型，主要解决多尺度融合问题，先对输入图片进行自下而上的特征图提取，各层提取的特征图进行 1×1 的卷积操作改变特征图的维度，然后再进行自上而下的 2 倍上采样，与前层网络叠加融合，在融合之后再采用 3×3 的卷积对每个融合结果进行卷积，消除上采样的混叠效应，通过特征金字塔架构使高层特征得到了增强。

（2）区域建议网络 RPN。RPN 网络的作用是在 FPN 输出的多层特征图上提取一定数量的带有目标置信度的建议区域，RPN 以原始图像所提取出的卷积特征图矩阵作为输入，输出一系列的矩形候选框和概率值。采用了滑动窗口机制，在特征图上增加一个小的滑动窗口，当 $n×n$ 大小的滑动窗口在特征金字塔图层上遍历时，滑动的每个位置都在原始图像上对应 k 个不同的 anchor，一个全连接层输出 $2×k$ 维向量，对应 k 个 anchor 目标的概率值，Mask R-CNN 算法预设了 5 种尺度大小（32、64、128、256、512），设置 anchor长宽比为（1:1、1:2、2:1），每一个 anchor 都以当前滑动窗口的中心为中心，并分别对应一种尺度和长宽比。

由于 anchor 经常重叠，导致建议框最终也会在同一个目标上重叠多次。为了解决重复建议的问题，对生成的候选框采用非极大值抑制法（Non-MaximumSuppression，NMS），NMS 算法生成按照概率值排序的建议列表，若概率值小于 0.3 则判断为背景，大于 0.7判断为前景，并对已排序的列表进行迭代，然后以目标窗口和原来标记窗口的交叠率 IoU作为衡量，筛选出具有更高交叠率得分的建议框。

（3）ROIAlign。为了解决特征不对齐而产生的错位问题，提出 RoIAlign 层。错位问题对分类任务影响较小，但在预测像素级精度的掩模时会产生非常大的负面影响。RoIAlign 层流程：将提取到的特征与输入对齐，避免对 RoI 的边界作任何量化。然后使用双线性插值在每个 ROI 块中 2 个采样位置上计算输入特征的精确值，最后将结果聚合。原图中的像素和特征图中的像素是完全对齐的，没有偏差。ROIAlign 层不仅会提高检测的精度，同时也会有利于实例分割，实现精确定位。

（4）损失函数。Mask R-CNN 算法采用多任务损失函数，是分类、回归和掩膜预测的损失之和，可用作衡量模型检测效果的依据，当损失函数达到最低时，模型检测效果最好，计算见式（6−2）。

$$L = L_{cls} + L_{bbox} + L_{mask} \qquad (6-2)$$

其中，L_{cls} 为分类损失；L_{bbox} 为回归损失；L_{mask} 代表掩膜回归损失。对于每一个感兴趣区域，掩膜分支定义 $K \times m \times 2$ 维的矩阵表示 K 个不同的分类对应 $m \times m$ 的区域。每一个像素都用 sigmod 激活函数进行求相对熵，从而得到平均相对熵误差 L_{mask}。损失函数允许网络为每种类别生成掩膜而不用与其他类别之间竞争，可以将掩膜和类别的预测分开进行。

2. 基本工作过程

基于 Mask R-CNN 模型实现安全帽佩戴检测工作过程分为数据集准备、模型训练和检测目标三个阶段，流程如图 6-33 所示。

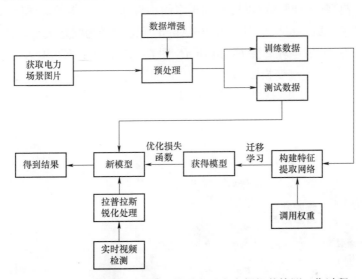

图 6-33　基于 Mask R-CNN 模型实现安全帽佩戴检测工作过程

（1）数据集准备阶段。收集电力施工现场图片，进行分割、旋转 90°、镜像、平移等数据增强处理，建立电力施工场景训练数据集和测试数据集。

（2）模型建立阶段。首先构建完整的特征提取网络，将训练数据集输入 ResNet+FPN 网络构架。接着利用迁移学习方式在 COCO 数据集已训练好的预训练模型基础上进行模型训练，使用随机生成的权重作为训练的起点，解决标注掩膜覆盖不准确问题。最终计算损失函数 L，将 Mask R-CNN 模型进行调参后重复训练，直到获得最小损失函数，此时模型检测效果最好。

（3）检测目标阶段。调取测试数据集送入优化后的模型进行目标检测实验，得到图像中检测目标包含的信息：预测框、置信概率、目标所属类别和掩膜。

根据上面的处理流程进行检测，首先获取电力施工现场视频流，将其转换为图像帧，进行图像增强等预处理，然后调用训练好的模型进行测试，针对变电站场景安全帽佩戴目标检测任务进行处理，当工作人员进入防护区域进行工作时输出检测结果，若未佩戴安全帽则输出报警信息，并保存图像。

3. 实验结果

在对施工现场安全帽佩戴情况进行检测时，由于需要检测出安全帽、人员等多个目标，施工现场监测目标尺寸差异较大，可能存在小目标。原始的 Mask R-CNN 训练 RPN 层时使用固定锚点，在每个滑动窗口产生不同尺度和不同长宽比的候选区域，网络默认设置的锚点参数对区域较小的目标无法召回。

本节采用多尺度变换策略，由于相同尺度 RPN 网络在特征金字塔生成的特征图基础上进行卷积获取带有置信度的目标框，在训练 RPN 网络时对 anchor 尺寸大小进行调整，以便网络能够学习目标各种尺寸的特征，达到多尺度变换的目的。由于低层的特征语义信息比较少，但是目标位置准确；高层的特征语义信息比较丰富，目标位置比较粗略，因此特征金字塔结构生成 5 层特征图后，将 RPN 网络默认 anchor 尺寸（32、64、128、256、512）按照（1:1、1:2、1:0.5、1:0.25）四组参数做缩放处理实验，在融合后的特征图上进行预测得到最优模型使得网络可以检测到更多的小目标。对产生的候选区域使用 NMS 算法剔除多余的候选区域，将特征图送入 RoiAlign 层池化变为固定大小，使原图像素和特征图像素完全对齐，处理步骤如图 6-34 所示。图 6-35 给出了不同输入场景的检测效果，通过实验证明，使用多尺度变换策略能够让参与训练的目标大小分布更加均衡，通过增强处理、尺度参数调整可以获得较好的检测效果。

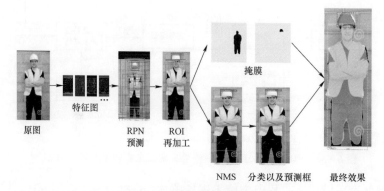

图 6-34　生成掩膜过程演示

图 6-35　安全帽佩戴检测示例

6.4.4　小结

本节主要研究了变电站环境视觉检测中针对人员检测识别的方法。首先提出了一种基于卷积神经网络的实时视频人脸识别方法来进行无人值守变电站中人员身份的识别。构建了一个 6 层结构的 CNN 人脸识别网络,将在视频帧中通过 Adaboost 算法检测到的人脸输入所构建的 CNN 中进行人脸识别;为了更适用于实际视频监控情况,通过对 CNN 网络结构末尾 Softmax 分类器的分类结果进行多级判决实现开集人脸识别功能;然后,将视频人脸识别方法移植到基于 GPU 加速的前端嵌入式设备 Jetson TK1 中,完成了前端嵌入式部署模式的人脸识别,节省了传输带宽,同时保证了算法的实时性和识别效果。

随后介绍了基于 Mask R-CNN 模型实现的行人检测与施工区域安全帽佩戴检测,采用迁移学习策略对 Mask R-CNN 主干网络进行参数初始化,以提取图像基本特征;然后,引入特征金字塔结构进行自下而上的特征图提取,完成多尺度特征融合;接着,通过多尺度变换方法对区域推荐网络进行调整,获取锚点完成检测实验;针对监控视频像素低质量问题,加入拉普拉斯算法锐化实现图像增强,取得了较好的检测效果。

引入人工智能技术对变电站环境获取的视频进行分析处理,可以准确获知环境中人员异常信息,更加及时地消除隐患,提高变电站运行的可靠性。

本 章 小 结

变电站在线视频检测系统和机器人巡检系统在变电站得到广泛应用,其中引入人工智能中的计算机视觉技术,实现对变电站设备、环境图像和视频的智能分析,可充分利用现有图像和视频监测系统基础设施,自动及时地发现异常,消除安全隐患,提高变电站信息化水平和智能化水平。

本章首先介绍变电站基础知识,给出了几种变电站视觉检测系统,在此基础上以变电站图像(红外图像与可见光图像)检测系统为源数据,对变电站设备的可见光图像和红外图像信息、环境人员的可见光图像信息进行分析处理,针对各种异常进行视觉检测,采用先进的深度学习模型给出了解决方案并进行了实验,取得了较好的效果。

但由于变电站设备和部件的缺陷产生的原因和表象更加复杂,电力视觉在变电环节的研究和应用仍需加强。

本 章 参 考 文 献

[1] 赵振兵,孔英会,戚银城,等. 面向智能输变电的图像处理技术 [M]. 北京:中国电力出版社,2014.

[2] 徐振. 智能变电站标准化配置研究 [D]. 保定:华北电力大学,2014.

[3] 杨玉善. 智能变电站自动化系统网络结构分析及其优化 [D]. 南京:东南大学,2015.

[4] 陈烜. 四川资阳电力公司变电站视觉检测系统研究 [D]. 重庆:重庆大学,2008.

[5] 刘波. 变电站设备铭牌识别系统设计与实现 [D]. 成都:电子科技大学,2009.

[6] 赵坤. 变电站智能巡检机器人视觉导航方法研究 [D]. 保定:华北电力大学,2014.

[7] 施泽华. 基于机器视觉的变电站巡检机器人导航定位技术 [D]. 合肥:安徽理工大学,2018.

[8] 丁思奎,李健. 变电站巡检机器人应用中存在的问题分析及解决方案 [J]. 供用电,2016,(01):80-82.

[9] 赵令令. 基于超列的变电设备红外与可见光图像配准研究 [D]. 保定:华北电力大学,2017.

[10] 蔡银萍. 基于指导滤波的绝缘子红外与可见光图像融合研究 [D]. 保定:华北电力大学,2015.

[11] 孔英会,王之涵,车辚辚. 基于卷积神经网络(CNN)和 CUDA 加速的实时视频人脸识别 [J]. 科

学技术与工程，2016，16（35）：100-105.

［12］王之涵. 无人值守变电站中智能视频分析技术研究及实现［D］. 保定：华北电力大学，2017.

［13］林磊，钱平，董毅，等. 基于深度学习的变电站环境下行人检测方法研究［J］. 浙江电力，2018，
　　　37（7）：68-73.

［14］王强. 智能视频监控中的行人检测系统设计与实现［D］. 杭州：浙江理工大学，2018.

［15］张汇，杜煜，宁淑荣，等. 基于 Faster RCNN 的行人检测方法［J］. 传感器与微系统，2019，38
　　　（02）：147-149，153.

［16］王维维. 基于 Mask-RCNN 模型的目标检测研究［D］. 保定：华北电力大学，2020.

［17］GB 26860—2011. 电力安全工作规程（变电站和发电厂电气部分）［S］. 北京：国家电网公司，2012.

［18］毕林，谢伟，崔君. 基于卷积神经网络的矿工安全帽佩戴识别研究［J］. 黄金科学技术，2017，25
　　　（04）：73-80.

［19］施辉，陈先桥，杨英. 改进 YOLO V3 的安全帽佩戴检测方法［EB/OL］. 计算机工程与应用：1-9
　　　［2019-04-26］. http：//kns.cnki.net/kcms/detail/11.2127.TP.20190311.1538.012.html.

［20］徐守坤，王雅如，顾玉宛，等. 基于改进 Faster RCNN 的安全帽佩戴检测研究［J］. 计算机应用研
　　　究，2019，37（3）：1-6.

第7章

总结与展望

7.1 总 结

计算机视觉是目前人工智能领域最为活跃的子领域之一，尤其在人脸识别、医学图像识别、无人驾驶等领域获得了大量的研究成果，在公共安全、医学、零售、制造、遥感、军事和自动驾驶等领域获得了广泛应用。随着计算机视觉技术的发展，在电力工业领域也开始了计算机视觉技术的研究及应用。

20 世纪出现的大规模电力系统是人类工程科学史上最重要的成就之一，电力工业作为国民经济发展中重要的能源产业，与人们的日常生活、社会稳定密切相关。在电力生产中，设备的状态监测对于安全性有着重要的作用，需要及时对电力设备进行状态监测。传统监测方法之一就是进行人工视觉检查，这种方法虽然简单，但是成效显著，是电力安全检测必不可少的环节。

本书对如何将计算机视觉与电力工业特点结合起来进行较全面地分析，思考如何将人工肉眼进行的视觉检测采用计算机视觉技术来实现，并进行了一系列算法上的研究和技术上的尝试，探索将计算机视觉用于电力工业场景的方法，从而提出了"电力视觉"的概念，形成了与行业领域相结合的专用计算机视觉技术。

本书考虑到电力行业的应用场景，结合电力行业专业领域知识，解决电力系统各环节中视觉问题。从模型设计、算法选择、场景应用几方面进行实践，较全面地对电力工业中输电、变电和发电几个环节进行了分析和研究。

总体上看，电力视觉在输电线路检测方面的研究和应用较多，重点在于航拍图像的智能处理。这源于电网公司急需解决繁重的人工巡检问题，近些年迅速推广使用无人机巡检模式，尤其是多旋翼无人机技术的发展，使得各电网公司能够在较快的时间内大范围地推广无人机巡检方式。在无人机搭载摄像头进行巡检工作之后，海量的航拍图像汇集于各电网公司，因此，为当前以深度学习算法为代表的目标检测技术提供了海量的数据集，同时输电线路图像具有图像目标分类较明确、目标形态较规范等特点，因此，其他领域行之有效的目标检测算法能很快地进行移植应用，算力则靠购置大量的 GPU 工作站来解决。数据、算法、算力这三个条件实现后，航拍图像目标及其缺陷检测成为电力视觉研究及应用最为火热的细分领域。

在变电环节，则主要结合巡检机器人和在线监测系统的应用。一方面，变电站巡检的工作任务和工作强度不及输电线路巡检，因而用户需求没有那样强烈；另一方面，结合巡检机器人方式的巡检硬件价格比较高，配置巡检机器人的覆盖面和数量远不如旋翼无人机，同时，在线监测重点针对关键部件，任务相对简单。因此，从数据量来看，电力视觉在变电环节应用获取的数据量不及输电环节。从目标识别和缺陷检测角度来看，变电站的设备及部件种类繁多，缺陷的类型也更加复杂。输电线路的缺陷大部分由物理原因引起，如天气、雷击、振动等，缺陷相对较少且明确；变电站设备和部件的缺陷产生的原因和表象更加复杂，缺陷图像数量更少，缺陷分析需要更全面的电力行业领域知识，因此，也增加了计算机视觉技术的应用难度。电力视觉在变电环节的研究和应用亟待加强，需要开发更多的结合行业知识特点的计算机视觉算法。

在发电环节，应用则更加分散，原因在于发电行业的视觉检测场景较少，更多的检测通过丰富的非视觉传感器来完成，包括温度、压力、振动等，大量布置于发电设备本体上的传感器基本能够完成生产环节的安全监测，这一点和电网系统不太一样。电网系统的区域更广，需要视觉观测的场景更多；而发电环节设备相对集中，视觉观测主要集中于就地表计数据的读取等，设备外观缺陷较少，因此，计算机视觉在发电环节的应用较少。随着巡检机器人的推广，以及各类检修机器人的研发，计算机视觉技术将更多地应用于机器人的视觉定位和目标检测。

本书侧重研究和分析工程应用中的实际问题，素材及案例主要来源于团队承担的科技项目，同时通过引用文献资料对一些应用场景进行了介绍和补充。本书总结了国内外计算机视觉、图像处理等技术在电力行业中的应用，分析了电力行业应用中的特点，提出了电力视觉的概念，对电力行业中的计算机视觉技术进行了探索，这些研究和探索工作一方面可以为电力行业视觉应用提供相应的技术支撑，为提高电力系统信息化水平提供新的思路，另一方面拓展了计算机视觉技术的应用领域，也能够为其他工业生产领域（如化工、石油）中的类似问题提供参考。

本书的研究内容主要涉及计算机视觉技术在电力行业中几个环节的研究和应用，鉴于篇幅的原因还有许多方法和系统并未能全部加以描述，在此说明。

7.2 展　　望

随着智能电网和智能电厂建设步伐的加快，电力信息化面临很多新的需求；在电力视觉技术的应用过程中，也面临很多需要解决的问题。比如：视觉检测过程中缺陷样本少、样本不平衡、深度学习可解释性差、行业专家的知识未能有效地与视觉检测算法相结合、领域知识和规则未能充分利用等。

应对新需求和新问题，应及时探索新的方法和技术、开拓新的研究思路，使研究工作更上新的台阶。著者认为在今后的电力视觉技术发展中，电力物联网、少样本或零样本识别、生成对抗网络、知识图谱和视觉推理等几方面会出现新的应用和方法。

1. 电力物联网

电力物联网是国家电网公司数字新基建战略的重要内容，电力物联网就是围绕电力系统各环节，充分应用移动互联、人工智能等现代信息技术、先进通信技术，实现电力系统各环节万物互联、人机交互，具有状态全面感知、信息高效处理、应用便捷、灵活特征的智能服务系统，其包括感知层、网络层、平台层和应用层 4 个层次[1,2]。

电力物联网，尤其是感知层和平台层的建设必然是面向应用场景的，如输变电运检等，随着生产现场布设大量的视频/图像传感器，以及无人机、直升机、移动终端等智能装备的应用，产生了海量的图像数据，应用电力视觉技术完成输变电设备异常检测是必然，所以说随着电力物联网的建设展开必将产生许多适合电力视觉应用的场景。

2. 零样本学习方法

在电力视觉检测中，电力设备的缺陷类型很多，因此缺陷样本不足和样本不平衡是常态问题；同时，在生产过程中可能还会出现新的缺陷。对于这种问题，零样本学习方法是一个值得尝试的解决途径。

人类学习机制与现有的机器学习机制相比具有很大的差异，人类可以在大量的训练样本上很好地进行学习，但人类也可以在少量或无样本情况下，通过其他与所要学习的目标相关的辅助信息，完成对特定目标的学习，即通过某种先验知识来实现辅助学习和认知，这种方式一般称为半监督学习[3]，因此结合先验知识，可以实现基于少量样本甚至零样本的识别模型的学习。

在机器学习领域中，能够对从未见过的对象类中的样例进行识别的能力，即为零样本学习。零样本学习衍生于迁移学习[4-6]，是迁移学习的变种之一。随着近年来的不断发展，零样本学习已经逐渐脱离迁移学习，成为一个独立的机器学习研究方向。

零样本学习方法与现有的分类方法相比，具有如下三点优势：

（1）对于某些还没有建立样本集的特定类，通过零样本学习，可以成功地对这些对象进行识别、分类，既能满足实际需求，又可以降低人工和经济成本。

（2）零样本学习的核心机制与人类的学习机制有很多共通之处，对于零样本学习进行深入地研究，会为人类认知科学领域提供有力的帮助。

（3）零样本学习与深度学习并不矛盾，两者可以有机结合、博采众长、融合发展，从而更好地满足未来对象识别领域的需求[7]。

3. 生成对抗网络方法

目前，深度学习作为图像识别和目标检测的技术手段在电力视觉中广泛采用，然而深度学习应用的瓶颈之一是训练样本缺少和不平衡问题，尤其是缺陷样本。近年深度学习模型在绝缘子等电力部件检测领域取得的成果[8,9]普遍在私有数据集上完成，极少大规模公开数据集可供学术研究，很大程度上限制了研究的进展，样本集问题不可忽视。

解决缺陷样本不足和样本不平衡的问题，人工图像样本扩增方法具有较高可行性及应用前景。基础的人工图像样本扩增方法是对原始图像进行几何变换，例如平移、翻转和弹性形变等操作获取新样本缓解样本不足、过拟合现象等问题，后衍生出矩形擦除、图像融合等获取新样本的方式。其中，几何变换具有操作简单，易于实现的特点，但不能有效扩增样本特征多样性；图像融合多采用图像处理算法对原图微小变动或将目标与背景合成为新样本，在样本生成前期工作量大且样本多样性依赖人工设定。

生成对抗网络（Generative Adversarial Networks，GANs）生成[10]方法也是一种新的

样本扩增方式，具有强大的图像生成潜力和研究价值。当前，由于 GANs 在图像生成中表现仍未成熟，较复杂的图像生成仍旧依赖庞大数据量和较高硬件计算水平[11]。因此，基于 GANs 的样本扩增方法也逐渐成为研究热点之一，研究者选择、改进或建立不同的网络形式，以实现复杂图像的生成，例如：无需大量一对一样本训练的循环一致性生成对抗网络（Cycle-GAN）[12]成为生成复杂图像样本可供选择的重要模型之一。

另外，解决缺陷样本不足和样本不平衡的问题，也可以采用平行视觉和平行图像方法[13]。

4. 知识图谱

目前，只用基于学习的视觉技术不能很好地解决电力部件缺陷检测问题，为了应对具有高随机性、强耦合性、多时间尺度等特点的当前和未来电网中的难点视觉问题，必须结合电力行业的领域知识。知识图谱可能是行之有效的一条途径。

知识图谱就是以图模型的方式组织知识，每一条知识都以"点—边—点"的方式来组织，并且可以等价表达成"主—谓—宾"结构，其不仅仅关注知识如何用图表达，还需关注图谱如何获取、融合、更新、推理等问题[14]。

把电力领域知识经验形成知识图谱，并引入机器学习算法，利用知识、数据和模型同时驱动解决电力视觉检测中的难点问题，其实就是一种人工智能与人类智能的融合方案。

5. 视觉推理

目前，因果推理等成为后深度学习时代的聚焦点，研究者利用图卷积神经网络发现数据中的推理关系。

事实上，电力部件缺陷检测不仅依赖其外观信息，往往还需要高层常识的推理。人类之所以能够透彻地理解其看到的视觉场景，是因为了解很多领域关联的先验知识，并能够据此进行有效地推理。另外，为无人机、机器人等巡检系统的需要，视觉任务从简单的识别/检测，发展到结构化的高层语义推理。理解这些高层视觉信息更加依赖于常识知识推理。

所以说，深入研究电力部件与其缺陷的属性、结构、关联、规则、关系和因果等[15,16]，完成视觉推理可能是视觉检测技术能满足电力生产需求的精度与效率的一种有益尝试。

计算机视觉技术目前正处于方兴未艾的阶段，但总体上视觉技术尚处于人工智能中最基础的感知阶段，距离认知阶段还有很长的路要走。随着计算机视觉技术的发展，一些新的算法和技术也会逐步应用到电力工业领域，从而扩展电力视觉技术的内容，提高电力信息化、智能化水平。

本 章 参 考 文 献

[1] 杨挺，翟峰，赵英杰，等. 泛在电力物联网释义和研究展望 [J]. 电力系统自动化，2019，43（13）：9－20.

[2] 江秀臣，刘亚东，傅晓飞，等. 输配电设备泛在电力物联网建设思路与发展趋势 [J]. 高电压技术，2019，45（5）：1345－1351.

[3] Xie J，Liu S，Dai H. A distributed semi-supervised learning algorithm based on manifold regularization using wavelet neural network [J]. Neural Networks，2019，118：300－309.

［4］　Li F，Fergus R，Perona P. One-shot learning of object categories ［J］. IEEE Transactions on Pattern Analysis and Machine Intelligence，2006，28（4）：594 - 611.

［5］　鲁亚男，鲁林溪，杜东舫. 零样本学习在图像分类中的应用 ［J］. 电子技术与软件工程，2018（12）：69.

［6］　李亚南. 零样本学习关键技术研究 ［D］. 杭州：浙江大学，2018.

［7］　Palatucci M，Pomerleau D，Hinton G E，et al. Zero-shot learning with semantic output codes ［C］. Advances in Neural Information Processing Systems，2009：1410 - 1418.

［8］　潘哲. 基于深度学习的航拍巡检图像绝缘子检测与故障识别研究 ［D］. 太原：太原理工大学，2019.

［9］　杨璐雅，黄新波，张烨，等. 基于边缘检测的瓷质绝缘子裂缝特征检测方法 ［J］. 广东电力，2018，31（07）：106 - 111.

［10］　Gurumurthy S，Kiran sarvadevabhatla R，Venkatesh B. DeLiGAN：Generative adversarial networks for diverse and limited data ［C］. IEEE Conference on Computer Vision and Pattern Recognition，2017：166 - 174.

［11］　Andrew B，Jeff D，Karen S. Large scale GAN training for high fidelity natural image synthesis. arXiv preprint arXiv：1809.11096，2018.

［12］　Zhu J，Park T，Isola P，et al. Unpaired image-to-image translation using cycle-consistent adversarial networks［C］. Proceedings of 2017 IEEE International Conference on Computer Vision，Venice，Italy，2017：2242 - 2251.

［13］　王坤峰，鲁越，王雨桐，等. 平行图像：图像生成的一个新型理论框架 ［J］. 模式识别与人工智能，2017，30（7）：577 - 587.

［14］　王昊奋，漆桂林，陈华钧. 知识图谱：方法、实践与应用 ［M］. 北京：电子工业出版社，2019.

［15］　Chen T，Lin L，Chen R，et al. Knowledge-embedded representation learning for fine-grained image recognition ［C］. The Twenty-Seventh International Joint Conference on Artificial Intelligence，2018：627 - 634.

［16］　Liu Y，Wang R，Shan S，et al. Structure Inference Net：Object detection using scene-level context and instance-level relationships［C］. IEEE Conference on Computer Vision and Pattern Recognition，2018：6985 - 6994.